高职高专电气工程类专业"十二五"规划系列教材

电力系统自动装置

DIANLI XITONG ZIDONG ZHUANGZHI

主　编　韩绪鹏　李含霜

副主编　王卫卫　胡金华　曾　毅

参　编　王远瞧　王丽丽　戴　迪

　　　　刘建国　罗松林

U0278578

华中科技大学出版社

http://www.hustp.com

中国·武汉

内 容 提 要

　　本教材是省级特色专业的建设成果,内容包括电力系统自动装置基础知识、同步发电机自动并列装置、同步发电机自动调节励磁装置、输电线路自动重合闸装置、备用电源自动投入装置、按频率自动减负荷装置以及灵活交流输电系统装置,共七个模块。本教材在知识体系上围绕基本知识、基本原理、电力系统数字化自动装置技术等进行了详尽的论述,实用性好。为进一步加强电力系统自动装置的微机化操作技能,突出实践能力的培养,模块内容后设有与知识内容相呼应的六个技能训练,非常适合理实一体化教学或者模块化教学。同时每个模块都设有学习导论、问题与思考及自测题,方便读者自学。

　　本教材语言通俗易懂,理论难度低,实践性强,适合高职高专电力系统继电保护与自动化、发电厂及电力系统、电力系统自动化技术、新能源发电技术、供用电技术等专业使用,也可供相关专业人员和工程技术人员学习参考。

图书在版编目(CIP)数据

电力系统自动装置/韩绪鹏,李含霜主编.—武汉:华中科技大学出版社,2015.5(2023.8重印)
高职高专电气工程类专业"十二五"规划系列教材
ISBN 978-7-5680-0941-6

Ⅰ.①电…　Ⅱ.①韩…　②李…　Ⅲ.①电力系统-自动装置-高等职业教育-教材　Ⅳ.①TM76

中国版本图书馆 CIP 数据核字(2015)第 120079 号

电力系统自动装置
Dianli Xitong Zidong Zhuangzhi

韩绪鹏　李含霜　主编

策划编辑:袁　冲
责任编辑:狄宝珠
封面设计:范翠璇
责任校对:刘　竣
责任监印:张正林
出版发行:华中科技大学出版社(中国·武汉)
　　　　　武昌喻家山　邮编:430074　电话:(027)81321913
录　　排:华中科技大学惠友文印中心
印　　刷:武汉市籍缘印刷厂
开　　本:787mm×1092mm　1/16
印　　张:14
字　　数:366 千字
版　　次:2023 年 8 月第 1 版第 7 次印刷
定　　价:30.00 元

电力系统正在朝数字化趋势发展,未来"互联网＋"作为电力工业转型升级的有效途径,必将引领智能电网发展成为具备"互联网＋"特征的能源共享网络。面对电力行业发展的新机遇,为适应我国电力系统行业不断发展背景下对技能型人才的需求,培养新形势下高素质技能型的电力工程一线技术人员,我们组织编写了《电力系统自动装置》一书。

为使本教材更加实用,编写人员在多年课程教学实践和改革的基础上,受益于高校教师下企业实践锻炼的计划,对各类发电厂、数字化变电站、换流站等进行了大量的调研和现场作业,广泛地吸取了工程现场技术人员对课程建设的意见,同时结合对电力自动装置运行与维护岗位的要求,和企业的电力技术人员进行了多次而广泛的交流。本书具有以下特点:

(1)以"掌握概念、强化应用、培养技能"为重点,以"精选内容、降低理论、加强基础、突出应用"为主线。内容由基础到专业,由简单到复杂,理论难度低。同时重新梳理了结构,力求有所创新。

(2)增加了与模块知识内容相呼应的若干技能训练内容,突出实践能力培训,方便实训实验和课程设计等实践环节,适合理论与实践一体化教学、模块化教学。同时每个模块都有学习导论、问题与思考及自测题,方便读者自学。

(3)智能电网、FACTS、数字化变电站等电网技术在快速发展,高职电力系统自动装置教材也应及时更新,部分模块内容融入了最新的电网技术。

(4)编写组融入高校教师、企业高级工程师等师资队伍,尽量保证教材内容贴近企业生产一线。

(5)本教材是电力系统继电保护与自动化省级特色专业建设的成果,教材内容较好地体现了电力与行业特色。

本教材由三峡电力职业学院的韩绪鹏和广西电力职业技术学院的李含霜任主编,长江工程职业技术学院的王卫卫、三峡电力职业学院的胡金华、广西电力职业技术学院的曾毅任副主编,三峡电力职业学院的王远瞩、王丽丽,国网湖北省电力公司检修公司的戴迪、刘建国,广东电网有限责任公司东莞供电局的罗松林参与了本教材的编写。全书由韩绪鹏负责统稿。

本书在编写过程中,得到了三峡电力职业学院、广西电力职业技术学院、长江工程职业技术学院、国网湖北省电力公司检修公司、广东电网有限责任公司东莞供电局、华中科技大学出版社等单位的大力支持,许多高等院校的同行们也对本书给予了很多帮助,在此一并表示衷心的感谢。

由于编者水平有限,书中难免出现疏漏和不妥,恳请广大读者批评指正。

编　者

2015 年 4 月

模块 1
电力系统自动装置基础知识

◀ 学习导论

当前我国经济建设飞速发展,作为先行工业的电力系统,其建设步伐异常迅猛。随着三峡电网的建设,我国将逐步加强电网的互联,形成以三峡电站为中心的,连接华中、华东、川渝 3 个地区电网的我国中部电网。随着华北煤电基地的开发,实现华北与东北、华北与山东省网互联;华北与西北电网之间随着宁夏与内蒙古矿口电厂开发以及陕西神府煤电基地送电华北而联网,初步形成以华北电网为中心,包括西北、东北和山东的中国北部电网。而南方联合电网也将随着红水河、龙滩、澜沧江、小湾等水电开发和贵州煤电基地的开发,与云南电力外送的增加,从而进一步加强南方电网的结构。我国将初步形成北部、中部和南部三大电网的雏形。同时,北、中、南三大电网之间也将进一步加强南北联网。北部和中部以及中部与南部将是先以"效益型"为主,后以"送电型"为主的多点联网。到 2020 年,可初步形成除新疆、西藏、台湾之外的,以三峡电网为中心的全国统一的大区互联电网。这一电网的形成,将实现我国水电"西电东送"和煤电"北电南送"的合理能源流动格局,同时,北部、中部电网之间的互联,除送电之外还可获得以火电为主的北部电网与水电比重大的中部电网之间的水火调剂的效益,以及可获得北部电网黄河流域与中部电网长江流域之间的跨流域补偿调节效益。而中部电网与南部电网的互联,也将获得中部电网长江流域与南部电网澜沧江、红水河流域之间的跨流域补偿调节效益。

电力系统是发电、供电、用电的总称,现代电力系统是指进行电能生产、变换、输送、分配和消费的各种电气设备按照一定的技术指标和经济要求组成的动态复杂网络的大系统,能源和经济的不平衡发展促进了现代电力系统的跨区域互联发展,同时使得现代电力系统具备超大容量机组、超高压甚至特高压输电电压等级、远距离输电、大规模交直流互联、极高自动化水平等运行特征。随着大型电力系统互联和各种新设备的投入,在使发电和输电更经济高效的同时,也增加了电力系统的规模和复杂性,从而暴露很多威胁电力系统安全稳定运行的动态问题。电能的生产、输送、分配、使用是同时进行的,从电源到负荷是一个紧密连接的且分布十分广泛的大系统。因此,对电能质量及电力系统运行有极严格的运行。运行中出现问题,若处理不及时或处理不正确都会影响电力系统的正常运行,甚至造成大面积停电;局部发生的故障,如处理不当,会影响整个电力系统。随着发电机单机及电力系统容量的不断扩大,对运行水平的要求越来越高。只有借助电力系统自动装置的帮助,才能达到现代电力系统所要求的运行水平。电力系统自动装置一方面可以配合继电保护提高供电的可靠性,另一方面可以保证电能质量,提高系统经济运行水平,减轻运行人员的劳动强度。

◀ 学习目标

1. 了解电力系统自动化的发展概况。
2. 掌握电力系统自动控制系统的分类。
3. 掌握电力系统自动装置的定义及自动装置的组成。

1.1 电力系统及其运行特征

1.1.1 电力系统的发展

1882 年上海电气公司的成立标志着中国电力工业的开始。到 1949 年,全国装机 1847 MW,年发电量 4.31×10^9 kW·h。新中国成立后,我国电力工业得到了迅速发展,1987 年发电装机容量突破 1×10^8 kW;到 1996 年,发电装机容量居世界第 2 位。截至 2007 年底,全国发电装机容量达到 7.1329×10^8 kW。其中,水电达到 145.26 GW,约占总容量的 20.36%;火电达到 554.42 GW,约占总容量的 77.73%。2007 年全社会用电量达到 3.2458×10^{12} kW·h,全国 220 kV 及以上输电线路回路长度达到 3.271×10^5 km,220 kV 及以上变电设备容量达到 1.14445×10^9 kV·A。目前,我国电网除西北采用 330 kV/750 kV 电压序列外,其他电网均采用 220 kV/500 kV/1000 kV 电压序列。2005 年,初步实现了全国大区电网互联。

我国能源资源的特点是"富煤、缺油、少气"。我国已探明的煤炭保有储量为原煤约 1 万亿吨。但是煤炭资源地理分布极不均匀,形成"北多南少"、"西多东少"的分布格局,与我国区域经济发展水平和消费水平不一致。昆仑山—秦岭—大别山以北煤炭保有储量占 90.37%,其中晋、陕、内蒙古占 64%;以南占 9.7%,而且主要集中在云贵,占 77%。大兴安岭—太行山—雪峰山以西占 85.98%,以东占 14.02%。京津冀、华东六省一市,再加上广东省是我国经济最发达的地区,而煤炭保有储量为 703.03 亿吨,仅占全国的 7.0%。我国水能资源蕴藏丰富。经济可开发装机容量 40180 万千瓦,年发电量 17534 亿千瓦时,居世界首位。我国西部的水力资源占全国 84%,可开发量的四分之三以上分布在西部欠发达地区,主要集中在四川、云南、西藏地区。按照"大力发展水电,优化发展火电,加快发展核电,因地制宜积极发展风电、太阳能等可再生能源发电,加快发展电网"的电力工业发展方针,根据技术发展条件和现实可能性,预计到 2020 年我国火电和水电占装机容量的比例仍将接近 90%,核电将占总装机容量的 4%。根据中华人民共和国发展和改革委员会于 2007 年 8 月 31 日发布的《可再生能源中长期发展规划》,风电装机容量将达 3000 万千瓦,占总容量的比例仍然较小。根据有关规划,预计 2020 年我国发电装机构成的容量比例见图 1-1 所示。我国的电力消费主要集中在中东部及沿海地区,约占电力负荷的 3/4。能源基地与用电负荷之间距离大多为 500~2000 km 及 2000 km 以上。

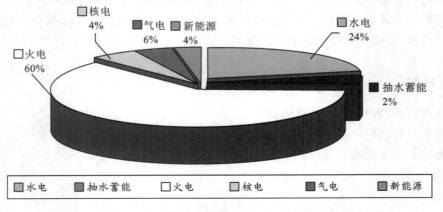

图 1-1 预计 2020 年我国发电装机构成的容量比例

我国电力工业经过 60 多年的建设,在生产运行、设计、安装和制造方面都有了很大的发展,取得了举世瞩目的成就。新中国成立前,我国发电设备容量只有 185 万千瓦;到 2010 年,我国装机容量已达到 9 亿千瓦。"七五"期间,地处长江天堑的葛洲坝水电厂以 ±500 kW 直流输电到上海,输送容量达 120 万千瓦。"八五"期间,大亚湾核电厂发电机组的单机容量达 90 万千瓦。"九五"期间,上海外高桥火电厂装机容量达 320 万千瓦,最大单机容量 90 万千瓦。随着大容量机组的出现,我国交流输电最高电压等级已达 500 万千瓦,建成七个装机容量达 1500 万千瓦以上规模的 500 kV 电网。"十五"期间,三峡工程的建设标志着我国水电工程和装备技术达到了世界先进水平。1000 kW 电网的建设是"十一五"期间的标志性成果,表明我国在特高压电网建设和装备技术方面已走到世界前列。

我国电力工业在外延不断增长的同时,产业素质也不断得到提升。火力发电技术和装备水平大幅提高,节能、环保、高效成为火电机组的技术主流。通过技术引进、消化吸收和再创新,超临界机组发电、空冷机组发电等一批先进技术得到广泛应用。水电技术有了明显进步,建成了迄今世界上规模最大的水利枢纽工程。经过 30 年的发展,我国核电建设也有了飞速发展,目前投入运行的 11 台核电机组装机容量约为 910 万千瓦,在建的 24 台核电机组装机容量约为 2540 万千瓦。核电自主研发和建设能力也不断提高,实验快堆、高温气冷堆、热核聚变装置等一系列科研工程项目正在积极推进。可再生能源发电技术达到了新水平,风力发电、太阳能光伏发电建设步伐进一步加快,目前国内已经能够生产 1500 千瓦的风机,两个兆瓦级太阳能光伏发电站并网发电已经在深圳、上海开始试运行。

随着电力系统的高速发展,发电厂和变电所相应实现了自动化,应用远动通信技术和计算机网络等技术对电力系统进行自动监视、控制和调度。为了更好地保证安全、经济运行,并保证电能质量,对电力系统自动化提出了更高的要求,从而促进了电力系统自动控制技术的不断发展,我国广大电力科技工作者和工程技术人员在这方面进行了卓有成效的工作,取得了可喜的成绩。

电能在生产、传输和分配过程中遵循着功率平衡的原则。所有以发电厂、变电所、输电网、配电和用电等设备所组成的电力系统,在运行中是一个有机的整体。电力系统分布在广阔的地区,现在我国实行的是分级调度体制,其典型的组成如图 1-2 所示。调度控制中心对所管辖的电力系统进行监视和控制,其主要任务是合理地调度所属各发电厂的功率,制定运行方式,及时处理电力系统运行中所发生的问题,确保系统的安全经济运行。

发电厂转换生产电能,按一次能源的不同又分为火电厂、水电厂、核电厂等不同类型的发电厂,随着环保、节能和智能电网等技术概念的提出,风力发电、太阳能发电等新能源技术应用也有了长足的进步。各类发电厂的生产过程各不相同,控制规律各异,它们在电力系统运行中的任务也有所侧重,但是,安全经济地完成给予的发电任务是对各类发电厂共同的要求。

配电网是直接向用户供电的地区电网,又是包含大多数新能源接入点的电网,新能源的接入对电力系统自动装置将有更高的要求。随着城乡建设的发展、人们生活的改善和电气化程度的提高,人们的生活离不开电力正常供应,对供电可靠性也提出了更高的要求。

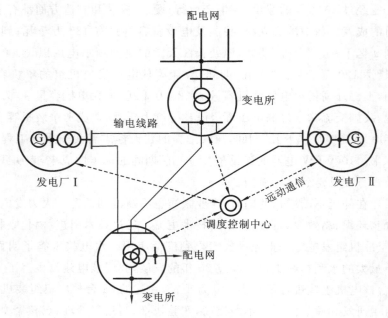

图 1-2 电力系统的组成

1.1.2 电力系统的运行特性

1. 电力系统的特点

电能是现代社会中最重要，也是很方便的能源。电力系统是由电能的生产、输送、分配和消费的各环节组成的整体，它与其他工业产品相比较，具有以下的特点。

1）电能的生产与消费具有同时性

由于电能的生产和消费是一种能量形态的转换，要求生产与消费同时完成，因此电能难以储存。从这个特点出发，在电力系统运行时就要求发电厂在任何时刻发出的功率，必须等于该时刻用电设备所需的功率、输送和分配环节中的功率损耗之和。

2）电能与国民经济各部门和人民日常生活关系密切

由于电能可以方便地转换为其他形式的能，且易于远距离输送和自动控制，因此得到广泛的应用。供电的突然中断会产生严重的后果。

3）电力系统的过渡过程非常短暂

由于电能以光速传播，所以运行情况发生变化所引起的电磁和机电过渡过程十分短暂。电力系统正常操作和发生故障时，从一种运行状态到另一种运行状态的过渡极为迅速，这就要求必须采用各种自动装置（包括计算机）来迅速而准确地完成各项调整和操作任务。

在电力系统中，故障的发生与发展是难免的，其暂态过程也是短暂的。因此，电力系统运行中发生的问题，如处理不及时或不正确，将影响电力系统正常运行，甚至造成大面积的停电，或对重要用户长时间中断供电。电能生产过程的另一特点是从电源到负荷是一个紧密连接的且分布十分广泛的大系统。因此，电力系统中的局部故障，如处理不当，会影响整个电力系统的安全运行。显然，仅凭人工进行监控是无法满足电力系统运行要求的。为满足电力系统安全经济运行的要求，电力系统必须借助于自动装置来完成对电力系统及设备监视、控制、保护和信息传递。因此,自动化技术就成了必不可少的手段。

2. 电力系统的运行要求

我国对电力系统运行的基本要求可以简单地概括为:"安全、可靠、优质、经济"。

1)保证供电的安全可靠性

保证供电的安全可靠性是对电力系统运行的基本要求。为此,电力系统的各个部门应加强现代化管理,提高设备的运行和维护质量。应当指出,目前要绝对防止事故的发生是不可能的,而各种用户对供电可靠性的要求也不一样。因此,应根据电力用户的重要性不同,区别对待,以便在事故情况下把给国民经济造成的损失限制到最小。通常可将电力用户分为三类:①一类用户。指由于中断供电会造成人身伤亡或在政治、经济上给国家造成重大损失的用户。一类用户要求有很高的供电可靠性。对一类用户通常应设置两路以上相互独立的电源供电,其中每一路电源的容量均应保证在此电源单独供电的情况下就能满足用户的用电要求。确保当任一路电源发生故障或检修时,都不会中断对用户的供电。②二类用户。指由于中断供电会在政治、经济上造成较大损失的用户。对二类用户应设专用供电线路,条件许可时也可采用双回路供电,并在电力供应出现不足时优先保证其电力供应。③三类用户。一般指短时停电不会造成严重后果的用户,如小城镇、小加工厂及农村用电等。当系统发生事故,出现供电不足的情况时,应当首先切除三类用户的用电负荷,以保证一、二类用户的用电。

2)保证电能的良好质量

频率、电压和波形是电能质量的三个基本指标。当系统的频率、电压和波形不符合电气设备的额定值要求时,往往会影响设备的正常工作,危及设备和人身安全,影响用户的产品质量等。因此要求系统所提供电能的频率、电压及波形必须符合其额定值的规定。其中,波形质量用波形总畸变率来表示,正弦波的畸变率是指各次谐波有效值平方和的方根值占基波有效值的百分比。我国规定电力系统的额定频率为 50 Hz,大容量系统允许频率偏差 ± 0.2 Hz,中小容量系统允许频率偏差 ± 0.5 Hz。35 kV 及以上的线路额定电压允许偏差 $\pm 5\%$;10 kV 线路额定电压允许偏差 $\pm 7\%$,电压波形总畸变率不大于 4%;380 V/220 V 线路额定电压允许偏差 $\pm 7\%$,电压波形总畸变率不大于 5%。

3)保证电力系统运行的稳定性

当电力系统的稳定性较差,或对事故处理不当时,局部事故的干扰有可能导致整个系统的全面瓦解(即大部分发电机和系统解列),而且需要长时间才能恢复,严重时会造成大面积、长时间停电。因此稳定问题是影响大型电力系统运行可靠性的一个重要因素。

4)保证运行人员和电气设备工作的安全

保证运行人员和电气设备工作的安全是电力系统运行的基本原则。这一方面要求在设计时,合理选择设备,使之在一定过电压和短路电流的作用下不致损坏;另一方面还应按规程要求及时地安排对电气设备进行预防性试验,及早发现隐患,及时进行维修。在运行和操作中要严格遵守有关的规章制度。

5)保证电力系统运行的经济性

电能成本的降低不仅会使各用电部门的成本降低,更重要的是节省了能量资源,因此会带来巨大的经济效益和长远的社会效益。为了实现电力系统的经济运行,除了进行合理的规划设计外,还须对整个系统实施最佳经济调度,实现火电厂、水电厂及核电厂负荷的合理分配,同时还要提高整个系统的管理技术水平。

问题与思考

1. 什么是分级调度控制典型的组成？
2. 我国对电力系统的基本要求是什么？
3. 电力系统应用自动装置的目的是什么？

1.2 电力系统自动化发展概况

由电力系统的特点及运行要求可见，必须有一系列功能齐备的各种自动装置工作于电力系统，才能保证电力系统安全可靠地运行，进而才能达到经济运行，否则电力系统是根本无法正常运行的。这一系列的自动装置与电力系统的配合，就构成了电力系统自动化。

我国电力系统自动化在 20 世纪 50 年代前几乎是空白，20 世纪 50 年代后，随着计算机技术和数字通信技术的发展，电力系统自动化技术也得到了很快的发展，通过计算机不但能够实现复杂的调节和控制，而且使大量运行数据和信息处理实现实时化。近年来，由于控制理论、信息论等方面的成就，大规模、超大规模集成电子器件不断推出，世界上已经有许多国家和地区电力系统应用了先进的自动化系统，我国在这个领域的研究和实践也取得了进展，各种自动装置正在实现微机化，电力系统的综合自动化水平在不断提高。

1.2.1 电力系统自动化主要组成

电力系统由发电、输电、变电、配电及用电等环节组成。通常将发电机、变压器、开关及输电线路等设备称作电力系统的一次设备，为了保证电力一次设备安全、稳定、可靠运行和电力生产以比较经济的方式运行，就需要对一次设备进行在线测控、保护、调度控制等，电力系统中将这些测控装置、保护装置，有关通信设备，各级电网调度控制中心的计算机系统，（火）电厂、（水、核能、风能）电站及变电站的计算机监控系统等统称为电力系统的二次设备，其构成了电力系统自动化的主要技术内容。

1. 电网调度自动化

电网调度自动化主要组成部分由电网调度控制中心的计算机网络系统、工作站、服务器、大屏蔽显示器、打印设备、通过电力系统专用广域网连接的下级电网调度控制中心、调度范围内的发电厂、变电站终端设备等构成。电网调度自动化的主要功能是电力生产过程实时数据采集与监控电网运行安全分析、电力系统状态估计、电力负荷预测、自动发电控制、自动经济调度并适应电力市场运营的需求等。

2. 变电站自动化

电力系统中变电站与输配电线路是联系发电厂与电力用户的主要环节。变电站自动化的目的是取代人工监视和电话人工操作，提高工作效率，扩大对变电站的监控功能，提高变电站的安全运行水平。变电站自动化的内容就是对站内运行的电气设备进行全方位的监视和有效控制，其特点是全微机化的装置替代各种常规电磁式设备；二次设备数字化、网络化、集成化，尽量采用计算机电缆或光纤代替电力信号电缆；操作监视实现计算机屏幕化；运行管理、记录统计实现自动化。变电站自动化除了满足变电站运行操作任务外还作为电网调度自动化不可分割的重要组成部分，是电力生产现代化的一个重要环节。

3. 发电厂分散控制系统(DCS)

发电厂分散控制系统(DCS)一般采用分层分布式结构,由过程控制单元(PCU)、运行员工作站(OS)、工程师工作站(ES)和冗余的高速数据通信网络(以太网)组成。过程控制单元(PCU)由可冗余配置的主控模件(MCU)和智能I/O模件组成。MCU模件通过冗余的I/O总线与智能I/O模件通信。PCU直接面向生产过程,接受现场变送器、热电偶、热电阻、电气量、开关量、脉冲量等信号,经运算处理后进行运行参数、设备状态的实时显示和打印以及输出信号直接驱动执行机构,完成生产过程的监测、控制和连锁保护等功能。运行员工作站(OS)和工程师工作站(ES)提供了人机接口。运行员工作站接收PCU发来的信息和向PCU发出指令,为运行操作人员提供监视和控制机组运行的手段。工程师工作站为维护工程师提供系统组态设置和修改、系统诊断和维护等手段。

4. 配电网自动化

配电自动化技术是服务于城乡配电网改造建设的重要技术,配电自动化包括馈线自动化和配电管理系统,通信技术是配电自动化的关键。目前,我国配电自动化进行了较多试点,由配电主站、子站和馈线终端构成的三层结构已得到普遍认可,光纤通信作为主干网的通信方式也得到共识。馈线自动化的实现也完全能够建立在光纤通信的基础上,这使得馈线终端能够快速地彼此通信,共同实现具有更高性能的馈线自动化功能。

配电网自动化是近几年来电力应用技术的新型技术,主要涉及中低级电网,作用对象是电力经营企业和用电企业的结合。它的功能可归纳为如下几个方面。①可靠安全的供电网络,包括电源点应保证电力输送线路的经济运行,开关、变压器等设施的可靠性。②对故障的自动判断和隔离,在人工或自动条件下恢复非故障线路的供电,对故障点进行自我隔离和诊断。③判断系统的运行状况进行实时监控,采用分布式的SCADA(远动),对配电网所需的信息进行技术处理,对配电网的各种信息的上发下传,及时反应配电网的运行状况和事故的处理级。④用电管理包括用户对电能的管理要求,用户对电能的意见及要求能够反映到配电管理中心,由配电管理中心对此做出反应和处理。对电能进行调整,对用电负荷的控制和经济调度。

1.2.2　现代电力系统自动化技术的发展趋势与研究方向

1. 电力系统自动化技术的发展趋势

(1)在控制策略上日益向最优化、适应化、智能化、协调化、区域化发展。

(2)在设计分析上日益要求面对多机系统模型来处理问题。

(3)在理论工具上越来越多地借助于现代控制理论。

(4)在控制手段上日益增多了微机、电力电子器件和远程通信的应用。

(5)由开环监测向闭环控制发展,例如从系统功率总加到AGC(自动发电控制)。

(6)由高电压等级向低电压扩展,例如从EMS(能量管理系统)到DMS(配电管理系统)。

(7)由单一功能向多功能、一体化发展,例如变电站综合自动化的发展。

(8)由单个元件间部分区域及全系统发展,例如SCADA的发展和区域稳定控制的发展。

(9)装置性能向数字化、快速化、灵活化发展,例如继电保护技术的演变。

(10)追求的目标向最优化、协调化、智能化发展,例如励磁控制、潮流控制。

(11)由以提高运行的安全、经济、效率为目标向管理、服务的自动化扩展,例如MIS(管理信息系统)在电力系统中的应用。

2. 电力系统系统化技术的研究方向

1）智能保护与变电站综合自动化

对电力系统电保护的新原理进行了研究,将国内外最新的人工智能、模糊理论、综合自动控制理论、自适应理论、网络通信、微机新技术等应用于新型继电保护装置中,使得新型继电保护装置具有智能控制的特点,大大提高电力系统的安全水平。对变电站自动化系统进行了多年研究,研制的分层分布式变电站综合自动化装置能够适用于 $35\sim500$ kV 各种电压等级变电站。当前我国微机保护领域的研究处于国际领先水平,变电站综合自动化领域的研究已达到国际先进水平。

2）电力市场理论与技术

基于我国目前的经济发展状况、电力市场发展的需要和电力工业技术经济的具体情况,认真研究了电力市场的运营模式,深入探讨并明确了运营流程中各步骤的具体规则;提出了适合我国现阶段电力市场运营模式的期货交易(年、月、日发电计划)、转运服务等模块的具体数学模型和算法,紧紧围绕当前我国模拟电力市场运营中亟待解决的理论问题。

3）电力系统实时仿真系统

对电力负荷动态特性监测、电力系统实时仿真建模等方面进行了研究,我国引进了加拿大 Teqsim 公司生产的电力系统数字模拟实时仿真系统,建成了第一家具备混合实时仿真环境的实验室。电力系统实时仿真系统不仅可进行多种电力系统的稳态及暂态实验,提供大量实验数据,并可与多种控制装置构成闭环系统,协助科研人员进行新装置的测试,从而为研究智能保护及灵活输电系统的控制策略提供了一流的实验条件。

4）电力系统运行人员培训仿真系统

电力系统运行人员培训仿真系统是针对我国电力企业职工岗位培训的迫切要求,将计算机、网络和多媒体技术的最新成果和传统的电力系统分析理论相结合,利用专家系统、智能理论(计算机辅助教学),进行电力系统知识教学、培训的一种强有力手段。电力系统运行人员培训仿真系统设计新颖,并合理配置软件资源分布,教、学员台在软件系统结构上耦合性很少,且系统硬件扩充简单方便,因此学员台理论上可无限扩充。

5）配电网自动化技术

在中低压网络数字电子载波 NDLC、配网的模型及高级应用软件 PAS、地理信息与配网 SCADA 一体化方面取得了重大技术突破。其中,NDLC 采用了 DSP 数字信号处理技术,提高了载波接收灵敏度,解决了载波正在配电网上应用的衰耗、干扰、路由等技术难题;高级应用软件 PAS 将输电网 EMS 的理论算法与配网实际结合起来,采用了最新国际标准 IEC61850、61970CIM 公共信息模型;采用配网递归虚拟流算法进行潮流计算;应用人工智能灰色神经元算法进行负荷预测。

6）电力系统分析与控制

对在线测量技术、实时相角测量、电力系统稳定控制理论与技术、小电流接地选线方法、电力系统振荡机理及抑制方法、发电机跟踪同期技术、非线性励磁和调速控制、潮流计算的收敛性、电网调度自动化仿真、电力负荷预测方法、基于柔性数据收集与监控的电网故障诊断和恢复控制策略、电网故障诊断理论与技术等方面进行了研究。在非线性理论、软计算理论和小波理论在电力系统应用方面,以及在电力市场条件下电力系统分析与控制的新理论、新模型、新算法和新的实现手段进行了研究。

7)人工智能在电力系统中的应用

结合电力工业发展的需要,开展了将专家系统、人工神经网络、模糊逻辑以及进化理论应用到电力系统及其元件的运行分析、警报处理、故障诊断、规划设计等方面的实用研究。在上述实用软件研究的基础上开展了电力系统智能控制理论与应用的研究,以提高电力系统运行与控制的智能化水平。

8)现代电力电子技术在电力系统中的应用

开展了电力电子装置控制理论和控制算法、各种电力电子装置在电力系统中的行为和作用、灵活交流输电系统、直流输电的微机控制技术、动态无功补偿技术、有源电力滤波技术、大容量交流电机变频调速技术和新型储能技术等方面的研究。

9)电气设备状态监测与故障诊断技术

通过将传感器技术、光纤技术、计算机技术、数字信号处理技术以及模式识别技术等结合起来,针对电气设备绝缘监测方法和故障诊断的机理进行了详细的基础研究,开发了发电机、变压器、开关设备、电容型设备和直流系统等主要电气设备的监控系统,全面提高电气设备和电力系统的安全运行水平。

1.2.3 具有变革性重要影响的电力系统自动化新技术

1. 电力系统的智能控制

电力系统的控制研究与应用在过去的几十年大体上可分为三个阶段:基于传递函数的单输入、单输出控制阶段;线性最优控制、非线性控制及多机系统协调控制阶段;智能控制阶段。电力系统控制面临的主要技术困难有:①电力系统是一个具有强非线性的、变参数的动态大系统。②具有多目标寻优和在多种运行方式及故障方式下的鲁棒性要求。③不仅需要本地不同控制器间协调,也需要异地不同控制器间协调控制。

2. FACTS 和 DFACTS

1)FACTS

在电力系统的发展迫切需要先进的输配电技术来提高电压质量和系统稳定性的时候,一种改变传统输电能力的新技术——柔性交流输电系统(FACTS)技术悄然兴起。

所谓"柔性交流输电系统"技术又称"灵活交流输电系统"技术,简称 FACTS,就是在输电系统的重要部位,采用具有单独或综合功能的电力电子装置,对输电系统的主要参数(如电压、相位差、电抗等)进行调整控制,使输电更加可靠,具有更大的可控性和更高的效率。这是一种将电力电子技术、微机处理技术、控制技术等高新技术应用于高压输电系统,以提高系统可靠性、可控性、运行性能和电能质量,并可获取大量节电效益的新型综合技术。

各种 FACTS 装置的共同特点是:基于大功率电力电子器件的快速开关作用和所组成逆变器的逆变作用。ASVC 是包含了 FACTS 装置的各种核心技术且结构比较简单的一种新型静止无功发生器。ASVC 由二相逆变器和并联电容器构成,其输出的三相交流电压与所接电网的三相电压同步。它不仅可校正稳态运行电压,而且可以在故障后的恢复期间稳定电压,因此对电网电压的控制能力很强。与旋转同步调相机相比,ASVC 的调节范围大,反应速度快,不会发生响应迟缓,没有转动设备的机械惯性、机械损耗和旋转噪声,并且因为 ASVC 是一种固态装置,所以能响应网络中的暂态也能响应稳态变化,因此其控制能力大大优于同步调相机。

2）DFACTS

由于配电网面对用户的特殊性,将 FACTS 技术应用于配电网后,称为配电网的柔性交流输电技术 DFACTS,也被称为定制电力技术,它是 Hingorani 于 1988 年针对配电网中供电质量提出的新概念。其主要内容是:对供电质量的各种问题采用综合的解决办法,在配电网和大量商业用户的供电端使用新型电力电子控制器。

3. 基于 GPS 统一时钟的新一代 EMS 和动态安全监控系统

1）基于 GPS 统一时钟的新一代 EMS

目前应用的电力系统监测手段主要有侧重于记录电磁暂态过程的各种故障录波仪和侧重于系统稳态运行情况的监视控制与数据采集（SCADA）系统。前者记录数据冗余,记录时间较短,不同记录仪之间缺乏通信,使得对于系统整体动态特性分析困难;后者数据刷新间隔较长,只能用于分析系统的稳态特性。两者还具有一个共同的不足,即不同地点之间缺乏准确的共同时间标记,记录数据只是局部有效,难以用于对全系统动态行为的分析。

2）基于 GPS 的新一代动态安全监控系统

基于 GPS 的新一代动态安全监控系统,是新动态安全监测系统与原有 SCADA 的结合。电力系统新一代动态安全监测系统,主要由同步定时系统、动态相量测量系统、通信系统和中央信号处理机四部分组成。采用 GPS 实现的同步相量测量技术和光纤通信技术,为相量控制提供了实现的条件。GPS 技术与相量测量技术结合的产物——PMU（相量测量单元）设备,正逐步取代 RTU 设备实现电压、电流相量测量（相角和幅值）。

问题与思考

1. 电力系统自动化的主要组成包括哪几个部分?
2. 变电站自动化的主要内容是什么?
3. 电力系统自动化的发展趋势包括哪些?
4. 具有变革性重要影响的电力系统自动化新技术是什么?

1.3　电力系统自动控制系统

任何一个自动控制系统都可用图 1-3 所示的框图所示,控制对象的运行状态信息传给自动控制装置;自动控制装置对选来的信息进行综合分析,按控制要求发出控制信息即控制指令,以实现其预定的控制目标。根据电力系统的组成和运行特点,电力系统中的自动控制大致划分为如下几个不同内容的电力系统自动控制系统。

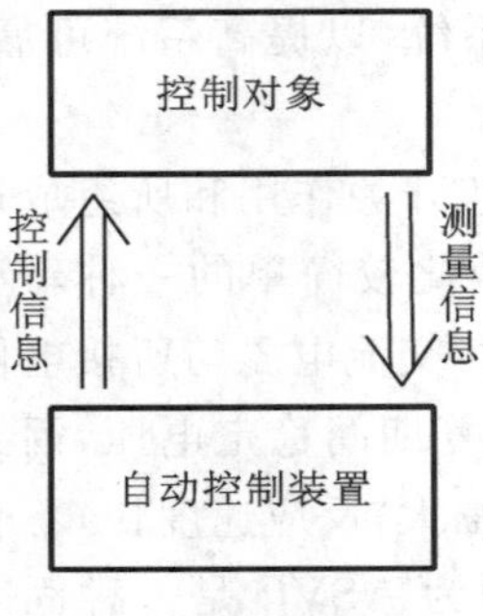

1. 电力系统自动监视和控制系统

工作于电力系统的各种自动装置,均是功能不同的自动监视或控制系统。电力系统自动监视和控制系统,是由计算机数据采集与监控系统 SCADA 配以多种基础功能软件和传输远方信息的通信系统组成,其主要任务是提高电力系统的安全、经济运行水平。电力系统中各发电厂、变电所把反映电力系统运行状态的实时信息,由远动终端装置送至调度控制中心的计算机系统,由计算机及时地对电力系统的运行进行分析进而提供控制方案并

图 1-3　典型控制系统

通过人机联系系统显示出来,供运行人员监控决策参考。当调度自动化系统增加安全分析与控制、经济调度管理等能量管理功能后,则称为能量管理系统。而面对用户的供电部门的调度自动化系统,在增加多种服务于用户的管理、配电网管理功能后,则称为配电管理系统。这样不仅为运行人员集中精力指挥电网运行创造条件,而且由于经安全分析后及时采取的预防性控制,可极大地提高电网运行的安全性。在计算机的经济运行软件支持下,还把电力系统的调频和经济运行提高到一个新的水平。

2. 发电厂动力机械自动控制系统

不同类型电厂的动力机械各不相同,故动力机械的自动控制类型也不相同。发电厂的动力机械随发电厂类型不同而有很大差别,如水电厂、火电厂、核电厂等,它们的动力设备截然不同,其控制要求和控制规律相差很大。火电厂中锅炉和汽轮机的自动控制系统与水电厂中水力机械的自动控制系统分属各自的专业对这一领域进行的研究。火电厂中,是锅炉、汽轮机等热力设备的各类自动控制系统;而水电厂中,则是水轮机等各种水力机械的控制系统;核电站则是核能控制系统。

动力机械自动控制系统分属于对应专业领域,但从发电厂角度看,动力机械自动控制系统是电厂自动控制的主要组成部分。先进的动力机械自动控制系统均为计算机监控系统,并可与电气部分的计算机监控系统组成协调统一的计算机监控系统。

3. 电力系统自动装置

发电厂及变电站中,服务于一次系统的各种自动监控装置即为电力系统的自动装置,是保证电力系统安全可靠运行、保证电能质量、实现经济运行的基础自动化设备。电力系统自动装置种类极多,可按其工作模式划分为以下两大类。

1)自动操作性装置

这是保证电厂与电力网安全运行的自动装置,包括正常操作与反事故操作两类。例如按运行计划将发电机并网运行的操作称为正常操作。电网突然发生事故,为防止事故扩大的紧急操作称为反事故操作。防止电力系统的系统性事故采取相应对策的自动操作装置称为电力系统安全自动控制装置。这类自动装置的工作模式均可用图 1-4 所示。图中的控制信号作用于受控设备。

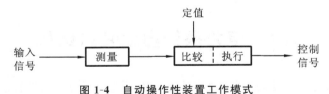

图 1-4 自动操作性装置工作模式

这类装置包括自动并列、自动按频率减负荷、自动解列、强行励磁、电力负荷控制等装置。广义上看,继电保护及自动重合闸以及若干新型接地保护装置也应属于这类自动装置中的安全装置类,只因其工作的特殊性及相关的系统性,已成为继电保护这门技术学科的内容。

2)自动控制(调节)系统

这类装置使保证电力系统正常运行、保证电网电能质量符合指标、进而实现电网经济运行的重要自动化装置。其工作方式如图 1-5 所示。装置按闭环控制系统原理进行工作,其输出量即为系统的被控制(调节)量。电力系统中很重要的自动励磁控制系统、自动调频系统为这类系统。它们的功能是保持机端电压和系统频率在给定范围内,并使机组间的无功功率、有功功率

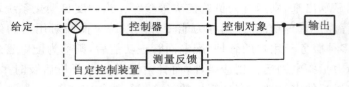

图 1-5　自动调节系统工作模式

分配合理,进而实现经济运行。

灵活交流输电技术是近年发展起来的一种集电力技术、电力电子技术、微处理与微电子技术、通信技术和控制技术为一体综合而成的用于控制交流输电的新技术。灵活交流输电系统(FACTS)装置的主要类型有并联型装置(如动态无功发生装置等)、串联型装置(如可控串联补偿等),以及串并联装置(如统一潮流控制器等),可对电力系统的电压、相角、潮流等进行控制和调节,被大多数学者认为是一种电力系统自动装置。FACTS 装置是现代电力系统最为活跃的研究领域之一。

4. 电力安全装置

发电厂、变电所等电力系统运行操作的安全装置,是为了保障电力系统运行人员的人身安全的监护装置。由于电力操作是一项具有一定危险性的工作,曾有许多惨痛的教训,因此安全装置成为人们长期努力攻克的目标,其功能是保障操作人员的生命安全。这些自动装置还处在发展中,本教材暂不介绍相关内容,读者可以参考相关文献。

总之,为了保证安全、可靠、经济地发、输、供电,电力系统在正常运行状态或处于故障处理后状态下,往往需要根据系统电压、频率来进行发电机并入电网、电压和无功功率调节、频率和有功功率调节、备用电源的切换、低频率减负荷等操作,这些操作都可以由电力系统自动装置实现。

问题与思考

1. 电力系统自动控制系统有哪几类?

2. 电力系统自动装置有哪几类?

3. 什么是电力系统安全自动控制装置?

1.4　电力系统自动装置结构

随着计算机技术的飞速发展,利用数字计算机构成电力系统自动装置已非常成熟并广为应用。电力系统运行的主要参数是连续的模拟量,而计算机内部参与计算的信号是离散的二进制数字信号。所以,自动装置的首要任务是将连续的模拟信号采集并转换成离散的数字信号后进入计算机,即数据采集和模拟信号的数字化。电力系统自动装置要完成此功能,一般可用微机监控技术来实现,本节重点讲述电力系统自动装置的结构形式。

1.4.1　电力系统自动装置硬件组成形式

从硬件组成来看,目前电力系统自动装置的结构形式主要有四种,即微型计算机系统、工业控制计算机系统、集散控制系统 DCS 和现场总线系统 FCS、计算机网络系统。在电力系统中,对于控制功能单一的自动装置所需的电气量不是很多,微型计算机系统就可满足运行要求,例如同步发电机自动并列装置;对于控制功能要求较高、软件开发任务较为繁重的系统,例如发电机励磁自动调节系统,大多采用工业控制计算机系统;而对于分散的多对象的成套监测控制装置则采用 DCS 或 FCS,例如发电厂、变电所一些远动装置以及热电厂机炉集控系统等;而电力系统的调频工作则通过计算机网络系统完成(电力系统专用通信调度网)。

1. 微型计算机系统

当前微型计算机的概念非常广泛,也很难恰当定义。有功能极强的计算机也属于微型计算机系统。这里把较简单的、借助于特定开发平台才能编程的系统称为微型计算机系统。其实随着科技的发展,上述定义并非固定不变。

电力系统自动装置常用的微型计算机系统一般由传感器、采样保持器、模拟多路开关、A/D 转换器、存储器、通信单元、中央处理单元 CPU 及外设等部分组成,如图 1-6 所示。

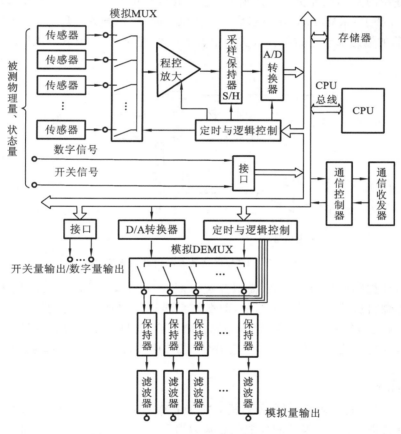

图 1-6　微型计算机系统框图

1)传感器

传感器的作用是把压力、温度、转速等非电量或电压、电流、功率等电量转换为对应的电压或电流量的模拟信号,即转换成能被计算机接口电路接受的电信号。因此,人们也常称为变送器。现代一些新型传感器可以通过非电量采集形式进行电量变换,可输出模拟量,也可输出数字量,如光电互感器 OCT。

在电力系统中目前用得比较多为模拟变送器,它的输入量为被测参数,输出量为与其输入量成正比(可供微机采样)的直流电压或电流;也有交流接口,就是把电流互感器二次侧电流、电压互感器二次侧电压经过中间变流器或中间变压器转换成与其成比例的、幅值较低的交流电压。

2)模拟多路开关(MUX)

数据采集装置要对多路模拟量进行采集,在速度要求不高的场合,一般采用公共的 A/D 转换器,分时对各路模拟量进行模/数转换,即用模拟多路开关来轮流切换各路模拟量与 A/D 转换器间的通道,使得在一个特定的时间内,只允许一路模拟信号输入到 A/D 转换器,目的是简化电路,降低成本。

3)采样/保持器(S/H)

A/D 转换器完成一路转换需要一定时间,在这段时间内希望 A/D 转换器输入端的模拟信号电压保持不变,这可以由 S/H 来实现。

采样/保持器的基本电路如图 1-7 所示,它一般由模拟开关、保持电容器和缓冲放大器组成。其工作原理如下:采样期间,在控制信号为高电平时,模拟开关 S 闭合,输入信号 u_{in} 经高增益放大器 A1 后的输出通道通过模拟开关向电容器 C 快速充电,使电容器电压迅速达到输入电平值。

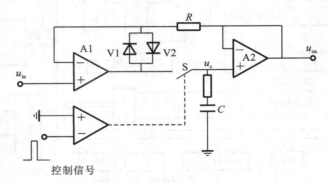

图 1-7 采样/保持器基本电路及波形

保持期间,使控制信号为低电平,模拟开关 S 断开,由于运算放大器 A2 输入阻抗很高,理想情况下,电容器将保持充电时的最终值,即在电容器 C 上保持采样信号。A2 输出的 u_{ou} 送到 A/D 转换器。要使电容器上电压保持时间长,需要电容量足够大,A2 输入阻抗足够高。

目前采样/保持电路大多集成在单一芯片中,芯片中不含保持电容器,保持电容器由用户根据需要选择。

4)A/D 转换器

因为计算机只能处理数字信号,所以需要把模拟信号转换为数字信号,完成这一功能的元件就是 A/D 转换器,A/D 转换器的性能是影响数据采集速率和精度的主要因素之一。

5)存储器

存储器用于数据缓存,提供进一步数据处理。从 20 世纪几十个字节的存储量发展到现在几个 G 字节的存储量,存储器技术有了惊人的发展,极大地提高了计算机的存储能力。

6)通信单元

根据需要可设置通信单元与上位计算机通信。通信单元包括通信控制器和通信收发器两个部分:通信控制器用来控制通信过程,确定通信的数据、地址以及建立/拆除通信的数据链路;通信收发器用来处理通信的物理层功能,包括物理引线的排列、机械特性和物理电平等。

7)CPU(中央处理单元)

一般把运算器和控制器合并称中央处理单元(CPU),这是自动装置的核心部件,对系统的工作进行控制和管理,对采集到的数据作必要处理,然后根据要求作出判断和发出指令等。

微型计算机系统结构简单,容易实现,满足中、小规模自动装置的要求,对环境的要求不是很高,能够在比较恶劣的环境下工作,且价格低廉,可降低系统的投资。

2. 工业控制计算机系统

工业控制计算机(简称工控机)系统一般由稳压电源、机箱和不同功能的总线模板,以及键盘等外设借口组成。

工业控制计算机系统中内部总线种类繁多,如 STD、PC104 等,发展很快,而早期的工业控制计算机较多采用 STD 总线,即工业控制标准总线,广泛应用于冶金、化工和电力等领域。STD 总线机内对 56 根线做了合理的安排,信号之间的隔离消除了大部分总线上的干扰,单元为小模板结构,每块模板功能具有重要相当的独立性,实现了板级功能的分散,图 1-8 为 STD总线工业控制计算机的结构示意图,其他工控机都具有相似的结构。

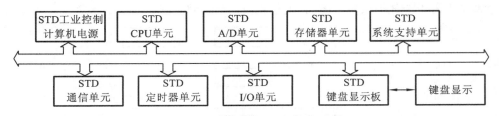

图 1-8　STD 总线工业控制计算机的结构示意图

1)CPU 单元

CPU 单元的主要功能是作为 STD 总线的主处理单元,处理 STD 总线上的数据、地址和各种控制功能,并且控制其他 STD 功能单元的工作,以及进行整个工控机系统的计算、数据处理、控制等工作。STD 总线的 CPU 单元一般含有高速的 CPU 和协处理器,能够与计算机 PC/XT总线兼容。

2)A/D 单元

A/D 单元主要提供模/数转换的接口,模/数转换和数据读取的时刻可由 CPU 单元控制,也可由外部触发来决定。

3)存储器单元

存储器单元的主要功能是作为通用存储器的扩张卡,卡上含有 STD 接口、译码、存储器、后备电池等,可防止失电后数据丢失。

4)系统支持单元

系统支持单元是为 STD-PC 提供系统支持的功能单元,它包含设置开关、后备电池、实时时钟、看门狗定时器、上电复位电路、交流掉电非屏蔽 NMI 电路、总线终端网络及通信口。

5)定时器单元

定时器是 STD 总线的独立外设,具有可编程逻辑电路、选通电路和输出信号,可完成定时、计数以及实现"看门狗"功能等。

6)I/O 单元

I/O 单元是实现开关量的输入输出的功能单元,可以提供电平输出,也可以提供功率输出,各种信号输出均可具有锁存功能。

7)键盘显示板

键盘显示板主要有键盘输入、显示输出、打印机接口等部分。

8)通信单元

通信单元主要承担了计算机对外的通信任务。

此外,工控机的电源在技术性能上也有一些要求,主要是对输入电压、输出电压、输出电流等;要求输入侧带交流滤波、输出侧具备过电压与过电流保护、较高的工作可靠性和抗干扰能力、低功耗等。

工业控制计算机系统功能较微型计算机系统完善,可靠性和实时性通常也较微型计算机系统大为提高,已实现板极的分散,配有实时操作系统、过程中断系统等,具有丰富的过程输入/输出功能和软件系统,由众多的选配件和组态软件支持。

3. 集散控制系统(DCS)和现场总线系统(FCS)

1)集散控制系统的结构

集散控制系统结构如图 1-9 所示,集散系统是计算机网络技术在工业控制系统发展的产物,整个系统由若干个数据采集测控站、上位机及通信线路组成。

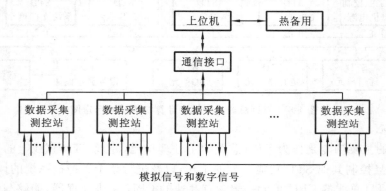

图 1-9　集散控制系统结构框图

(1)数据采集测控站。数据采集测控站一般是由单片机数据采集控制装置组成,位于生产设备附近,可独立完成数据采集和预处理任务,可以将信号通过通信线路传送至上位机,并能够接收上位机通过通信线路下达的控制指令进行现场控制。

(2)上位机。上位机一般采用工业控制机或工作站所配置打印机和其他外部设备。上位机一般采用双机热备用方式,以确保系统的可靠性。上位机的工作是将各个站上传的数据进行分析处理,以及进行数据的存储和整个系统的协调,集中显示或打印各种报表。此外,上位机最重要的功能是根据数据处理的结果,确定控制的参数和方法,并将这些结果通过通信线路下达给相应的站。

上位机和工作站之间通常采用串行通信方式进行通信,介质询问方式一般为令牌形式,由上位机确定与哪一个工作站进行通信。

DCS 系统的系统适应性强,系统的规模可以根据实际情况建设,由于系统具有分散性,单一站的故障不会影响到整个系统,可靠性得到了提高;且由于系统的各个站为并行结构,可解决大型、高速、动态系统的需要,实时性能较好。但由于要进行集中数据处理,上位机应具有一定的技术要求。

2)现场总线系统

现场总线系统是 20 世纪 80 年中期计算机技术、通信技术和自动控制技术融合发展的结果,它将分散在现场的测量控制设备变成网络上的节点,以现场总线为纽带,连接成为可相互沟通信息、共同完成自控任务的网络型控制系统。现场总线的技术总类和标准很多,同一类现场总线系统具有统一标准的通信协议,并形成了相应的国际或行业标准,因此它是一个开放的数字化系统。一般的现场总线系统结构框图如图 1-10 所示。

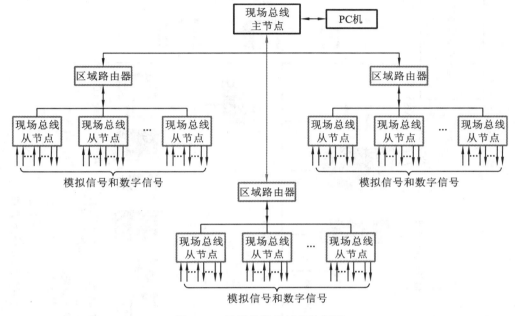

图 1-10 现场总线系统结构框图

(1)现场总线节点。现场总线主节点也称为主设备、主站,是整个现场总线系统运行的协调者。对于现场总线系统来说,它在总线上完成信息发起的功能。通常还可以通过一些接入设备与计算机的局域网相连。主节点也可以通过接入设备到外部设备,完成显示、输出、打印、数据存储等功能。图 1-10 表示了一个单主节点结构的现场总线系统,在不同种类的总线技术中,也存在多主节点结构的现场总线系统。

(2)现场总线从节点。现场总线的从节点又称为从设备、从站,是现场总线系统总端设备运行的执行者。对于现场总线系统来说,它不能在总线上主动发起通信,但可以完成接收、查询等功能。对于测控的目标而言,所有测控的工作都可以下放到从节点中,这样使得现场总线成为完全的分布控制系统。

(3)路由器。路由器的功能主要起到路由、中继、数据交换等功能。由于现场总线系统的分散性,上述功能对于现场总线测控系统来说是必不可少的。

FCS 系统是一个全数字化开放系统,即同类总线具有相同的协议和行业标准,具有可互操作性和可互用性,即同类总线不同厂家的产品具有可替代性。它是全分布控制系统,故可形成更大的控制系统,其现场设备具有高智能化和自治性,即现场的设备具有很强的控制能力。

4. 计算机网络系统

电力系统采用了以光纤为介质主干的计算机专用通信网络,它是电力系统各级调度控制中心连接其所属各发电厂、变电所、配电站中各监控装置、自动装置和控制器的纽带,结合电力系统能量管理系统 EMS 软件等实现远程自动化功能,如"四遥"(遥信、遥测、遥控、遥调)、自动调频等。电网调度控制中心计算机网络应用示意图如图 1-11 所示。

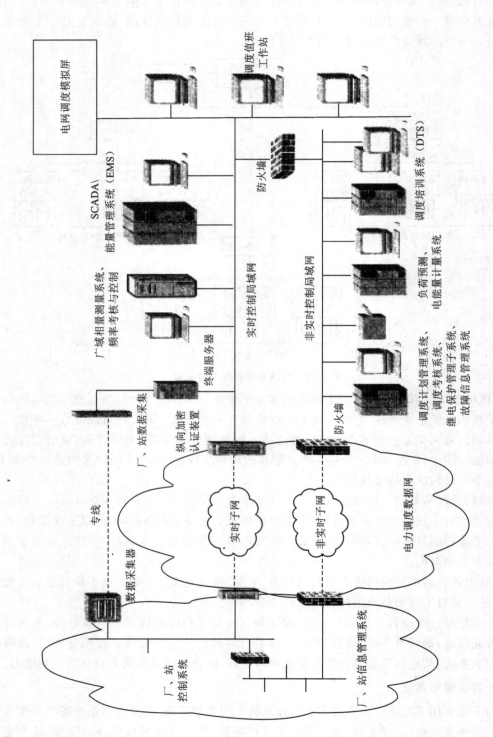

图 1-11 电网调度控制中心计算机网络应用示意图

1.4.2 电力系统自动装置软件

自动装置的正常工作,除了必须要有硬件外,还需要软件支持。但软件随着具体应用的不同,其规模、功能及所采用的技术也不相同。

1. 信号采集与处理程序

采集的信息有数字信号和模拟信号两种,数字信号采集后直接进入计算机云储,而模拟信号需经处理。模拟信号采集与处理程序的主要功能是对模拟输入信号进行采集、标度变换、滤波处理及二次数据计算,并将数据存入相应地址的存储单元。

2. 运行参数设置程序

运行参数设置程序的主要功能是对系统的运行参数进行设置。运行参数中有采样通道号、采样点数、采样周期、信号量程范围和工程单位等。

3. 系统管理(主控制)程序

系统管理程序首先用来将各个功能模块组织成一个程序系统,并管理和调用各个功能模块程序,其次用来管理数据文件的存储和输出。

4. 通信程序

通信程序用来完成上位机与各个站之间的数据传递工作,或用来完成主节点与从节点之间的数据传递,主要的功能包括设置数据传输的波特率、数据发送的发起、数据发送发起的响应、数据接收的响应和数据传输的校验、数据传输成功的标志等。一般通信程序为 DCS 或 FCS 所有。

以上介绍了系统软件的功能模块划分,但这种划分并非是一成不变的,不同的系统常常有不同的划分。例如,在工业控制机、集散系统和现场总线等系统中,还需要显示软件、键盘扫描与分析程序、实时监控程序等软件功能模块。在最简单的微型计算机系统(单片机系统)中可能就不具备用菜单技术编程的系统管理程序。

问题与思考

1. 单从硬件组成来看,电力系统自动装置的结构有哪几种形式?

2. 电力系统自动装置常用的微型计算机系统一般由哪几部分组成?

3. 电力系统自动装置基本的软件有哪几部分组成?

模块 1 自 测 题

一、填空题

1. 我国能源资源的特点是_____。

2. 电力系统分布在广阔的地区,现在我国实行的是_____体制。

3. 频率、电压和_____是电能质量的三个基本指标。

4. 我国规定电力系统的额定频率为 50 Hz,大容量系统允许频率偏差_____ Hz,中小容量系统允许频率偏差_____ Hz。

5. 配电自动化包括馈线自动化和_____。

6._____是在输电系统的重要部位,采用具有单独或综合功能的电力电子装置,对输电系统的主要参数(如电压、相位差、电抗等)进行调整控制,使输电更加可靠,具有更大的可控性和更高的效率。

7.电力系统自动监视和控制系统,是由计算机数据采集_____配以多种基础功能软件和传输远方信息的通信系统组成。

8.发电厂及变电站中,服务于一次系统的各种自动监控装置即_____,是保证电力系统安全可靠运行、保证电能质量、实现经济运行的基础自动化设备。

9.防止电力系统的系统性事故采取相应对策的自动操作装置称为_____。

10.电力系统中很重要的自动励磁控制系统、自动调频系统属于_____。

二、选择题

1.(   )的主要任务是合理地调度所属各发电厂的功率,制定运行方式,及时处理电力系统运行中所发生的问题,确保系统的安全经济运行。

A.调度控制中心　　　　B.变电所　　　　　　C.配电网　　　　　　D.输电线路

2.下列不属于电力系统特点的是(   )。

A.电能的生产与消费具有同时性

B.电能与国民经济各部门和人民日常生活关系密切

C.电力系统的过渡过程非常短暂

D.电力系统的过渡过程比较长

3.35 kV 及以上的线路额定电压允许偏差(   )。

A.±5%　　　　　　　　B.±7%　　　　　　　C.±4%　　　　　　　D.±10%

4.下列不属于自动操作性装置的是(   )。

A.自动并列装置　　　　B.自动解列装置　　　C.强行励磁装置　　　D.自动调频装置

5.电力系统的调频工作是通过(   )完成。

A.微型计算机系统　　　　　　　　　　　　　　B.工业控制计算机系统

C.集散控制系统(DCS)和现场总线系统　　　　　D.计算机网络系统

三、问答题

1.电网调度自动化是如何定义的?

2.电力系统自动化技术的发展趋势是怎样的?

3.电力系统自动装置是如何定义的?按照工作模式划分,它包括哪两类?

4.微型计算机的硬件组成包括哪些?

模块 2
同步发电机自动并列装置

 学习导论

将同步发电机投入电力系统并列运行的操作称为并列操作。在进行同步发电机并列操作时,如果操作不当或误操作,将会产生极大的冲击电流,损坏发电机,引起系统电压波动,甚至会导致系统的振荡,破坏系统稳定运行。因此,对同步发电机的并列操作进行研究,提高并列操作的准确性和可靠性,对于系统的可靠运行具有很重要的意义。

并列操作方法主要有准同期和自同期两种,准同期并列时产生的冲击电流较小,不会使系统电压降低,并列后容易拉入同步,但并列操作过程较长;自同期并列操作简单,并列速度快,但冲击电流较大。

考虑实际同步发电机并列难以同时满足三个理想并列条件,即会存在电压差或频率差或相位差,所以并列瞬间有冲击电流,且影响并列后发电机进入同步运行的过程。电压的幅值差会产生无功性质的冲击电流,引起定子绕组发热和在定子端部产生冲击力矩;电压的相位差会产生有功性质的冲击电流,在发电机的大轴上产生冲击力矩;频率差产生周期性变化的冲击电流,影响发电机进入同步的过程,滑差周期、滑差频率和滑差角频率都可用来表示待并发电机与系统间频率相差的程度,滑差可以反映频率差,滑差周期与滑差频率成反比。

自动准同期装置包括频率差控制单元、电压差控制单元和合闸信号控制单元。合闸信号控制单元的作用是利用线性整步电压来检定同步条件的,频差和压差均满足时,导前一个时间发合闸脉冲,当频差或压差不满足要求时,闭锁合闸脉冲。频率差控制单元的作用是鉴别频差方向,发出相应的调速脉冲,使发电机频率趋近于系统频率;电压差控制单元用来鉴别电压差方向,发出相应的调压脉冲,使发电机电压趋近于系统电压。

模拟式自动准同期装置在原理上存在导前时间不恒定、同期操作速度慢、受元件参数变化的影响,会使并列时间延长,已逐渐被微机型自动准同期装置所替代。微机型自动准同期装置由微机处理器、压差鉴别、频差及相角差鉴别、输入电路、输出电路及电源、试验装置等组成,原理上能保证合闸冲击电流接近于零并控制准同期条件第一次出现时就能准确投入发电机。

学习目标

1. 掌握并列操作的基本要求和发电机并列操作的方法及特点。
2. 掌握准同期并列的基本原理。
3. 了解自动并列装置的组成及工作原理。
4. 掌握同步发动机并列操作的技能。

2.1 同步发电机并列操作概述

2.1.1 并列操作的意义

在电力系统中,各发电机是并列运行的。并列运行的同步发电机,其转子以相同的电角速度旋转,每台发电机转子的相对电角速度都在允许的极限值以内,称之为同步运行。一般来说,发电机在没有并入电网之前,与系统中的其他发电机是不同步的。

电力系统中的负荷是随机变化的,为保证电能质量,并满足安全和经济运行的要求,需要经常将发电机投入和退出系统,将同步发电机投入电力系统并列运行的操作称为并列操作。

在发电厂或变电所中控室中,要求将已解列为两部分运行的系统进行并列,这种操作也称为并列操作。通过并列操作可解决系统中分开运行的线路断路器正确合闸的问题,实现系统的并列运行,以提高系统的稳定性、可靠性及线路负荷的合理、经济分配。系统间并列操作的基本原理与发电机并列相同,但调节比较复杂,而且实现的具体方式有一定的差别。

电力系统这两种基本并列操作中,以同步发电机的并列操作最为频繁和常见,如果操作不当或误操作,将产生极大的冲击电流,损坏发电机,引起系统电压波动,甚至会导致系统振荡,破坏系统稳定运行。因此对同步发电机的并列操作有以下两个基本要求。

(1)并列瞬间,冲击电流应尽可能小,不应超过规定的允许值。

(2)并列后,发电机应能迅速进入同步运行状态,其暂态过程要短,以减少对系统的扰动。

采用自动并列装置进行并列操作,不仅能减轻运行人员的劳动强度,也能提高系统运行的可靠性和稳定性。

同步发电机的并列方法主要有准同期并列和自同期并列两种。在电力系统正常运行情况下,一般采用准同期并列方法将发电机组投入运行。因此,这是本书重点介绍的内容。自同期并列方法很少采用,只有当电力系统发生事故时,为了迅速投入水轮发电机组,过去曾采用自同期并列方法。随着自动控制技术的发展,特别是微机型数字式自动并列装置的日趋成熟,现在也可以采用准同期并列方法快速投运水轮发电机组。

2.1.2 准同期并列

先给待并发电机加励磁,使发电机建压,调整发电机的电压和频率,当与系统电压和频率接近相等时,选择合适的时机,当发电机电压与系统电压之间的相角差接近0°时合上并列断路器,将发电机并入电网。这种并列方式称为准同期并列。

准同期并列的优点是并列时产生的冲击电流较小,不会使系统电压降低,并列后容易实现同步。缺点是在并列操作过程中需要对发电机的电压和频率进行调整,捕捉合适的合闸时机,所需并列时间较长。

要使一台发电机以准同期方式并入系统,进行并列操作最理想的状态是在并列断路器主触头闭合的瞬间,断路器两侧电压大小相等,频率相等,相角差为零。

(1)待并发电机电压与系统电压相等。

(2)待并发电机频率与系统频率相等。

(3)并列断路器主触头闭合瞬间,待并发电机电压与系统电压间的相角差为零。

符合上述三个条件,并列断路器主触头闭合瞬间,冲击电流为零,待并发电机不会受到任何冲击,并列后发电机立即与系统同步运行。但是,在实际运行中,同时满足以上三个理想条件几乎是不可能的,事实上也没有必要。只要并列时冲击电流小,不会危及设备安全,发电机并入系统拉入同步过程中,对待并发电机和系统影响小,不致引起不良后果,是允许并列操作的。因此,实际运行中,上述三个理想条件允许有一定的偏差,但偏差值要控制在一定的允许范围内。

准同期并列的电压相量分析如图 2-1 所示。同期并列前断路器两侧电压的瞬时值为

$$u_{G} = U_{Gm}\sin(\omega_{G}t + \varphi_{G0})$$
$$u_{S} = U_{Sm}\sin(\omega_{S}t + \varphi_{S0})$$

$$(2-1)$$

式中：u_G——待并发电机的电压瞬时值；

u_S——系统侧电压瞬时值；

U_{Gm}——待并发电机的电压幅值；

U_{Sm}——系统侧电压幅值；

ω_G——待并发电机电压的角频率；

ω_S——系统侧电压的角频率；

φ_{G0}——待并发电机电压的初相角；

φ_{S0}——系统侧电压的初相角。

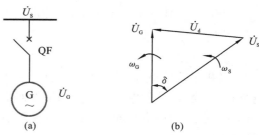

图 2-1　准同期并列的电压相量分析

(a)电路图；(b)向量图

1. 电压幅值差

假设发电机并列时发电机频率等于系统频率，即 $f_G=f_S$；合闸瞬间相角差 δ 等于零；电压有效值（或幅值）不相等，即 $U_G \neq U_S$，如图 2-2 所示。则冲击电流的有效值为

$$I''_{ip} = \frac{U_G - U_S}{X''_d + X_S} \tag{2-2}$$

式中：U_G——待并发电机电压有效值；

U_S——系统侧电压有效值；

X''_d——待并发电机次暂态电抗；

X_S——运行系统等值电抗。

由图 2-2 可见，冲击电流主要为无功电流分量。冲击电流最大瞬时值为

$$i''_{ip.max} = 1.8 \times \sqrt{2} I''_{ip} \tag{2-3}$$

冲击电流的电动力将对发电机绕组产生影响，因此，必须限制冲击电流的最大瞬时值不超过允许值。为保证发电机安全，一般要求冲击电流不超过发电机出口短路电流的 0.1 倍。

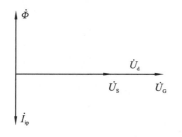

图 2-2　存在电压差时相量

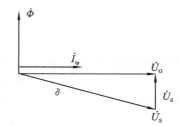

图 2-3　合闸瞬间存在相角差时相量

2. 相角差值

假设发电机并列时发电机频率等于系统频率，即 $f_G=f_S$；电压有效值（或幅值）相等，即 $U_G=U_S$；合闸瞬间存在相角差，即 $\delta \neq 0°$；如图 2-3 所示。由于此时相当于发电机空载运行，电动势即为端电压，且与系统侧电压幅值相等，则产生冲击电流的有效值为

$$I''_{ip} = \frac{2E''_q}{X''_q + X_S} \sin \frac{\delta}{2} \tag{2-4}$$

式中：E''_q——发电机交轴次暂态电势；

X''_q——发电机交轴次暂态电抗。

冲击电流最大瞬时值为

$$i''_{ip.max} = \frac{1.8 \times \sqrt{2} \times 2E''_q}{X''_q + X_S} \sin \frac{\delta}{2} \tag{2-5}$$

当 δ 很小时，$2\sin\dfrac{\delta}{2}\approx\sin\delta$，则冲击电流最大瞬时值可表示为

$$i''_{\text{ip.max}} = \frac{2.69E''_q}{X''_q + X_S}\sin\frac{\delta}{2} \tag{2-6}$$

当相角差较小时，冲击电流主要为有功电流分量，这说明合闸后发电机与系统立刻进行有功功率的交换，使发电机联轴受到突然冲击，这对机组和系统运行都是非常不利的。为了保证机组的安全运行，应将冲击电流限制在较小数值。通常要求冲击电流不超过发电机出口三相短路电流的 0.1 倍。

3. 频率差值

假设发电机并列时发电机电压有效值与系统电压有效值相等，即 $U_G = U_S$；频率不相等，即 $f_G \neq f_S$。此时必然会导致合闸瞬间相角差不为零，并列断路器两侧间的电压差作周期性变化，如图 2-4 所示。

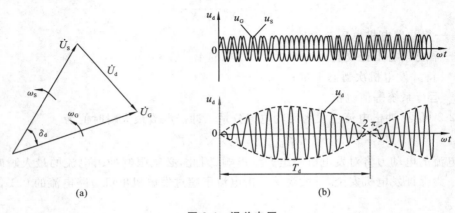

图 2-4　滑差电压

(a)相量图；(b)波形图

并列断路器两侧间的电压差 u_d 可表示为

$$u_d = U_{Gm}\sin(\omega_G t + \varphi_{G0}) - U_{Sm}\sin(\omega_S t + \varphi_{S0}) \tag{2-7}$$

将这电压称为滑差电压 u_d。假设初相角 $\varphi_{G0} = \varphi_{S0} = 0°$，则

$$u_d = 2U_{Gm}\sin(\frac{\omega_G - \omega_S}{2}t)\cos(\frac{\omega_G + \omega_S}{2}t) \tag{2-8}$$

令 $U_d = 2U_{Gm}\sin(\dfrac{\omega_G - \omega_S}{2}t)$ 为滑差电压幅值，则

$$u_d = U_d\cos(\frac{\omega_G + \omega_S}{2}t) \tag{2-9}$$

由式(2-9)可知，滑差电压 u_d 的波形是幅值为 U_d、频率接近于工频的交流电压波形，$\omega_d = \omega_G - \omega_S$ 称为滑差角频率，图 2-4 所示的两电压相量间的相角差为

$$\delta_d = \omega_d t \tag{2-10}$$

于是滑差电压的幅值可表示为

$$U_d = 2U_{Gm}\sin\frac{\omega_d}{2}t = 2U_{Gm}\sin\frac{\delta_d}{2} = 2U_{Sm}\sin\frac{\delta_d}{2} \tag{2-11}$$

由分析可见，u_d 为正弦脉动波，其最大幅值为 $2U_{Gm}$（或 $2U_{Sm}$），所以滑差电压 u_d 又称为脉动电压。用相量分析时，可将系统电压 u_S 设为参考轴，则待并发电机电压 u_G 将以滑差角频率

ω_{d} 相对 u_{S} 旋转,当相角差 δ_{d} 从 0 到 π 时,u_{d} 相应的从零变到最大值;δ_{d} 从 π 变到 2π(重合时),u_{d} 从最大值又回到零,旋转一周的时间为滑差周期 T_{d}。

滑差角频率 ω_{d} 与滑差频率 f_{d} 的关系为

$$\omega_{\mathrm{d}} = 2\pi f_{\mathrm{d}} \tag{2-12}$$

所以滑差周期为

$$T_{\mathrm{d}} = \frac{1}{f_{\mathrm{d}}} = \frac{2\pi}{\omega_{\mathrm{d}}} \tag{2-13}$$

滑差周期 T_{d}、滑差频率 f_{d} 和滑差角频率 ω_{d} 都可用来表示待并发电机与系统间频率相差的程度。同步合闸时的相角差 δ_{d} 与对断路器发出合闸命令的时刻有关。如果发出合闸命令的时刻不恰当就有可能在相角差较大时合闸,从而引起较大的冲击电流。此外,如果在频率差较大时并列,频率较高的一方在合闸瞬间将多余的动能传递给频率低的一方,即使合闸时的 δ_{d} 不大,当传递能量过大时待并发电机需经历一个暂态过程才能拉入同步运行,严重时甚至导致失步。

由以上分析可知,在发电机同步并列时,频率差、电压差和相角差都是直接影响发电机运行、寿命及系统稳定的因素。在两电源间存在着电压差和频率差的情况下并列会造成无功功率和有功功率的冲击,也就是在断路器合闸瞬间,电压高的那一侧向电压低的那一侧输送一定数值的无功功率,频率高的那一侧向频率低的那一侧输送一定数值的有功功率。当合闸瞬间存在相角差时,将对发电机转子轴绕组及机械体系运行产生巨大的伤害,有时还可能造成次同步谐振,此种情况后果最为严重。

2.1.3 自同期并列

自同期并列是将未加励磁电流的发电机的转速升到接近额定转速,首先投入并列断路器,然后立即合上励磁开关供给励磁电流,将发电机拉入同步。

自同期并列的优点是操作简单、并列速度快,在系统发生故障、频率波动较大时,发电机组仍能并列操作并迅速投入电网运行,可避免故障扩大,有利于处理系统事故,但因合闸瞬间发电机定子吸收大量无功功率,导致合闸瞬间系统电压下降较多,所以自同期并列应用受到了限制。

问题与思考

1. 同步发电机准同期并列的理想条件是什么?
2. 同步发电机准同期并列时,如果不满足并列条件会产生什么后果?
3. 滑差角频率、滑差频率和滑差周期之间有什么关系?

2.2 准同期并列的基本原理

采用准同期并列方法将待并发电机组投入系统运行,前面已经介绍在满足并列条件的情况下,只要控制得当就可以使冲击电流很小且对电网的影响甚微。因此,准同期并列是电力系统运行中的主要并列方式。

设并列断路器 QF 两侧的电压分别为 $\dot{U}_{\mathrm{G}}$ 和 $\dot{U}_{\mathrm{S}}$;并列断路器 QF 主触头闭合瞬间所出现的冲击电流值以及进入同步运行的暂态过程,取决于合闸时的脉动电压值 $\dot{U}_{\mathrm{d}}$ 和滑差角频率 ω_{d}。

因此,准同期并列主要是对脉动电压 $\dot{U}_d$ 和滑差角频率 ω_d 进行检测和控制,并选择合适的时间发出合闸信号,使合闸瞬间的 $\dot{U}_d$ 值在允许的范围以内。检测的信息取自 QF 两侧的电压,而且主要是对 $\dot{U}_d$ 进行检测并提取信息。现对脉动电压的变化规律进行分析。

2.2.1 脉动电压

为便于分析问题,设待并发电机电压 $\dot{U}_G$ 与系统电压 $\dot{U}_S$ 的幅值相等,而 ω_G 与 ω_S 不相等,因此 $\dot{U}_G$ 和 $\dot{U}_S$ 是做相对运动的两个电压相量。令两电压相量重合瞬间为起始点,这时 $\dot{U}_d$ 的表达式由式(2-9)和式(2-11)得

$$u_d = U_d \cos\left(\frac{\omega_G + \omega_S}{2}t\right)$$

$$U_d = 2U_{Sm}\sin\frac{\omega_d t}{2} = 2U_{Gm}\sin\frac{\omega_d t}{2}$$

U_d 脉动电压波形如图 2-5 所示,为正弦脉动波形,它的最大幅值为 $2U_{Sm}$(或 $2U_{Gm}$),其脉动周期 T_d 与 ω_d 的关系见式(2-13)。

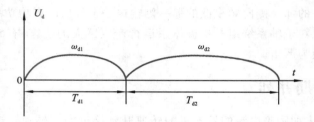

图 2-5 $U_G = U_S$ 时 U_d 脉动电压波形

如果并列断路器 QF 两侧的电压幅值不相等,由图 2-1(b)的相量图,应用数学三角公式可求得 U_d 的值为

$$U_d = \sqrt{U_{Gm}^2 + U_{Sm}^2 - 2U_{Sm}U_{Gm}\cos\omega_d t} \tag{2-14}$$

当 $\omega_d t = 0$ 时,$U_d = |U_{Gm} - U_{Sm}|$ 为两电压幅值差;

当 $\omega_d t = \pi$ 时,$U_d = |U_{Gm} + U_{Sm}|$ 为两电压幅值和。

两电压幅值不相等时 U_d 脉动电压波形如图 2-6 所示,由于脉动周期 T_d 只与 ω_d 有关,所以图 2-6 中的脉动电压周期 T_d 的表达式与图 2-5 相同。

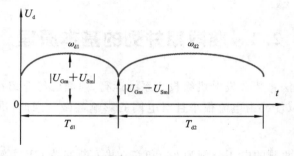

图 2-6 U_G 与 U_S 不相等时 U_d 脉动电压波形

图 2-5 和图 2-6 表明，在 U_d 的脉动电压波形中载有准同期并列所需检测的信息——电压幅值差、频率差以及相角差随时间的变化规律。因而并列两侧电压为自动并列装置提供了并列条件信息和合适的合闸信号控制发出时机。

1. 电压幅值差

电压幅值差 $|U_G - U_S|$ 对应于脉动电压 U_d 波形的最小幅值，由图 2-6 得到

$$U_{dmin} = |U_{Gm} - U_{Sm}|$$

表明并列操作的合闸时机即使掌握得非常理想，相角差为零，并列点两侧有电压幅值差存在时仍会导致冲击电流，其值与电压幅值差成正比。为了限制并网合闸时的冲击电流，设定电压幅值差限制，作为并列条件之一。

2. 频率差

$\dot{U}_G$ 与 $\dot{U}_S$ 间的频率差就是脉动电压幅值 U_d 的频率 f_d，它与滑差角频率 ω_d 的关系如式（2-12）所示，即

$$\omega_d = 2\pi f_d$$

可见 ω_d 反映了频率差 f_d 的大小。由式（2-12）中的关系可知，要求 ω_d 小于某一允许值，就相当于要求脉动电压周期 T_d 大于某一给定值。

例如，设滑差角频率的允许值 ω_{dy} 规定为 $0.2\%\omega_N$，$f_N = 50$ Hz，即

$$\omega_{dy} \leqslant 0.2 \times \frac{2\pi f}{100} \leqslant 0.2\pi(\text{rad/s})$$

对应的脉动电压周期 T_d 值为

$$T_d \geqslant \frac{2\pi}{\omega_{dy}} = 10 \text{（s）}$$

所以 U_d 的脉动周期 T_d 大于 10 s 才能满足 ω_{dy} 小于 $0.2\%\omega_N$ 的要求。这就是说测量 T_d 的值可以检测待并发电机组与电网间的滑差角频率 ω_d 的大小，即频率差的大小。

上述分析是假定了 f_S、f_G 为恒定，即发电机电压与电网电压两相量间为相对等速运动，这对于要求快速并网的机组来说，这一假定未必成立。因为这时，机组在并列操作过程中，可能转速还在变化，尚未稳定，在一个较长滑差周期内 ω_d 值可能并不恒定，自动并列装置应能实时检测 ω_d 及相角差加速度 $\frac{d\omega_d}{dt}$ 等值，以利于快速并网的实施。

3. 合闸相角差 δ_d 的控制

前面已经提及，最理想的合闸瞬间是在 $\dot{U}_G$ 与 $\dot{U}_S$ 两相量重合的瞬间。考虑到断路器操作机构和合闸回路控制电器的固有动作时间，必须在两电压相量重合之前发出合闸信号，即取一提前量。

U_d 随相角差 δ_d 的变化规律为发出合闸信号的提前量提供了计算和判别依据。目前，准同期并列装置采用的提前量有恒定越前相角和恒定越前时间两种。在 $\dot{U}_G$ 与 $\dot{U}_S$ 两相量重合之前恒定角度 δ_{YJ} 发出合闸信号的，称为恒定越前相角并列装置。在 $\dot{U}_G$ 与 $\dot{U}_S$ 两相量重合之前恒定时间 t_{YJ} 发出合闸信号的，称为恒定越前时间并列装置。一般并列合闸回路都具有固定动作时间，因此恒定越前时间并列装置得到广泛采用。

2.2.2 准同期并列装置

1. 控制单元

为了使待并发电机组满足并列条件,准同期并列装置主要由下列三个单元组成。

(1)频率差控制单元。它的任务是检测 $\dot{U}_G$ 与 $\dot{U}_S$ 间的滑差角频率 ω_d,且调节待并发电机的转速,使发电机电压的频率接近于系统频率。

(2)电压控制单元。它的功能是检测 $\dot{U}_G$ 与 $\dot{U}_S$ 间的电压差,且调节发电机电压 U_G,使它与 U_S 间的电压差值小于规定允许值,促使并列条件的形成。

(3)合闸信号控制单元。检查并列条件,当待并机组的频率和电压都满足并列条件时,合闸控制单元就选择合适的时间发出合闸信号,使并列断路器 QF 的主触头接通时,相角差 δ_d 接近于零或控制在允许范围以内。

2. 自动化程度分类

准同期并列装置主要组成部件如图 2-7 所示,同步发电机的准同期并列装置按自动化程度可分为以下两种。

(1)半自动并列装置。这种并列装置没有频率差控制和电压差控制功能,只有合闸信号控制单元。并列时,待并发电机的频率和电压由运行人员监视和调整,当频率和电压都满足并列条件时,并列装置就在合适的时间发出合闸信号。它与手动合闸的区别仅仅是合闸信号由该装置经判断后自动发出,而不是由运行人员手动发出。

(2)自动并列装置。自动并列装置中设置了频率差控制单元、电压差控制单元和合闸信号控制单元。由于发电机一般都配有自动电压调节装置,因此在有人值班的发电厂中,发电机的电压往往由运行人员直接操作控制,不需配置电压差控制单元,从而简化了并列装置的结构;在无人值班的发电厂中,自动准同期并列装置需设置具有电压自动调节功能的电压差调整单元。同步发电机并列时,发电机的频率或电压都由并列装置自动调节,使它与电网的频率、电压间的差值减小。当满足并列条件时,自动选择合适时机发出合闸信号,整个并列过程不需要运行人员参与。

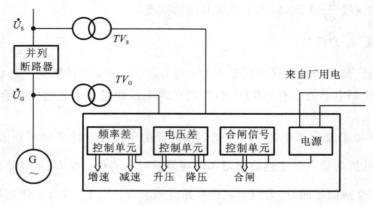

图 2-7 准同期并列装置主要组成部件

2.2.3 准同期并列合闸信号的控制逻辑

在准同期并列操作中,合闸信号控制单元是准同期并列装置的核心部件,所以准同期并列装置原理也往往是指该控制单元的原理。其控制原则是当频率和电压都满足并列条件的情况下,在 $\dot{U}_G$ 与 $\dot{U}_S$ 两相量重合之前发出合闸信号。两电压相量重合之前的信号称为提前量信号。其逻辑结构图如图 2-8 所示。

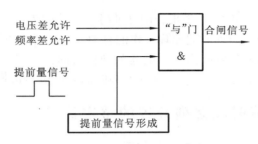

图 2-8 准同期并列合闸信号的控制逻辑结构图

按提前量的不同,准同期并列装置可以分为恒定越前相角和恒定越前时间两种原理的装置。

1. 恒定越前相角准同期并列

装置所取的提前量信号是某一恒定相角 δ_{YJ},即在脉动电压 U_d 到达 $\delta_d = 0$ 之前的 δ_{YJ} 相角差时发出合闸信号,对该装置工作原理的分析可用图 2-9 来表示。为了简单起见,设 U_G 与 U_S 相等且都为额定值,由式(2-11)可知,相角差 δ_d 与脉动电压 U_d 间存在一定的对应关系。在图 2-9 中,设越前相角为 δ_{YJ},它所对应的 U_d 电压值为 U_A。现设断路器的合闸时间为 t_{QF},显然,当 ω_d 很小时,QF 主触头闭合瞬间的相角差近似认为接近于 δ_{YJ} 值。当 $\omega_d = \omega_{dy0} = \dfrac{\delta_{YJ}}{t_{QF}}$ 时,并列时的合闸相角差等于零。ω_{dy0} 称为最佳滑差角频率。当 ω_d 大于 ω_{dy0} 时,合闸相角差又将增大。与越前相角 δ_{YJ} 相对应的越前时间随滑差角频率 ω_d 而变。由于断路器 QF 的合闸时间 t_{QF} 近乎恒定,因而合闸时的相角差与 ω_d 有关。为了使合闸时冲击电流值不超过允许值,滑差角频率的允许值就必须限制在某一范围内,其值可根据发电机的参数计算求得。

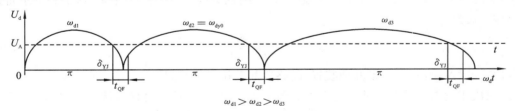

图 2-9 越前相角原理

2. 恒定越前时间准同期并列

它所采用的提前量为恒定时间信号,即在脉动电压 U_d 到达两电压相量 $\dot{U}_G$、$\dot{U}_S$ 重合($\delta_d = 0$)之前 t_{YJ} 发出合闸信号,一般取 t_{YJ} 等于并列装置合闸出口继电器动作时间 t_C 和断路器的合闸时间 t_{QF} 之和,因此采用恒定越前时间的并列装置在理论上可以使合闸相角差 δ_d 等于零。

在 δ_d 等于零之前的恒定时间 t_{YJ} 发出合闸信号,它对应的越前相角 δ_{YJ} 的值是随 ω_d 而变化的,其变化规律如图 2-10 所示。

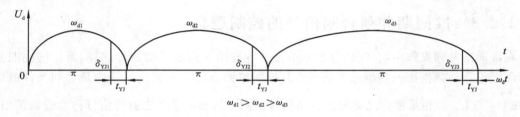

图 2-10 恒定越前时间原理

由于 $\delta_{YJ} = \omega_d t_{YJ}$，当 t_{YJ} 为定值时，发出合闸脉冲时的越前相角与 ω_d 成正比。

虽然从理论上讲，按恒定越前时间原理工作的自动并列装置可以使合闸相角差 δ_d 等于零，但实际上由于装置的越前信号时间、出口继电器的动作时间以及断路器的合闸时间 t_{QF} 存在偏差，因而并列时仍难免具有合闸相角差，这就使并列时的允许滑差角频率 ω_{dy} 受到限制。

2.2.4　恒定越前时间并列装置的整定计算

恒定越前时间并列装置需要整定的参数如下。

1. 越前时间 t_{YJ}

通常令

$$t_{YJ} = t_c + t_{QF} \tag{2-15}$$

式中：t_c——自动装置合闸信号输出回路的动作时间；

t_{QF}——并列断路器的合闸时间。

t_{YJ} 主要取决于 t_{QF}，其值随断路器的类型不同而不同。所以装置中的 t_{YJ} 应便于整定，以适应不同断路器的需要。

2. 允许电压差

U_G 与 U_S 间允许电压差值一般定为 $(0.1 \sim 0.15)U_N$。

3. 允许滑差角频率

由于装置输出回路和断路器的合闸时间存在着误差，因此就造成合闸相角误差 δ_d，在时间误差一定的条件下，δ_d 与 ω_d 成正比。设 δ_{dy} 为发电机组的允许合闸相角差，由下式可求得最大允许滑差 ω_{dy} 为

$$\omega_{dy} = \frac{\delta_{dy}}{|\Delta t_c| + |\Delta t_{QF}|} \tag{2-16}$$

式中：$|\Delta t_c|$、$|\Delta t_{QF}|$——自动并列装置、断路器的动作误差时间。

δ_{dy} 取决于发电机的允许冲击电流最大值 $i''_{ip.max}$，当给定 $i''_{ip.max}$ 值后，按式（2-3）和式（2-4）可求

$$\delta_{dy} = 2\arcsin \frac{i''_{ip.max}(X''_q + X_x)}{2 \times 1.8\sqrt{2}E''_q}(\text{rad}) \tag{2-17}$$

将求得的 δ_{dy} 值代入式（2-16），即可求得允许滑差 ω_{dy}。

问题与思考

1. 为什么脉动电压为自动并列装置提供了并列条件信息和合适的合闸信号控制发出时机？

2. 为什么准同期并列装置采用的提前量一般是恒定越前时间？

3. 为什么采用恒定越前时间的并列装置在理论上可以使合闸相角差 δ_d 等于零？

2.3 自动并列装置的工作原理

2.3.1 并列的检测信号

前面讨论准同期并列原理时,主要分析了并列断路器 QF 两侧的电压差 U_d 脉动电压的变化规律;阐明了在脉动电压 U_d 中载有电压差和频率差的信息,并在一定条件下反映了相角差 δ_d 的变化规律,可为自动并列装置检测和控制提供所需的信息。反映并列断路器两侧电压差的脉动电压 U_d 可由并列断路器两侧的电压互感器二次侧 $\dot{U}_G$ 和 $\dot{U}_S$ 电压测得。接到自动并装置二次侧交流电压的相位和幅值,在现场必须认真核对后接到自动并列装置,使其正确反映主触头间 U_d 的实际值。

自动并列装置检测并列条件的电压人们常称为整步电压。随着元器件更新以及自动控制和检测技术的进步,整步电压也随之不同。为了对自动并列装置发展有较系统的认识,这里只对线性整步电压作介绍。由于线性整步电压只反映 $\dot{U}_G$ 和 $\dot{U}_S$ 间的相角差特性,而与它们的电压幅值无关,从而使越前时间信号和频率差的检测不受电压幅值的影响,提高了并列装置的控制性能,因而被模拟式自动并列装置广泛使用。线性整步电压形成原理框图如图 2-11 所示,它是由电压变换电路、方波整形电路、混频电路、低通滤波电路组成。

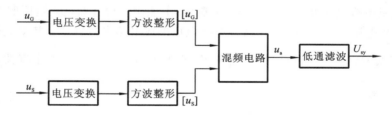

图 2-11 线性整步电压形成原理框图

发电机电压 u_G 和系统电压 u_S 经电压变换和整形,获得在交流电压过零翻转的方波电压 $[u_G]$ 和 $[u_S]$,再将它们进行信号的逻辑运算。从逻辑关系上来讲,混频电路为一个同或电路,逻辑关系为 $u_a = [u_G][u_S] + [\overline{u_G}][\overline{u_S}]$。当 u_G 和 u_S 波形同时处于正半周或负半周时,$[u_G]$ 和 $[u_S]$ 同时为低电位或同时为高电位,则混频电路输出 u_a 为"1";当 u_G 和 u_S 波形一个为正半周,一个为负半周时,$[u_G]$ 和 $[u_S]$ 一个为"0",另一个为"1",则混频电路输出 u_a 为"0"。当相角差 δ_d 为 $0°$ 时,u_G 和 u_S 波形重合得最多,u_a 高电位最宽;随着 δ 从 $0°$ 变化到 $180°$,u_G 和 u_S 波形重合的区间变小,u_a 高电位宽度变窄;当 δ 为 $180°$ 时,u_G 和 u_S 波形反相,u_a 低电位最宽。可见,u_a 是一系列高电位随 δ 周期变化的方波,如图 2-12(d)所示。将 u_a 经低通滤波电路,滤去高次谐波,相当于取 u_a 波形各区间内的平均值,就可得到一个三角波的线性整步电压 U_{sy},波形如图 2-12(e)所示。

线性整步电压 U_{sy} 的特点如下。

(1)线性整步电压的最大值为 $U_{sy.max}$,$U_{sy.max}$ 与被测电压大小无关,则 U_{sy} 为

$$U_{sy} = \frac{2U_{sy.max}}{T_d}t \quad (0 < t < \frac{T_d}{2}, 180° < \delta_d < 360°) \tag{2-18}$$

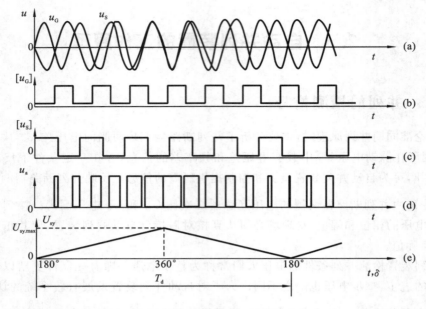

图 2-12　线性整步电压波形图

(a)u_G 和 u_S 波形；(b)$[u_G]$波形；(c)$[u_S]$波形；(d)混频电路输出波形；(e)整步电压波形

$$U_{sy} = 2U_{sy.max}(1 - \frac{t}{T_d}) \quad (\frac{T_d}{2} < t < T_d, 0° < \delta_d < 180°) \tag{2-19}$$

因 U_{sy} 不受发电机电压和系统电压幅值的影响，不能用于检查两输入电压的差值。

（2）线性整步电压最大值 $U_{sy.max}$ 由线性整步电压形成电路参数决定。其最大值时刻对应 δ_d =0°点；U_{sy} 过零点对应 δ_d=180°点。U_{sy} 周期 T_d 的大小与 f_d 或 ω_d 的大小有关，即 $T_d = \frac{1}{f_d} = \frac{2\pi}{\omega_d}$，$U_{sy}$ 与 δ_d 呈分段线性关系。

（3）假设 ω_d 不随时间变化，则

$$\frac{dU_{sy}}{dt} = \frac{2U_{sy.max}}{T_d} = 2U_{sy.max} |f_d| \quad (0 < t < \frac{T_d}{2}, 180° < \delta_d < 360°) \tag{2-20}$$

$$\frac{dU_{sy}}{dt} = -\frac{2U_{sy.max}}{T_d} = -2U_{sy.max} |f_d| \quad (\frac{T_d}{2} < t < T_d, 0° < \delta_d < 180°) \tag{2-21}$$

线性整步电压的斜率 dU_{sy}/dt 与频差的绝对值成正比，通过检测 dU_{sy}/dt 的大小，也可以反映频率差的大小。

2.3.2　并列合闸控制

1. 导前时间脉冲的获得部分

对线性整步电压信号进行比例和微分运算，再经电平检测电路，可获得恒定导前时间脉冲，电路如图 2-13(a)所示。其中电阻 R 和电容 C 构成比例微分电路，U_{sy} 为线性整步电压，n 为与电阻 R_1 抽头位置有关的分压系数，比例微分电路的输出为 U_{out}。

根据叠加原理，比例微分电路的输出 U_{out} 可以看成是两个电源 U_{sy} 和 nU_{sy} 分别作用叠加的结果，如图 2-13(b)、(c)、(d)所示。于是

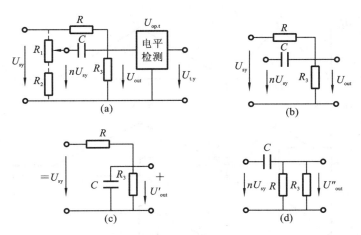

图 2-13 获得恒定导前时间脉冲电路

$$U_{out} = U'_{out} + U''_{out} \tag{2-22}$$

如图 2-13(c)所示,在电源 U_{sy} 作用下,由于 ω_d 较小,电容 C 的容抗一般较大,则可略去电容 C 的作用,故有

$$U'_{out} = \frac{R_3}{R+R_3} \times \frac{2U_{sy.\,max}}{T_d} t \quad (0 < t < \frac{T_d}{2}, 180° < \delta_d < 360°) \tag{2-23}$$

如图 2-13(d)所示,在电源 nU_{sy} 作用下,由于 ω_d 较小,电容 C 的容抗一般较大,则可认为 nU_{sy} 完全作用在电容 C 上,故有

$$U''_{out} = \frac{RR_3C}{R+R_3} \times \frac{\mathrm{d}(nU_{sy})}{\mathrm{d}t} = \frac{nRR_3C}{R+R_3} \times \frac{2U_{sy.\,max}}{T_d} \quad (0 < t < \frac{T_d}{2}, 180° < \delta_d < 360°) \tag{2-24}$$

令电平检测电路动作电压为

$$U_{op.\,t} = \frac{R_3}{R+R_3} U_{sy.\,max} \tag{2-25}$$

当电压 $U_{out} \geqslant U_{op.\,t}$ 时,电平检测电路动作,输出电压 $U_{t.\,y}$ 由高电位翻转至低电位。电平检测电路动作时有

$$\frac{R_3}{R+R_3} \times \frac{2U_{sy.\,max}}{T_d} t + \frac{nRR_3C}{R+R_3} \times \frac{2U_{sy.\,max}}{T_d} = \frac{R_3}{R+R_3} U_{sy.\,max} \tag{2-26}$$

将 $t = \frac{T_d}{2} - t_y$ 代入式(2-26)化简,有

$$2\left(\frac{T_d}{2} - t_y\right) + 2nRC = T_d$$

即

$$t_y = nRC \tag{2-27}$$

可见,导前时间 t_y 不随频差变化,仅与电路参数 R、C 值及 n 值有关。获得恒定导前时间脉冲的波形如图 2-14 所示。

2. 频差检测部分

利用比较恒定导前时间电平检测电路和恒定导前相角电平检测电路的动作次序来实现频率差检测。

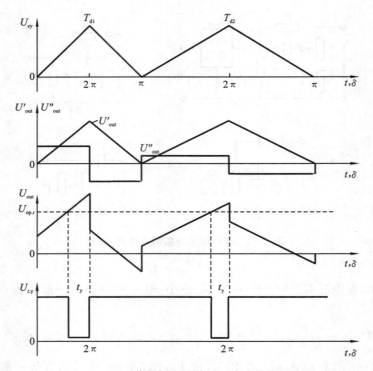

图 2-14　获得恒定导前时间脉冲的波形

由整步电压的线性特性可知，与某一相角差相对应的线性整步电压是一定值，因此可利用电平检测电路获得导前相角脉冲。如图 2-15 所示，当整步电压 U_{sy} 大于等于导前相角脉冲电平检测电路动作电压 $U_{op.\delta}$ 时，电平检测电路输出 $U_{\delta.y}$ 由高电位翻转至低电位；当 U_{sy} 小于 $U_{op.\delta}$ 时，电平检测电路输出 $U_{\delta.y}$ 保持高电位。

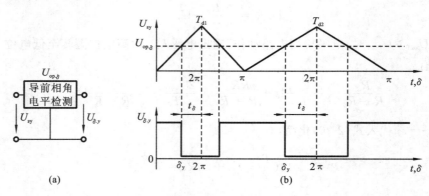

图 2-15　获得恒定导前相角脉冲的波形

(a)原理图；(b)波形图

电平检测电路输出 $U_{\delta.y}$ 电位翻转时对应的导前相角为 δ_y，δ_y 对应的时间为 t_δ，故有

$$\delta_y = \omega_d t_\delta \tag{2-28}$$

如果导前相角 δ_y 按整定滑差 $\omega_{d.set}$ 和导前时间 t_y 所对应的导前相角来整定，则

$$\delta_y = \omega_{d.set} t_y \tag{2-29}$$

比较式(2-28)和式(2-29)有

$$t_\delta = \frac{\omega_{d.set}}{\omega_d}t_y \tag{2-30}$$

当 $t_\delta < t_y$，即恒定导前时间电平检测电路先于恒定导前相角电平检测电路动作时，$\omega_d >$ $\omega_{d.set}$；当 $t_\delta = t_y$，即恒定导前时间电平检测电路与恒定导前相角电平检测电路同时动作时，$\omega_d =$ $\omega_{d.set}$；当 $t_\delta > t_y$，即恒定导前相角电平检测电路先于恒定导前时间电平检测电路动作时，$\omega_d <$ $\omega_{d.set}$。

可见，比较恒定导前时间电平检测电路和恒定导前相角电平检测电路的动作次序，就可检查频差的大小。

3. 电压差控制部分

由于线性整步电压中不含并列点两侧电压幅值的信息，所以电压差大小的检测由调压部分来完成，并将检测的结果 $U_{\Delta U}$ 送入合闸逻辑部分。当电压差满足要求时，$U_{\Delta U}=0$，此时若频差也满足要求，则提前一个时间 t_y 发出合闸脉冲；若压差不满足要求时，$U_{\Delta U}=1$，闭锁合闸脉冲发出。

4. 装置的控制逻辑

恒定越前时间准同期装置中的合闸信号控制单元的框图如图 2-16 所示。合闸信号控制单元将已获得的导前时间脉冲、导前相角脉冲、压差控制信号进行综合逻辑判断，当满足同步条件时，即频率差、电压差都在允许范围内，则在导前时间脉冲到来时发出合闸脉冲；若频率差或电压差任一条件不满足，则闭锁合闸脉冲。

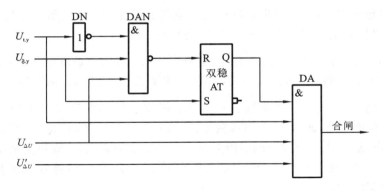

图 2-16　合闸信号控制单元的框图

为方便分析，规定高电位为"1"，低电位为"0"。图 2-16 中，DN 为非门，将导前时间脉冲 $U_{t.y}$ 反相；DAN 为与非门，"0"输入动作，即 $U_{t.y}$、$U_{\delta.y}$、$U_{\Delta U}$、$U'_{\Delta U}$ 全为"0"时，输出为"1"，否则输出为"0"；AT 为双稳态触发器，R 端为"1"时，将 AT 输出端 Q 置"0"，S 端为"1"时，将 AT 输出端 Q 置"1"；DA 为与门，"0"输入动作，即 $U_{t.y}$、$U_{\delta.y}$、$U_{\Delta U}$、$U'_{\Delta U}$ 全为"0"时，输出为"0"，发出合闸脉冲，否则输出为"1"，闭锁合闸脉冲。

当压差不满足并列要求时，压差控制信号 $U_{\Delta U}$ 和压差闭锁信号 $U'_{\Delta U}$ 均为"1"，与门 DA 输出为"1"，闭锁合闸脉冲。

频差大于整定值时，$U_{t.y}$ 先于 $U_{\delta.y}$ 发出，即 $U_{t.y}$ 先于 $U_{\delta.y}$ 为"0"，经 DN 反相，DAN 输出为"0"，AT 输出端 Q 置"1"，DA 输出为"1"，闭锁合闸脉冲。

频差小于整定值时，$U_{\delta.y}$ 先于 $U_{t.y}$ 为"0"，若压差满足要求时，$U_{\Delta U}$、$U'_{\Delta U}$ 均为"0"。当 $U_{\delta.y}$ 为"0"时，DAN 输出"1"，双稳 AT 翻转，输出端 Q 置"0"，为 DA 动作准备了条件。当 $U_{t.y}$ 为"0"时，DA 输入全为"0"，DA 输出"0"，继电器动作，发出合闸脉冲。

问题与思考

1. 线性整步电压有哪些特点?

2. 自动并列装置如何检测频率差?

3. 导前时间 t_y 与哪些因素有关?

2.4 频率差与电压差的调整

2.4.1 频率差调整

频率差调整的作用是将待并发电机的频率调整到接近于系统频率,使频率差趋向并列条件允许值,以促成并列的实现。若发电机频率低于系统频率,则发出增速脉冲使发电机加速,反之,应发出减速脉冲。

根据上述要求,自动调频部分由频差方向鉴别单元和调速脉冲形成单元组成。频差方向鉴别单元用来鉴别频差方向,形成相应的减速或增速脉冲;调速脉冲形成单元按照比例调节的要求,并在 δ 为 $0\sim\pi$ 区间调整发电机组的转速,当检测到频差过小($\leqslant0.05$ Hz)时,自动发出增速脉冲。

1. 频差方向鉴别单元

当频差不满足要求时,应判断出发电机频率是高于系统频率还是低于系统频率,形成相应的调速脉冲,频差检查是在 $0°<\delta<180°$ 区间内进行的。

在 $0°<\delta<180°$ 区间内,如果 $f_G>f_S$,发电机电压 $\dot{U}_G$ 超前于系统电压 $\dot{U}_S$,当 u_G 从负半周进入正半周的过零点瞬间,u_S 仍在负半周,此时 u_G 所对应的方波[u_G]从"1"到"0"的后沿,u_S 所对应的方波[u_S]仍为"1";同理,当如果 $f_G<f_S$,$\dot{U}_S$ 超前于 $\dot{U}_G$,当 u_S 从负半周进入正半周的过零点瞬间,u_G 仍在负半周,此时 u_S 所对应的方波[u_S]从"1"到"0"的后沿,u_G 所对应的方波[u_G]仍为"1"。由此可见,利用一个方波的后沿对应于另一方波的高电位,就可鉴别出频差方向。但是按照这种对应关系,在 $180°<\delta<360°$ 区间内,结论会相反,所以频差方向鉴别必须将区间限制在 $0°<\delta<180°$ 范围内。

自动调频部分原理框图如图 2-17 所示,现以 $f_G>f_S$ 为例来说明频差方向鉴别单元工作原理。

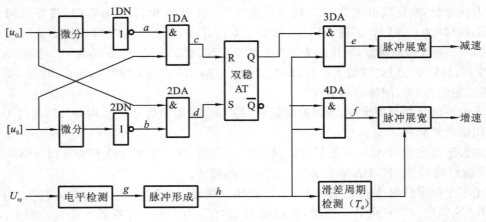

图 2-17 自动调频部分原理框图

在 $0°<\delta<180°$ 区间内，$[u_G]$ 经微分反相后得到对应于 $[u_G]$ 后沿的正脉冲，因 $f_G>f_s$，此时 $[u_s]$ 为"1"，经与门 1DA 在 c 点输出正脉冲。u_G 每次从负半周进入正半周的过零点处，1DA 均会输出一个正脉冲。在 $0°<\delta<180°$ 区间内，2DA 的输出点 d 也会出现一个正脉冲。将 c 点、d 点的输出加到双稳触发器 AT 的 R、S 端，其中 c 点正脉冲将双稳 AT 的 Q 端置"0"，d 点正脉冲将双稳 AT 的 $\overline{Q}$ 端置"0"，这样 Q、$\overline{Q}$ 端的高低就反映了频差的方向，即在 $0°<\delta<180°$ 区间内，$f_G>f_s$，则 Q=0，$\overline{Q}$=1；在 $10°<\delta<180°$ 区间内，$f_G>f_s$，则 Q=1，$\overline{Q}$=0。

2. 调速脉冲形成单元

区间鉴别是为了检出 $0°<\delta<180°$ 区间，可以利用线性整步电压 U_{sy} 通过电平检测电路和脉冲形成电路实现。U_{sy} 通过电平检测电路，g 点获得导前相角脉冲，脉冲形成电路在导前相角脉冲结束时形成一窄脉冲，使 h 点的脉冲位于 u_G 和 u_s 重合后的一个角度（50°）上，即位于 $0°<\delta<180°$ 区间内。区间鉴别电路是在 h 点得到一个位于 $\delta=50°$ 左右的低电位窄脉冲，即可检出 $0°<\delta<180°$ 区间。

调速脉冲的形成是根据频差方向鉴别结果和检出的 $0°<\delta<180°$ 区间而形成的，由"0"输入动作的与门 3DA、4DA 构成的电路实现。h 点的低电位窄脉冲与 Q=0 配合，经与门 3DA，在 e 点可得到相应的窄脉冲，经脉冲展宽电路发出相应的减速脉冲；同理，h 点的低电位窄脉冲与 $\overline{Q}$=0 配合，经与门 4DA，在 f 点可得到相应的窄脉冲，经脉冲展宽电路发出相应的增速脉冲。

2.4.2 电压差调整

电压差调整的作用是鉴别压差大小和方向。当压差满足要求时，自动解除合闸部分中的压差闭锁；当压差不满足要求时，闭锁合闸部分。当发电机电压大于系统电压时，发降压脉冲；当发电机电压小于系统电压时，发升压脉冲，使发电机电压趋于系统电压。

自动调压部分原理框图如图 2-18 所示。自动调压部分由压差大小和方向鉴别单元、调压脉冲形成单元构成。

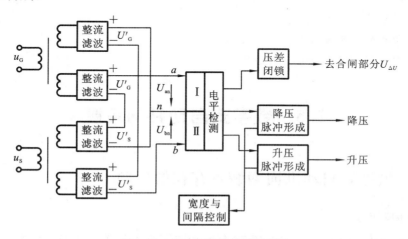

图 2-18 自动调压部分原理框图

1. 压差大小和方向鉴别

将 U_G、U_s 经电压变换、整流滤波后得到两组与电压幅值成正比的直流电压 U'_G、U'_s，组合

后分别送入电平检测Ⅰ和电平检测Ⅱ。若不计电平检测电路的输入电阻,电平检测Ⅰ的输入电压为

$$U_{an} = U'_G - U'_S = K(U_G - U_S) \tag{2-31}$$

电平检测Ⅱ的输入电压为

$$U_{bn} = U'_S - U'_G = K(U_S - U_G) \tag{2-32}$$

以上两式中:K——变换系数;

U_G、U_S——发电机电压、系统电压有效值。

设电平检测Ⅰ和电平检测Ⅱ的动作电压均为 U_{op},当 $|K(U_G - U_S)| \leqslant U_{op}$ 时,即 $|U_G - U_S| \leqslant U_{op}/K$ 表示压差满足要求时,电平检测Ⅰ和电平检测Ⅱ均不动作,$U_{\Delta U}$ 为"0",解除合闸部分闭锁。

当 $|U_G - U_S| > U_{op}/K$ 时,表示压差不满足要求,若 $U_G > U_S$,则 $U_{an} = K(U_G - U_S) < U_{op}$,电平检测Ⅰ动作,而 $U_{bn} = K(U_S - U_G) < 0$,电平检测Ⅱ不动作。同理,若 $U_S > U_G$,有 $U_{bn} = K(U_S - U_G) > U_{op}$,则电平检测Ⅱ动作,而电平检测Ⅰ不动作。由此可以对压差大小和方向进行鉴别。

只要电平检测Ⅰ和电平检测Ⅱ有一个动作,$U_{\Delta U}$ 都为"1",将合闸部分闭锁。

2. 调压脉冲形成单元

调压脉冲的形成是根据压差方向鉴别结果,形成相应的升压或降压脉冲。由于各种励磁调节器特性不同,要求调压脉冲宽度及调压脉冲间隔可以进行调节控制,便于设置调压脉冲的宽度和间隔控制电路。发调压脉冲时,控制电路开放调压脉冲形成环节,允许调压脉冲的发出;进入调压脉冲间隔时,控制电路将调压脉冲形成环节闭锁,不允许调压脉冲的发出。

当 $U_G > U_S$,电平检测Ⅰ动作时,降压脉冲形成电路受其动作信号和脉冲宽度与间隔控制电路控制,发出相应的降压脉冲。同样,$U_S > U_G$,电平检测Ⅱ动作时,升压脉冲形成电路发出相应的升压脉冲。

问题与思考

1. 频率差调整的作用是什么?

2. 电压差调整的作用是什么?

3. 频差方向鉴别单元是如何工作的?

2.5   数字式自动并列装置

2.5.1   模拟式自动准同期装置存在的问题

1. 导前时间不恒定

导前时间脉冲是利用线性整步电压获得的,由于低通滤波器误差及二极管、三极管及小集成块的参数不稳定等原因,使最后输出的三角波电压波形变形和理想的三角波有差异,导致导前时间不恒定。控制频差回路中用微分运算电阻、电容来实现,由于阻容电路的时间常数不准确,造成导前时间不准确和较大频差下工作产生很大的冲击电流。

2. 同步操作速度慢

模拟式自动准同期装置受电路原理限制,既无法做到精确同步,也无法做到快速同步。如果同步时间过长,不能及时满足系统增加出力的需求,特别是在系统出现事故需要快速投入备用发电容量时更为严重,同时也增加了发电成本。

为了优化同期装置在同步过程中的均频及均压控制品质,所用的数学模型必须按照原动机运动规律,捕获第一次出现的同步时机。同时也要按严格的自动控制准则,使均频和均压控制过程既快又稳,而模拟式自动准同期装置仅靠电子电路是无法实现精确计算的。

3. 元件参数变化的影响

模拟式自动准同期装置所使用的电阻、电容及二极管、三极管等晶体管元器件,其参数都与温度、湿度和时间有关,而装置的特性及精度取决于这些元件的参数,显然模拟式自动准同期装置出现误差是无法避免的。

由于模拟式自动准同期装置在原理上存在缺陷,因而会使并列时间延长,有时甚至出现危及发电机安全的误并列。随着微处理器的发展,由微机构成的数字式同期装置,由于其硬件简单、编程方便、运行可靠,技术上已日趋成熟,成为同期并列装置的发展方向。微机型自动准同期装置的特点如下。

(1)原理上保证合闸冲击电流接近于零。

(2)控制准同期条件第一次出现时就能准确投入发电机。

(3)以最优控制策略实现对发电机电压、频率调节,加快并网速度。

(4)能提供本次并列断路器实时合闸时间,为实现准确导前时间提供可靠依据。

(5)具有结构简单、方便扩充功能的特点。

2.5.2　微机自动准同期原理

用微机实现同期可以采用两种方式:一种是设置独立的微机准同期装置;另一种是将同期并列功能附设在机组控制中,把机组的启动、同期并列操作合为一个完整的过程。

1. 硬件和软件原理

微机型自动准同期装置形式较多,但其功能及装置原理是相似的,逻辑框图如图 2-19 所示。

1)微型计算机

微型计算机由微处理器、存储器及相应的输入、输出接口组成。准同期装置运行程序存放在只读存储器中,同期参数整定值存放在可擦写参数存储器中。装置运行过程中的采集数据、计算中间结果及最终结果存放在随机存储器中。输入/输出接口电路为可编程并行接口,用以采集并列点选择信号、远方复位信号、断路器辅助触点信号、键盘信号、电压差越限信号等开关量,并控制输出继电器实现调压、调速、合闸、报警等功能。

2)压差鉴别

由图 2-19 可知,压差鉴别电路用以从外部输入装置的 TV_S 和 TV_G 两电压互感器二次侧提取压差超出整定值的数值及极性信号。微机系统能把交流电压转变为直流电压,其输出的直流电压大小与输入的交流电压成正比。CPU 从 A/D 转换接口读取的数字电压量 D_S、D_G 分别代表和的有效值。设机组并列时,允许电压偏差设定的门槛值为 $D_{\Delta U}$。

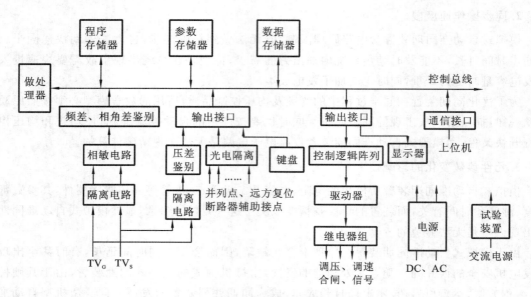

图 2-19 微机自动准同期装置逻辑框图

当 $|D_S-D_G|>D_{\Delta U}$ 时，不允许合闸信号输出：$D_S>D_G$ 时，并行口输出升压信号；$D_S<D_G$ 时，并行口输出降压信号。

当 $|D_S-D_G|\leqslant D_{\Delta U}$ 时，允许合闸信号输出。

3）频差、相角差鉴别

频差、相角差鉴别电路用以从外界输入装置的两侧 TV 二次电压中提取与相角差有关的量，进而实现对准同期三要素中频差及相角差的检查，以确定是否符合同期条件。此外压差和频差的测量也作为机组电压调整和调速的依据。

来自并列点断路器两侧 TV_S 和 TV_G 的二次电压经过隔离电路隔离后通过相敏电路将正弦波转换为相同周期的矩形波，通过矩形波电压的过零点检测，即可从频差、相角差鉴别电路中获取计算待并发电机侧及运行系统侧的频率 f_S、f_G 的信息，获取频差 f_d、角频率差 ω_d。这些值可以在每一个工频信号周期获取一个，在随机存储器中始终保留一个时段的这些值。

（1）频差鉴别。

把交流电压正弦信号转换成方波，经二次分频后，它的半波时间即为交流电压的周期 T。利用正半周高电平作为可编程定时计数器开始计数的控制信号，其下降沿即停止计数作为中断申请信号，由 CPU 读取其中计数值 N，并使计数器复位，以便为下一周期计数做好准备。测频原理框图如图 2-20 所示。

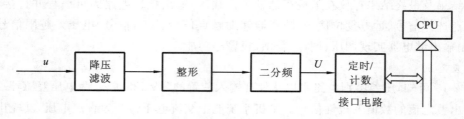

图 2-20 测频原理框图

可编程定时计数器的计时脉冲频率为 f_c，则交流电压的周期为 $T=N/f_c$，交流电压的频率为 $f=f_c/N$。

发电机电压和系统电压分别由可编程计数器计数，读取 N_G、N_S 后，求取 f_G、f_S，将其绝对值与设定的允许频率偏差整定值进行比较，做出是否允许并列的判断。

（2）相角差鉴别和合闸命令的发出。

相角差测量框图如图 2-21 所示，发电机电压和系统电压通过电压变换和整形为方波，将这两个方波加至异或门的相敏电路，当两个方波输入电平不同时，异或门输出为高电平。

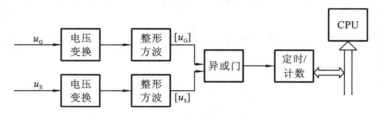

图 2-21　相角差测量框图

异或门输出高电平的宽度的不同代表了相角差 δ_d 的变化。通过计数器和 CPU 可读取方波的宽度的大小，求得相角差 δ_d。为了叙述方便起见，设系统频率为 50 Hz，待并发电机的频率低于 50 Hz。从电压互感器二次侧来的电压 u_G、u_S 的波形如图 2-22（a）所示，经削波限幅后得到图 2-22（b）所示的方波，两方波异或就得到图 2-22（c）中的一系列宽度不等的矩形波。显然，这一系列矩形波的宽度 τ_i 与相角差 δ_i 相对应。系统电压方波的宽度 τ_S 为已知，它等于 $T_S/2$

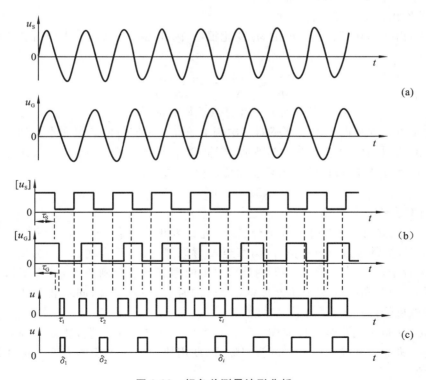

图 2-22　相角差测量波形分析

（a）原始波形；（b）削波限幅后的方波；（c）矩形波

（或 180°）。因此可求得

$$\delta_i = \begin{cases} \dfrac{\tau_i}{\tau_S}\pi(\tau_i \geqslant \tau_{i-1})(0<\delta<\pi)\text{矩形波逐渐变宽} \\ (2\pi-\dfrac{\tau_i}{\tau_S}\pi)=(2-\dfrac{\tau_i}{\tau_S})\pi(\tau_i<\tau_{i-1})(\pi<\delta<2\pi)\text{矩形波逐渐变窄（图中未画出）} \end{cases}$$

对上式中 τ_i 和 τ_S 的值，CPU 可从定时计数器读入求得。如每一工频周期（约 20 ms）作一次计算，CPU 可记录下 δ_i 随时间变化的轨迹 $\delta(t)$。

通过计算已知时段 Δt、始末 ω_d 的差值 $\Delta\omega_d$ 得到 ω_d 的一阶倒数 $\dfrac{\Delta\omega_d}{\Delta t}$，即 $\mathrm{d}\omega_d/\mathrm{d}t$。同样也可计算出已知时段 Δt、始末 $\dfrac{\Delta\omega_d}{\Delta t}$ 的差值，得到 ω_S 的二阶导数 $\dfrac{\mathrm{d}^2\omega_d}{\mathrm{d}t^2}$。这样就为计算理想导前合闸角创造了条件。有

$$\begin{cases} t_y = t_o + t_{op} \\ \omega_d = \dfrac{\Delta\delta}{\Delta t} = \dfrac{\delta_i-\delta_{i-1}}{2\tau_S} \\ \delta_y = \omega_d t_y + \dfrac{1}{2}\cdot\dfrac{\mathrm{d}\omega_d}{\mathrm{d}t}\cdot t_y^2 + \dfrac{1}{6}\cdot\dfrac{\mathrm{d}^2\omega_d}{\mathrm{d}t^2}\cdot t_y^3 \end{cases} \tag{2-33}$$

式中：δ_i、δ_{i-1}——本计算点和上计算点的相角差值；

τ_S——两计算点之间的时间，即为系统电压周期 T_S；

t_y——微处理器发出合闸信号到断路器主触头闭合时需经历的时间；

t_o——断路器主触头闭合需要的时间；

t_{op}——装置出口继电器动作时间。

在实际中，由于两相邻计算点间的 ω_d 变化很小，因此 $\Delta\omega_d$ 一般可经若干计算点后才计算一次，所以有

$$\dfrac{\mathrm{d}\omega_d}{\mathrm{d}t} \approx \dfrac{\Delta\omega_d}{\Delta t} = \dfrac{\omega_{di}-\omega_{d(i-n)}}{2\tau_S\cdot n} \tag{2-34}$$

式中：ω_{di}、$\omega_{d(i-n)}$——本次计算点和前 n 个计算点求得的 ω_d 值。

同样，也可方便地从两个电压互感器二次侧电压间相邻同方向的过零点找到两电压的相角差 δ，在一个工频周期中由于有两次过零点，因此每半个周期就可取得一个实时的相角差值。该值与式（2-34）计算出的最佳的合闸导前相角差值 δ_y 进行比较，有

$$|(2\pi-\delta_i)-\delta_y| \leqslant \varepsilon \tag{2-35}$$

式中：ε——计算允许误差。

若式（2-35）成立，则表明相角差符合要求，允许发出合闸信号。若 $|(2\pi-\delta_i)-\delta_y|>\varepsilon$ 且 $(2\pi-\delta_i)>\delta_y$ 时，则继续进行下一点计算，直至 δ_i 逐渐逼近 δ_y，符合式（2-35）为止。

在实际装置中，有了每一个工频周期计算出来的理想导前合闸角 δ_y，又有了每半个工频周期测量出来的实时相角差 δ，只要不断搜索 $\delta=\delta_y$ 的时机，一旦出现，同步装置即可发出合闸命令，使待并发电机恰好在 $\delta=0°$ 时并入系统。

ω_d 和 $\mathrm{d}\omega_d/\mathrm{d}t$ 也是同步装置按模糊控制原理实施均频控制的依据，装置在调频过程中不断检测这两个量，进而改变控制脉冲宽度及间隔，以期用快速而又平稳的力度使待并发电机进入允许同步条件。

4）输入电路

按发电机并列条件，不仅要采集发电机和系统的电压幅值、频率和相角差等三种信号，还要

采集如下开关量信号。

（1）并列点选择信号。

装置的参数存储器中预先存放好各台发电机的同步参数整定值,如导前时间、允许频差、均频控制系数、均压控制系数等。在确定并列点后,从同步装置的并列点选择输入开关量信号,将调出相应的整定值,进行并列条件检测。

（2）断路器辅助触点信号。

并列点断路器辅助触点是用来实时测量断路器合闸时间(含中间继电器动作时间)的,同步装置的导前时间整定值越是接近断路器的实际合闸时间,并列时的相角差就越小。应该注意断路器辅助触点与主触点不一定同步,若测量采用发出合闸命令启动计时,断路器辅助触点变位后停止计时的测量方法,将出现误差。

（3）远方复位信号。

同步装置在自检或工作过程中出现硬件、软件问题或受干扰都可能导致出错或死机,通过"复位"可使微机重新执行程序的一项操作。若同步装置在处于经常带电工作方式时,如果要求启动,则需通过一次"复位"操作。因同步装置在上次完成并列后,程序进入循环显示断路器合闸时间状态,直至接到命令后才能开始新一轮的并列操作。

（4）面板按键和开关。

同步装置面板上装有若干按键和开关,开关按键也是开关量形式的输入量,是由装置面板直接输入到并行接口电路。面板上还有均压功能、均频功能、同步点选择、参数整定、频率显示以及外接信号源等按键。

5）输出电路

微机自动准同期装置输出电路是实现对发电机组的均压、均频和合闸控制;装置异常或电源消失时报警;提供反映同步过程的电量并进行录波;提供运行人员监视装置工况、实时参数、整定值及异常情况等信息。

控制命令由加速、减速、升压、降压、合闸、同步闭锁等继电器执行。同步装置任何软件和硬件故障都将启动报警继电器,触发中央音响信号,故障类型同时在显示器上显示。

6）电源

电源可由 48～250 V 交直流电源供电。

7）试验装置

为便于微机自动准同期装置的试验,提供了专用的试验装置,或装置内部自带试验模块。

2. SID-2V 型自动准同期装置

1）应用范围及特点

SID-2V 型自动准同期装置是供给一台发电机或不超过 15 台发电机复用进行全自动差频并列的同步装同期装置,也可作为只存在差频并列方式的输电线路检查同期自动并列用。特点是:在结构上采用了全封闭式和严密的磁屏蔽措施;对输入信号采用光电或电磁隔离,并进行数字滤波;按模糊控制算法实施自动均频及均压控制,具有促成同期条件快速实现的良好控制品质;在软件上采用快速求解计算频差及其一阶、二阶导数的微分方程,实现精确的零相角差并列;建立在机组运动方程基础上理想导前合闸角的预测算法,能准确捕捉到第一次出现的同期时机,使准同期并列速度达到自同期的水平;在软件及硬件上对合闸控制采用了多重冗余闭锁,误合闸概率接近于零;装置面板提供的智能化整步表及数码显示器使运行人员能非常直观地监督并列全过程;装置内部自备可调频的工频信号源,简化了调试设备;可接受上位机以开关量形势的投入和切除命令；装置电源交直流两用。

2）软件流程

（1）主程序。

软件流程如图 2-23 所示。装置接入后 CPU 工作，先进行装置主要部件的自检。在装置过程中对全部硬件，包括微处理器、随机存储器、只读存储器、接口电路、继电器等进行自检，任何部位的故障都将在数码显示器上显示，并以继电器空接点输出报警，将闭锁合闸回路，不产生任

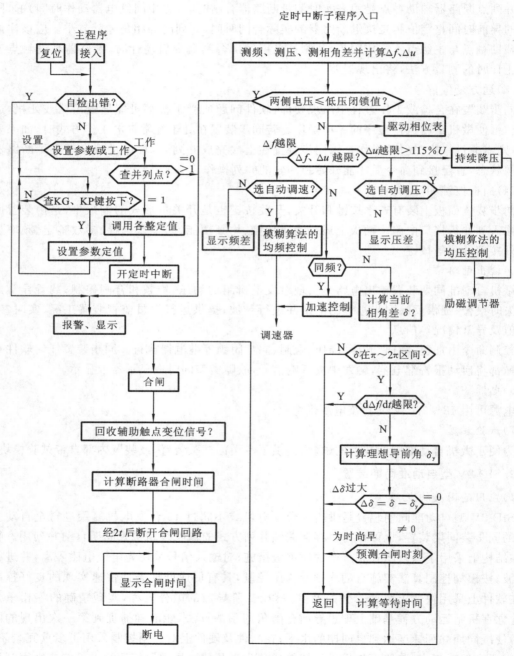

图 2-23　软件流程图

何对外控制,以杜绝误操作。如各部件正常,则检测工作/设置开关 W/T 的状态,若检测为工作状态 W,则检测外部各并列点同步开关(或由上位机控制的继电器)送来的并列点选择信号,如果无并列点选择信号或选择信号多于一个,则显示器显示出错信号并报警。若检测到一个特定的并列点信号,则打开定时中断程序,装置进入同步工作状态。

在自检后检测到 W/T 开关在参数设置的"T"状态,则程序转向查整定参数的 KG、KP 按键状态,KG 键每闭合一次,就自动调出下一个待整定参数,KP 键每闭合一次就将待整定参数值增加一个分度(即步距)值。

(2)定时中断子程序说明。

由于同步装置在并列过程中必须在准同期的三个条件中压差及频差达到允许值时才能去捕捉相角差为零的时机,因此装置需要及时地检测压差及频差,尽管在某时刻压差及频差已满足要求,程序已进入再重新检测压差及频差,以确保在三个条件都同时满足时才进行并列操作。所以,同步装置的并列程序采用定时中断的方式进行。

程序的起始部分是根据外部输入 TV 信号经变换后提取频差、压差及相角差的信息,进而计算出 Δf、ΔU 及 δ,如果发电机侧或系统侧的 TV 二次电压低于整定的低压闭锁值,表明可能是 TV 二次断线或熔断器熔断,或 TV 一次电压本身就很低,这些都不适于发电机并列,因此装置将报警并停止执行并列程序。若并列点两侧的 TV 二次电压均高于整定的低压闭锁值,则装置面板上由软件驱动的相位表将按滑差角频率旋转,且程序进入检查 Δf 和 ΔU 是否越限程序段。如任一项或两项都越限,且整定时已选择了需要同步装置具备自动调压和自动调频功能,则装置将依据原整定的均压控制系数和均频控制系数按模糊控制算法进行调压和调频。如未选择自动调压和调频,则装置只显示压差及频差的越限提示符,而不进行调压和调频。如 Δf 及 ΔU 均在允许值范围内,程序下一步将检查断路器两侧是否同频($\Delta f \leqslant 0.05$ Hz),如出现同频,装置将自动发出加速控制命令,使待并发电机加速,以破坏同频的僵持状态,促成同期条件的出现,因同频而引起的加速控制和选择自动调频无关。在 Δf、ΔU 均满足要求后程序准备进入并列阶段,测量当前的相角差 δ,如 δ 处在 $0 \sim \pi$ 区间,则不存在并列机会,直到 δ 进入 $\pi \sim 2\pi$ 区间,就开始检查频差变化率是否越限,如未越限,程序进行理想导前角 δ_y 的计算,并不断查看当前相角差 δ 是否与 δ_y 一致,如出现 $\delta = \delta_y$,即 $\Delta\delta = \delta - \delta_y = 0$ 时,可发出合闸命令,确保在 $\delta = 0°$ 时断路器主触头闭合。如 $\Delta\delta \neq 0$,则进行合闸时机的预测,当预测的时刻到来即发出命令实行并列。这样就能确保捕捉到第一次出现的合闸机会,使并列速度达到极值。发出合闸脉冲后,装置将进行合闸回路的动作时间的计算,并显示。

问题与思考

1. 模拟式自动准同期装置存在哪些问题?

2. 微机型自动准同期装置的特点是什么?

3. 微机型自动准同期装置的输入电路按发电机并列条件,需要采集哪些开关量信号?

技能训练 1　实验平台、实验要求和安全操作说明

一、WDJS-8000 电力系统综合自动化实验平台

WDJS-8000 电力系统综合自动化实验平台结合教学实际需求,建立发电、变电及输电线路

各部分系统模型,模拟整个电力系统的动态运行(采用模拟的一次设备再现电力系统实际运行的多种工况,二次部分融合微机继电保护、自动化装置及监控系统),从而研制出一套既不偏离实际,又方便教学的电力系统微机继电保护及综合自动化教学实验设备。本项目由发电机(包括直流电动机、同步交流发电机及励磁系统)屏台、主变压器屏台及输电线路屏台组成,可灵活组合,既能构成双侧电源供电的大电力系统,也可构成双侧电源供电的区域型电网。

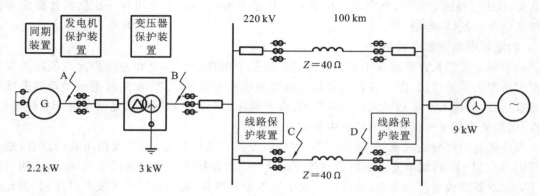

图 2-24　WDJS-8000 系统总图

1. 发电机模型

1)发电机励磁系统

同步发电机励磁系统的试验模拟采用市电(220V 交流,单相)经单相自耦调压器调压后经二极管整流桥全波整流的方式实现,向实验用三相交流同步发电机提供脉动直流励磁电流,三相交流同步发电机励磁电流的调整采用手动调整单相调压器输出电压的方式实现,在整流回路的直流侧配置有直流电流表与直流电压表,用于显示同步发电机转子回路的励磁电流与励磁电压,由于整流电路采用二极管单相不可控整流桥,不需要脉冲触发电路。励磁控制回路没有配置微机励磁调节器,由于采用开环控制,因此不能实现同步发电机的调差运算(参与并联机组间的无功分配)、电力系统稳定器(PSS)、PID 调节及励磁系统稳定器等功能,但可以通过手动调整模拟励磁控制系统的过励、欠励、强励等环节,在负荷变动情况下可以通过手动调压演示调整励磁稳定发电机出口端电压的过程,这些演示通过在发电机定子绕组出线端配置的电压、有功功率、无功功率等表计进行显示,为了减小整流桥提供的脉动励磁电流的脉动程度,可在励磁回路中串联一铁芯电抗器加以限制。在同步发电机的励磁回路中通过接触器触点开关串接一氧化锌压敏电阻,用于同步发电机灭磁实验演示,由于采用手动调压励磁,不需要再配置专用的启励电路。同步发电机励磁系统的模拟电路如图 2-25 所示。

在图 2-25 中灭磁开关的控制采用 220 V 交流接触器实现,灭磁电阻的投切采用接触器的辅助触点实现,主触点用于开、断主励磁回路。灭磁回路的控制电路如图 2-26 所示。

2)发电机调速系统

调速方式采用市电(三相 380 V,交流)经三相可控硅全控桥整流,再通过平波电抗器平波,通过改变其电枢电压的方式来改变发电机出力进行调速的。采用三相电源及平波电抗器的作用在于减小直流脉动分量,从而减小直流电动机的震动、噪音、损耗,同时改变直流电动机的换向性能。直流电动机的电枢直流电压的改变是通过一个手动控制模块,通过改变晶闸管的触发角来调节其输出电压的,通过操作平台上的发电机的转速仪表可以显示速度调整情况。同步发

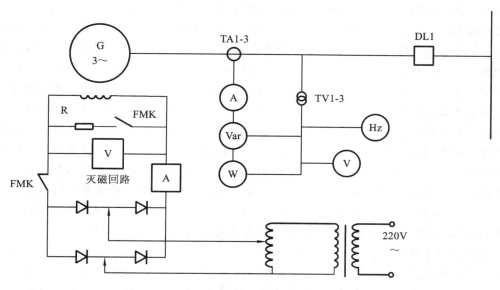

图 2-25 同步发电机励磁系统的模拟电路

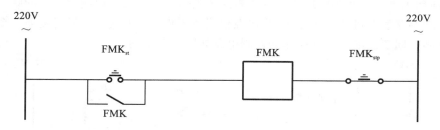

图 2-26 励磁系统灭磁回路的控制电路

电机励磁电压采用恒定直流励磁方式,由市电经过调压器后再经二极管整流桥整流后由平波电抗器平波而得到,同步发电机调速系统的模拟电路如图 2-27 所示。

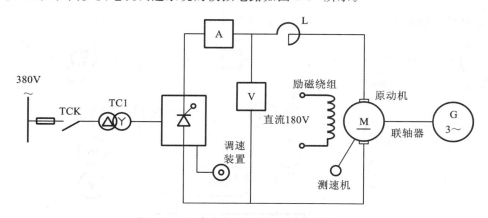

图 2-27 同步发电机调速系统的模拟电路

3)发电机准同期系统

同步发电机同期系统的模拟采用手动准同期与自动准同期两种方式,自动准同期装置采用微机自动准同期控制器实现,手动准同期通过手动调节励磁改变发电机输出电压,手动调节加在原动机(直流电动机)电枢上的脉动直流电压调节电动机转速从而调节发电机输出电压频率,通过监测控制屏上的发电机输出电压表与电网电压表之间的电压差值,监测控制屏上的发电机输出电压信号频率(通过装在联轴器上的测速装置及转速表检测)与电网电压频率之差值,当两个差值很小时,选择在系统电压与发电机输出电压的相位角接近相等时刻(通过装设在控制屏上的同期表来判断),通过手动控制开关进行并列,手动准同期与自动准同期两种同期方式之间设置有同期方式切换开关。自动准同期装置的微机自动准同期控制器具有对两侧电压的频差、电压差进行自动检测控制的功能,但由于本模拟实验系统中的同步发电机的励磁与调速装置采用手动进行调节,因此这两项自动调节功能失去作用,微机自动准同期控制器只有合闸控制功能,相当于半自动准同期并列装置。微机自动准同期控制器可采用恒定越前相角准同期并列和恒定越前时间准同期并列两种并联方式中的一种,控制器显示面板上能够显示同步发电机的输出电压及频率,同时具有同期参数选择及设置功能,能够进行一些主要参数的测定(如断路器开关时间、合闸误差角等)。自动准同期控制器面板上也设有手动合闸同期按钮开关,以备控制器出现故障时进行手动同期合闸,控制器具有通信接口,用于远程通信。

同步发电机的并列操作是在原动机启动操作,发电机励磁启动操作,无穷大电源投入操作以及输电线路开关投入操作等完成之后进行的,手动并列时也可以通过控制面板上的同期表来进行,根据同期表中反映两侧电压差的电压表的正负偏转以及反映两侧频率差的频率表的正负偏转通过手动调整发电机的励磁与转速,在观察到两侧相位角差接近于零时提前一个时间间隔进行手动合闸。同步发电机并列操作的控制电路如图 2-28 所示。

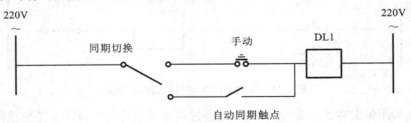

图 2-28 同步发电机并列操作的控制电路

发电机准同期装置的模拟主电路如图 2-29 所示。

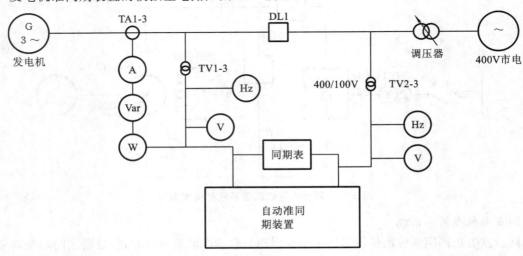

图 2-29 发电机准同期装置的模拟主电路

4）发电机继电保护模拟

本模拟系统的发电机继电保护装置采用许继电气公司生产的微机型发电机继电保护装置实现。由于故障类型比运行现场加以简化，所以模拟系统的发电机微机保护装置的保护配置也进行了简化，主要配置的保护类型有：比率制动式差动保护、定子接地保护、失磁保护、转子接地保护、复合电压启动过流保护、过流保护、反时限过负荷保护。为了使学生对发电机微机保护的保护动作特性有更加直观的理解，各种保护采用软件投退的方法进行实验，保护动作后会有相应的保护动作情况显示，发电机微机保护装置具有友好的人机接口界面，可以在操作界面上进行参数整定、运行状态显示等功能。同步发电机继电保护的模拟实验系统的电路如图 2-30 所示。

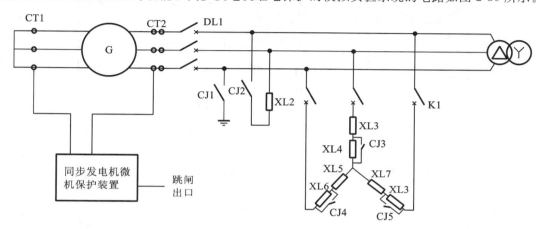

图 2-30　同步发电机继电保护的模拟实验系统的电路

2. 变压器模型

模拟用的升压主变压器可能出现的故障类型有高压测匝间短路、低压侧匝间短路、高压侧相间短路、低压侧相间短路、低压侧接地短路、变压器过负荷等，变压器的高、低压侧匝间短路对变压器的损害严重，本实验装置不予模拟。变压器的高压侧（发电机侧）的相间短路及单相接地故障可以由同步发电机模拟系统中的开关 DL1、电流互感器 CT2、交流接触器 CJ1 与 CJ2 实现，因此，变压器的故障模拟主要在变压器的负荷侧（电网侧）进行，主要模拟变压器负荷侧的相间短路、接地短路故障及变压器的过负荷实验。根据模拟实验系统所要模拟的变压器的故障类型，模拟系统的变压器微机保护装置的保护配置也可以进行简化，主要配置的变压器的保护类型有：比率制动式差动保护、复压（方向）过电流保护、零序方向电流保护、过电流保护（过负荷、有载调压、启动通风）、非电量保护。为了加深学生对变压器微机保护的保护动作特性的理解，保护采用软件控制投退的方法进行实验，同时变压器微机保护装置具有友好的人机接口界面，可以在操作界面上进行参数整定、运行状态显示等功能。微机变压器保护的模拟实验系统的电路如图 2-31 所示。

利用上述微机变压器保护的模拟实验系统可以进行变压器在单侧电源供电（无穷大电源断开）及双侧电源供电（发电机发电，无穷大电源接通）情况下的接地短路与相间短路实验，可以模拟发电机停机情况下由电网供电时的变压器三角接侧的过负荷实验。在双端电源供电情况下，可以通过手动调整同步发电机的机端励磁电压或手动调整与市电相接的三相调压器的变比来进行变压器的三相对称过负荷实验。变压器微机保护实验装置可以配置为跳星形连接侧开关 DL2 及跳双侧开关 DL1 及 DL2。变压器微机保护的模拟实验的控制电路如图 2-32 所示。

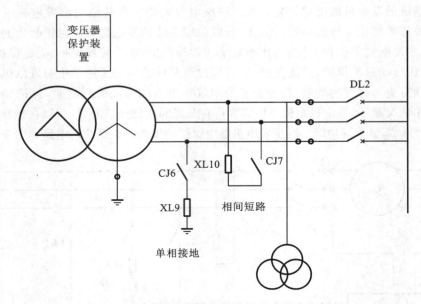

图 2-31 微机变压器保护的模拟实验系统的电路

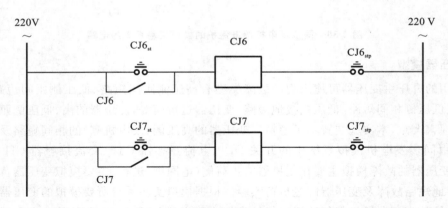

图 2-32 变压器微机保护的模拟实验的控制电路

3. 输电线路模型

输电线路及其继电保护的模拟以高压 220 kV 双回输电线路为模拟对象,由于对于不同电压等级的输电线路的分布参数为定值,根据输电线路的长度可以计算出该高压双回线路的电阻、电感及分布电容参数。220 kV 高压输电线路为中性点直接接地的电力系统,在线路中常见的短路故障类型为单相接地短路、两相相间短路、两相相间接地短路、三相相间短路,这些故障可能发生在线路中的任何位置,因此,每条输电线路都应配置相应的微机线路保护装置,考虑到电网的短路故障很多为非永久性故障,故障跳闸后需采用重合闸装置。由于目前电网为互联的大电力系统,负载端不再仅仅是用电负荷,而且还有其他的发电机组及输电线路向该区域供电,因此也可把输电线路的负载端看成是无限大电网。综合以上因素,输电线路及其微机保护的模拟实验系统的电路如图 2-33 所示。

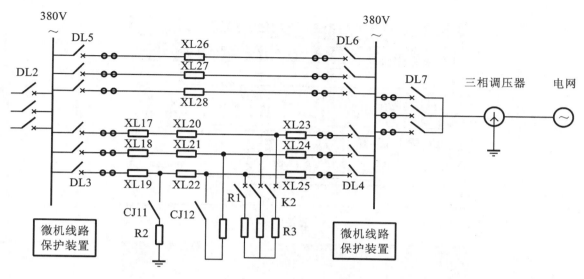

图 2-33 输电线路及其微机保护的模拟实验系统的电路

4. 面板及实物图

面板及实物图如图 2-34～图 2-37 所示。

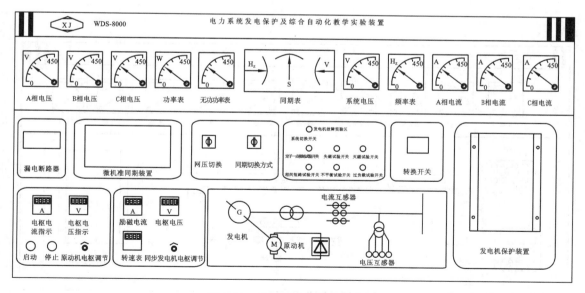

图 2-34 发电机模块的实验面板

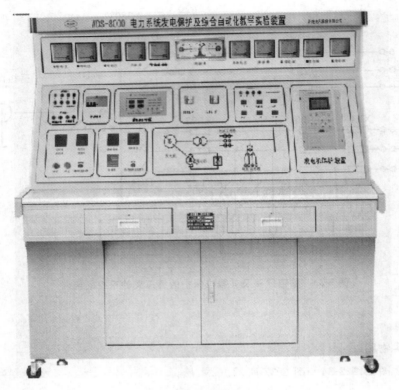

图 2-35　发电机模块的实物

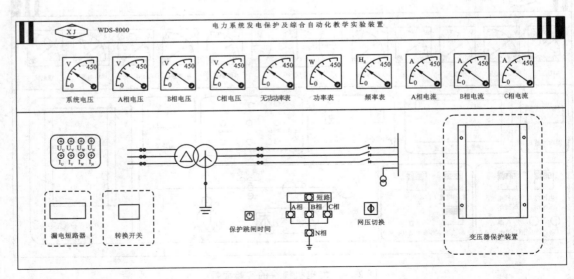

图 2-36　变压器模块的实验面板

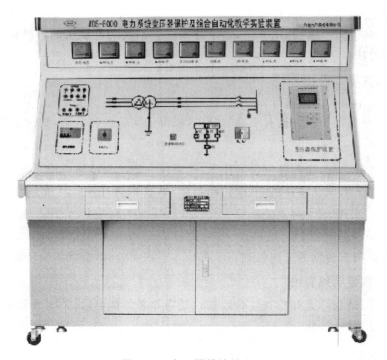

图 2-37 变压器模块的实物

二、实验前的准备

WDJS-8000 电力系统综合自动化实验平台的实验目的在于使学生掌握系统运行的原理及特性,学会通过故障运行现象及相关数据分析故障原因,并排除故障。通过实验使学生能够根据实验目的、实验内容及测量数据,进行分析研究,得出必要结论,从而完成实验报告。

实验准备即为实验的预习阶段,是保证实验能否顺利进行的必要步骤。每次实验前都应该预习,才能对实验目的、步骤、结论和注意事项等做到心中有数,从而提高实验质量和效率。预习应该做到以下几点。

(1)复习教科书有关章节内容,熟悉与本次实验相关的理论知识。

(2)认真学习实验指导书,了解本次实验目的和内容,掌握实验原理和方法,仔细阅读实验安全操作说明,明确实验过程中应注意的事项。

(3)实验前应写好预习报告,其中应包括实验内容,实验步骤、数据记录表等,经教师检查确认做好了实验前的准备工作,方可开始实验。

认真做好实验前的准备工作,对于培养学生独立工作能力,保护人身安全、实验设备安全和提高实验质量等都是非常重要。

三、实验的进行

在完成理论学习、实验预习等环节后,就可进入实验实施阶段。实验时要做到以下几点。

1. 预习报告完整,熟悉设备

实验开始前,指导老师要对学生的预习报告做检查,要求学生了解本次实验的目的、内容和方法,只有满足此要求后,方能允许实验。

指导老师要对实验设备做详细介绍,学生必须熟悉本次实验所用的各种设备,明确这些设备的功能与使用方法。

2. 建立小组,合理分工

每次实验都以小组为单位进行,每组人数可有老师安排,不少于 3 人。实验进行中,机组的运行控制,数据记录等工作都应该有明确的分工,以保证实验操作协调,实验数据准确。

3. 试运行

在正式实验开始之前,先熟悉仪表的操作,然后按一定的规范通电接通电力网络,观察所有表计是否正常。如果出现异常,应该立即切断电源,认真检查并排除故障;如果一切正常,即可正式开始实验。

4. 测量数据

预习时应该对所测数据的范围做到心中有数。正式实验时,根据实验步骤逐次测量数据。

5. 认真负责,实验有始有终

实验完毕后,应请指导老师检查实验数据。经指导老师认可后,关闭所有电源,并把实验中所用的物品整理好,放至原位。

四、实验总结

这是实验的最后阶段,应对实验数据进行整理、绘制波形和图表,分析实验数据并撰写实验报告。每位实验参与者要独立完成一份实验报告,实验报告的编写应持严肃认真、实事求是的科学态度。如实验结果与理论有较大出入时,不得随意修改实验数据和结果,而应用理论知识来分析实验数据和结果,解释实验现象,找出引起较大误差的原因。

实验报告是根据实测数据和在实验中观察发现的问题,经过自己分析研究或者分析讨论后写出的实验总结和心得体会,应简明扼要、字迹清楚、图表整洁、结论明确。

五、实验安全操作说明

为了顺利完成电力系统综合自动化实验平台的全部实验,确保实验时人身安全与设备的安全可靠运行,实验人员严格遵守如下安全说明。

(1)与监控主站的电源插头配合使用的插座,一经确定后不可随意调整,原因有以下两点。

①该插座容量要求较高,若换用其他容量较低的插座,实验时的冲击电流会导致监控主站上的电源开关跳开。

②该插座与监控主站插头的相序已经对应,若换用的插座与监控主站插头的相序不对应,并列实验时会对仪表和发电机组产生冲击,严重时可能导致设备损坏。

(2)上电前,应做如下工作。

①检查实验装置、监控主站和发电机组间的电缆线是否可靠连接。

②实验装置的地线必须与实验室的地线相连,保证实验装置可靠接地。

③实验装置和监控主站间的通信线是否可靠连接。

(3)上电后,实验前,应注意以下几点。

①观察实验装置上方的电压表或者通过"N 母电压切换"转换开关检查各母线电压是否正

常。

②上电后实验装置面板上的实验区按钮不可随意乱按,因为有的实验相间短路或者单相接地电流很大,即使做实验时,也要短时间的按,不可长时间按"试验"按钮。

③检查微机准同期装置、微机励磁装置和直流电动机调速装置的参数设置是否为实验要求整定值。如果不正确,请修改相关设置。

(4)实验过程中,人体不可接触带电线路,如三相自耦调压器输入、输出接线端。

(5)实验装置带电时,切记不可接触实验装置内部接线的任何元器件,以免触电。

(6)发电机组启动后,切勿推拉发电机组。

(7)在进行发电机组与系统间的解列操作时,要使发电机组的有功功率 P 和无功功率 Q 接近于零,即:零功率解列。

(8)监控主站上的总电源应由实验指导教师来控制,其他人员只能经指导教师允许后方可操作,不得自行合闸。

(9)保护装置中的有些参数为固定参数,是根据实验装置本身而设定的,不可随意更改,需要更改时,实验完毕再改回原值即可(比如保护装置中的"接线方式"控制字和一些系统参数设置)。

技能训练 2 同步发电机微机自动准同期装置操作实验

一、实验目的

(1)熟悉同步发电机准同期并列过程。
(2)加深理解同步发电机并列条件。
(3)会使用微机自动准同期、微机半自动准同期和手动同期三种方式并列。
(4)掌握微机自动准同期装置和同期表的使用方法。

二、实验原理

将同步发电机并入电力系统的合闸操作通常采用微机自动准同期并列方式。微机自动同期并列要求在合闸前通过调整待并机组的电压和转速,当满足压差和频差要求后,由微机自动准同期装置发出并列信号,这种并列操作的合闸冲击电流一般很小,并且机组投入电力系统后能被迅速拉入同步。

微机自动准同期装置电源由系统侧电压互感器提供,这也是微机自动准同期装置显示的"系统频率"和"系统 PT"值的来源。

本实验装置采用直流电动机"微机调速装置"来调节转速,用"微机励磁调节装置"来调节励磁,采用"微机自动准同期装置"的自动并列、半自动并列和同期表的手动并列三种方式并列。

为了使待并机组满足并列条件,完成并列自动化的任务,微机自动准同期装置需要满足以下基本技术要求。

(1)在频差或电压差均满足要求时,自动准同期装置在设定的导前时间瞬间发出合闸信号,使断路器在相角差为零时闭合。

（2）在频差和电压差有任一满足要求时，或都不满足要求时，虽然设定的导前时间到达，自动准同期装置不发出合闸信号。

（3）在完成上述两项基本并列要求后，自动准同期装置要具有均压和均频的功能。如果频差不满足要求，是发电机转速引起的，此时自动准同期装置要发出均频脉冲，改变发电机组的转速。如果电压差不满足要求，是发电机的励磁电流引起的，此时自动准同期装置要发出均压脉冲，改变发电机的励磁电压的大小。

该微机发电机保护实验装置的并列方式可分为：自动准同期并列、半自动准同期并列和手动同期并列三种方式。

半自动准同期并列方式没有频差调节和压差调节功能。并列时，待并发电机的频率和电压由运行人员监视和调整，当频率和电压都满足并列条件时，微机自动准同期装置就在设定的导前时间发出合闸信号。手动同期并列也是由运行人员调整待并发电机的频率和电压，同时观测面板上的"同期"表的指针偏转情况，当条件满足时，由运行人员手动按下面板上的"手动同期"按钮，进行并列。

三、实验步骤

1. 机组启动与建压

（1）把监控主站上的"转换开关"打到"单机"位置，以1#微机发电机保护实验装置经微机变压器保护实验装置和1#微机线路保护实验装置并列为例。

（2）合上微机发电机保护实验装置的"电源开关"，发电机风机启动，检查实验装置上各开关状态：绿色停止按钮亮，红色启动按钮不亮。再按下"启动"按钮，启动各装置和各仪表。

（3）用导线将端子"合闸回路"与端子"合闸回路"短接，将端子"跳闸回路"与端子"跳闸回路"短接，并将端子"A相TV出"与端子"A相TV入"短接，将端子"A相TA出"与端子"A相TA入"短接。

（4）微机调速装置和微机励磁调节装置启动。微机励磁调节装置启动后，手动点击"主画面"，进入主界面。设置直流电动机调速装置的给定电压为200 V，微机励磁自动调节装置上设置机端给定电压90%U_N（发电机额定电压的百分数），按下直流电动机调速装置的"运行/停止"按键1～2 s，至运行灯亮，发电机慢慢转起来，至给定电压值，此时微机励磁自动调节装置上显示转速为1300 r/min左右，机端电压显示6 V左右，按下"起励开关"按钮，机端电压升至350 V左右。通过调速装置的增大或者减小按键调节发电机转速，通过微机励磁调节装置的增励、减励触摸按键调节励磁。

2. 微机自动准同期并列

1）半自动准同期并列实验

（1）调节三相调压器输出至360 V左右，合上1#微机线路保护实验装置上的"控制开关"和"电源开关"，用导线将微机线路保护实验装置面板下方的"合闸回路"两个接线孔和"跳闸回路"两个接线孔短接。按下启动按钮，并将下回路上的四个断路器（断路器QF4、QF5、QF9、QF10）合上，观察实验装置上的Ⅳ电压指针表，通过转换开关观察各相电压和线电压是否正常。

（2）合上微机变压器保护实验装置上的"控制开关"和"电源开关"，用导线将微机变压器实验装置的"合闸回路"、"跳闸回路"、"I_{ah}出"与"I_{ah}入"、"U_{al}出"与"U_{al}入"、"U_{ah}出"与"U_{ah}入"分别短接。按下启动按钮，合上高压侧低压侧断路器，通过转换开关，观察系统电压指针表读数看是否正常。

(3)将同期转换开关打到"半自动"位置,微机准同期装置得电,查看微机准同期的各整定项设置,修改准同期装置中的整定项:

"投运指示":投入(投入时其指示灯亮);

"自动调频":投入(投入时其指示灯亮);

"自动调压":投入(投入时其指示灯亮);

"频差":0.2 Hz(投入时其指示灯亮,可根据情况更改);

"压差":3%(投入时其指示灯亮,可根据情况更改)。

(4)在半自动准同期方式下,显示系统频率、系统 PT 电压和待并频率、待并 PT 电压频率,要满足并列条件,需要通过手动调节发电机转速和励磁,使得待并 PT 的频差和压差在允许范围内,相角差在零度前某一合适位置时,微机准同期装置发出合闸信号进行合闸,发电机断路器"手合"按钮灯亮,将发电机组并入系统。

2)自动准同期并列实验

(1)第 1、2 步操作步骤如上面微机半自动准同期方式步骤。

(2)统一将发电、变电、输电实验装置的网压转换开关打到同一相电压或线电压指示上,将同期转换开关打到"自动"位置,微机准同期装置得电,查看微机准同期的各整定项设置:修改准同期装置中的整定项:

"投运指示":投入(投入时其指示灯亮);

"自动调频":投入(投入时其指示灯亮);

"自动调压":投入(投入时其指示灯亮);

"频差":0.2 Hz(投入时其指示灯亮,可根据情况更改);

"压差":3%(投入时其指示灯亮,可根据情况更改)。

(3)在自动准同期方式下,显示系统电压、频率和待并 PT 电压频率,要满足并列条件,微机准同期装置自动调节发电机转速和励磁,使得待并 PT 的频差和压差在允许范围内,相角差在零度前某一合适位置时,微机准同期装置发出合闸信号进行合闸,发电机断路器"手合"按钮灯亮,将发电机组并入系统。

注:发电机进行时需要空载运行 15 mn 左右以达到稳定运行状态,所以并列操作时要将电机提前空载运行 15 min,再进行并列操作。当一次合闸完毕,微机准同期装置会自动解除合闸命令,避免二次合闸。解列后再进行微机准同期并列,须将微机准同期装置"复位"后再并列。

(4)微机准同期装置的其他整定项(导前时间整定、允许频差、允许压差)分别按表 2-1、表 2-2 和表 2-3 修改。微机准同期装置各整定项的设置方法可参考微机准同期装置使用说明。

表 2-1　微机准同期装置导前时间整定与并列冲击电流的关系

导前时间设置 t/ms	50	150	250
冲击电流 I_m/A			

表 2-2　微机准同期装置允许频差与并列冲击电流的关系

允许频差 f/Hz	0.2	0.3	0.4
冲击电流 I_m/A			

表 2-3　微机准同期装置允许频差与并列冲击电流的关系

允许压差 U_d（系统电压的百分数）	3％	5％	8％
冲击电流 I_m/A			

3. 手动准同期并列

(1)同样,在发电机组启动与建压后,执行微机自动准同期的(1)、(2)步骤。

(2)将同期转换开关打到"手动"位置,手动调节发电机组的转速和励磁,直至同期表上的电压差指针(V)和频率差指针(Hz)在中间位置,此时发电机观察发电机相差指针(S),当 S 指针旋转至 0°前某一合适时刻时,按下面板上的"手动同期"按钮进行并列。

(3)在手动同期方式下,当偏离准同期并列条件时,发电机组的并列运行操作实验。本实验分别在单独一种并列条件不满足的情况下合闸,记录功率表和无功表的冲击情况。

①电压差、相角差条件满足,频率差不满足,在 $f_g > f_s$ 和 $f_g < f_s$ 时手动合闸,观察并记录实验装置上有功功率 P 和无功功率 Q 指针偏转方向及偏转角度大小,分别填入表 2-4。注意:频率差不要大于 0.5 Hz(f_g 是发电机频率,f_s 是系统频率)。

②频率差、相角差条件满足,电压差不满足,$u_g > u_s$ 和 $u_g < u_s$ 时手动合闸,观察并记录实验装置上有功功率 P 和无功功率 Q 指针偏转方向及偏转角度大小,分别填入表 2-4。注意:电压差不要大于系统侧电压 10％(u_g 是发电机电压,u_s 是系统电压)。

③频率差、电压差条件满足,相角差不满足,顺时针旋转和逆时针旋转时,手动合闸,观察并记录实验装置上有功功率 P 和无功功率 Q 指针偏转方向及偏转角度大小,分别填入表 2-4。注意:相角差不要大于 30°。

表 2-4　偏离准同期并列条件并列操作时,发电机组的功率方向变化表

状态＼参数	$f_g > f_s$	$f_g < f_s$	$u_g > u_s$	$u_g < u_s$	顺时针旋转	逆时针旋转
P/kW						
Q/kVar						

4. 发电机的解列与停机

解列前,需要先确定发电机有功无功指零,都指零时按下发电机机端断路器的"手跳"按钮,然后按下微机励磁调节装置的"灭磁"按键或者面板上的"灭磁开关"按钮对发电机灭磁,当发电机励磁消失即电压降到很低时,再按住"微机调试装置"的"运行/停止"键 2 s 左右,至运行指示灯熄灭,发电机转速慢慢减至 0,按下停止按钮,依次断开各实验装置控制开关和电源开关。

四、写实验总结要求

随着负荷的波动,电力系统中发电机运行的台数也经常要变化。因此,同步发电机的并列操作是电厂的一项重要操作。另外,当系统发生事故时,也常要求将备用发电机组迅速投入电网运行。可见,在电力系统运行中并列操作是较为频繁的电力系统的容量在不断增大,同步发电机的单机容量也越来越大。大型机组不恰当的并列操作将导致严重后果。因此,对同步发电机的并列操作进行研究,提高并列操作的准确度和可靠性,对于系统的可靠运行具有很大的现实意义。在写实验总结的时候,学生需要深刻地思考微机自动准同期并列的条件和操作步骤。

模块 2 自测题

一、填空题

1. 将发电机并入电力系统并列运行的操作称为_____。

2. 实现发电机并列操作的方法通常有_____和_____。

3. 准同期并列装置主要由_____单元、_____单元和_____单元组成。

4. 同步发电机的准同期并列装置按自动化程度可分为_____和_____。

5. 滑差周期的大小反映发电机与系统之间频率差的大小,滑差周期大表示频率差_____,滑差周期小表示频率差_____。

6. 自动并列装置检测并列条件的电压人们常称为_____。

7. 线性整步电压的周期即为_____,线性整步电压的斜率与_____成正比。

二、选择题

1. 发电机并列合闸时,如果测到滑差周期是 10 s,说明此时( )。

A. 发电机与系统之间的滑差是 10 rad   B. 发电机与系统之间的频差是 10 Hz

C. 发电机与系统之间的滑差是 0.1 rad   D. 发电机与系统之间的频差是 0.1 Hz

2. 发电机准同期并列后立即带上了无功负荷(向系统发出无功功率),说明合闸瞬间发电机与系统之间存在( )。

A. 电压幅值差,且发电机电压高于系统电压

B. 电压幅值差,且发电机电压低于系统电压

C. 电压相位差,且发电机电压超前系统电压

D. 电压相位差,且发电机电压滞后系统电压

3. 发电机并列后立即从系统吸收有功功率,说明合闸瞬间发电机与系统之间存在( )。

A. 电压幅值差,且发电机电压高于系统电压

B. 电压幅值差,且发电机电压低于系统电压

C. 电压相位差,且发电机电压超前系统电压

D. 电压相位差,且发电机电压滞后系统电压

4. 发电机准同期并列后,经过了一定时间的振荡后才进入同步状态运行,这是由于合闸瞬间( )造成的。

A. 发电机与系统之间存在电压幅值差   B. 发电机与系统之间存在频率差

C. 发电机与系统之间存在电压相位差   D. 发电机的冲击电流超过了允许值

5. 线性整步电压含有( )信息。

A. 频率差、相位差   B. 频率差、电压差

C. 相位差、电压差   D. 频率差、电压差、相位差

三、问答题

1. 电力系统中,同步发电机并列操作应满足什么要求?为什么?

2. 什么是同步发电机准同期并列?有什么特点?适用什么场合?为什么?

3. 什么是同步发电机自同期并列?有什么特点?适用什么场合?为什么?

模块 3

同步发电机自动调节励磁装置

学习导论

　　同步发电机是将机械能转变为交流电能的设备,同步发电机主要由定子和转子两部分组成。它根据电磁感应原理来设计,将直流电通入转子绕组后产生磁场,转子在原动机带动下旋转,转子磁场和定子绕组就有了相对运动,相当于定子导体切割了磁力线,从而在定子机端产生感应电势。当转子连续匀速转动时,在定子绕组上就感应出一个周期不断变化的交流电势,这就是同步发电机的工作原理。

　　供给同步发电机励磁电流的电源及其附属设备统称为励磁系统。励磁系统的主要任务是向发电机的转子绕组提供可以调节的直流励磁电流以产生磁场,发电机转子在原动机的带动下以转速 n 旋转,转子磁场也随之旋转,旋转的磁场磁力线切割定子绕组从而产生感应电动势,发电机发出电能。发电机励磁调节系统通常由两部分成:第一部分是励磁功率单元,它向同步发电机转子绕组 GLE 提供可靠的直流励磁电流;第二部分是励磁调节装置(AVR),它按照发电机及电力系统运行的要求,使发电机无论是在正常运行或是事故过程中,都能根据输入信号和给定的调节准则迅速而准确地自动调节、控制励磁功率单元的输出,从而达到调节励磁电流的目的。

　　直流励磁系统主要功能包括六个方面:①正常运行条件下,向发电机转子磁极提供可控的励磁电源;②对发电机机端电压进行精确控制,保持发电机运行在设定值的允许范围之内;③当发电机内部发生短路故障时,对发电机进行快速灭磁,减小故障损坏程度、避免事故的扩大;④控制发电机无功的输出,合理分配并列运行机组间的无功;⑤提高电力系统静态稳定极限,确保并网运行的稳定;⑥在电力系统发生故障、造成发电机机端电压严重下降时,按给定的要求强行励磁,改善系统运行的动态稳定性。

　　我国发电机励磁装置技术从 20 世纪 60 年代末期起步,经历了从小型到大、中型,从不可控制到可控制,从分立元件、集成电路到微机型(数字化)的发展阶段,技术性能不断升级完善,到 20 世纪 90 年代末,数字式励磁技术已趋于成熟。

　　发电机励磁装置发展至今,励磁功率元件基本定型,技术发展的重点是微机励磁调节装置。励磁调节器按其发展历程分为三个阶段。

　　(1)早期型励磁装置是机电型励磁调节器,出现于 20 世纪 50 年代,它具有机械部件,可采用手工调节或电动马达驱动变阻器实现调节功能。由于它不能连续调节、响应速度慢、调节精度差,早已被淘汰。

　　(2)中期型励磁装置出现于 20 世纪 60 年代至 80 年代,随着半导体技术的发展,中期型励磁装置发展为模拟式励磁调节器,包含电磁型及半导体型调节器,主要由硬件电路组成,其电路复杂、维护操作烦琐,由于半导体元件几乎没有时滞,功率放大倍数较高,因此,模拟式励磁调节器比机电型励磁调节器的响应速度快、调节精度高。

　　(3)20 世纪 70 年代后期,大规模集成电路和微机技术迅猛发展。天津大港发电厂从意大利进口 320 MW 火电机组的自并激励磁系统,其励磁调节器由典型的集成电路组成,所用的印刷电路板多达 68 块,励磁功能已相当完善。80 年代我国从西屋公司引进模拟式励磁调节器,适合于交流整流励磁系统或无刷励磁系统,西屋的 WTA 调节器约有 40 多块印刷电路板,功能也较完善,但国内仿制后运行并不稳定,这与所选用的元件是否经严格老化筛选以及加工工艺和质量有关。由于模拟式调节器无计算能力,运行中参数无法调整,控制效果不够理想。1979年底电力部南京自动化研究所(现南瑞集团电气控制公司前身)自控室筹建了励磁组,决定自主研制开发微机型励磁调节器。经多年攻关,1984 年 7 月研制出我国第一台工业微机励磁调节样机,并于 1985 年 4 月在池潭电厂 5 万千瓦 2# 发电机正式投入运行。这使我国发电机励磁发展进入新的一页,并在世界上处于领先地位。

数字式励磁调节器由硬件与软件组成,包含单片机型、PLC 型及工控机型励磁调节器,相比于模拟式励磁调节器,数字式励磁调节器功能完善、电路简单、维护操作方便,调节速度快,精度高。因数字式励磁调节器运行可靠性高,自动控制功能强大,已成为当今发电机励磁系统的主流,在电力生产中广泛应用。

在现代电力系统中,同步发电机都配有自动调节励磁装置,构成自动励磁调节系统,它能在发电机出力变化和系统故障等工况下,维持发电机电压恒定或给定水平,保证机组间无功功率的合理分配;改善并提高电力系统的稳定性及提高继电保护动作的灵敏性等。

励磁调节系统是发电机的重要组成部分,它的运行状况直接决定发电机组的运行工况,进而影响电力系统及发电机本身的安全稳定运行,因此如何为发电机的转子绕组提供稳定的电源是电力系统自动装置的重要任务。

◢ 学习目标

1. 理解同步发电机励磁调节系统的作用及基本要求。
2. 掌握同步发电机励磁调节系统的构成、工作原理,能识别各种励磁方式。
3. 掌握励磁系统中的可控整流电路的工作原理。
4. 熟悉同步发电机的强行励磁和灭磁的工作原理。
5. 掌握操作同步发电机励磁调节装置的技能。

3.1 同步发电机励磁调节系统的作用及基本要求

3.1.1 同步发电机励磁调节系统

性能优良的发电机励磁系统不仅能保证发电机的安全可靠运行,提供合格的电能,而且还能有效地提高发电机及其相连的电力系统的技术经济指标。励磁控制系统框图见图 3-1 所示。励磁自动控制系统担负着维持发电机电压水平的任务,电力系统正常运行时,负荷波动是随机

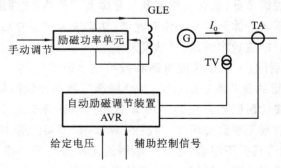

图 3-1　发电机励磁控制系统框图

的,同步发电机的功率也随之相应变化,根据负荷的变化情况需及时对励磁电流进行调节以维持发电机端电压或系统中某点电压水平。

为便于分析,下面用单机运行系统进行分析,图 3-2(a)为发电机运行一次系统,GLE 为发电机的励磁绕组,U_{EF} 为发电机的励磁电压,I_{EF} 为发电机的励磁电流,$\dot{U}_G$ 为发电机的机端电压,$\dot{I}_G$ 为发电机的定子电流,图 3-2(b)是同步发电机的等值电路,发电机感应电势 $\dot{E}_G$ 与发电机机端电压 $\dot{U}_G$ 的关系为

$$\dot{E}_G = \dot{U}_G + \mathrm{j}\dot{I}_G X_d \tag{3-1}$$

式中:X_d——发电机直轴同步电抗。

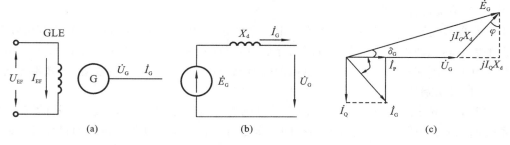

图 3-2 同步发电机运行原理示意图
(a)一次系统;(b)等值电路;(c)相量图

图 3-2(c)是同步发电机的相量图,图中 I_P 与 I_Q 是发电机电流 $\dot{I}_G$ 的有功及无功分量,由图可得到发电机感应电势 $\dot{E}_G$ 与发电机端电压 $\dot{U}_G$ 的幅值关系为

$$E_G \cos\delta = U_G + I_Q X_d \tag{3-2}$$

式中:δ——发电机感应电势 $\dot{E}_G$ 与机端电压 $\dot{U}_G$ 间的相角,即发电机功率角;

I_Q——发电机的无功电流。

正常状态下,由于 δ 值较小,可将 $\cos\delta$ 值近似等于 1,则式(3-2)可简化为

$$E_G \approx U_G + I_Q X_d \tag{3-3}$$

式(3-3)说明,在发电机感应电势式 E_G 不变的情况下,发电机端电压 U_G 随无功电流 I_Q 增加而减小,对单独运行的发电机来说,引起端电压变化的主要原因是无功电流的变化,若要维持发电机端电压不变,则必须随着发电机负荷的变化,及时调整发电机的励磁电流。

当发电机与系统并联运行时,此时可以认为系统电压不变,发电机端电压等于系统电压。发电机并入系统运行时,它输出的有功功率 P 只受调速器控制,即取决于从原动机输入的功率,而发电机输出的无功功率大小则和励磁电流的调节有关。由于单机容量相对有限,改变单台发电机的励磁电流对系统电压水平的影响不像单机带负荷运行时的影响那么大,并且系统容量越大,这种特征越明显。当励磁电流变大时,发电机的无功电流增大,使发电机送入系统的无功功率改变。因此,发电机并联运行时,通过调节励磁电流,可控制发电机输出的无功功率,使并列运行的机组间无功功率合理分配。

3.1.2 同步发电机自动励磁调节系统的作用

供电电压偏差一直是电能质量的基本控制指标之一,电力系统电压的稳定,不仅对用电用

户,而且对电力系统本身也具有重要意义。同步发电机的励磁调节装置一般包括励磁调节、强行励磁、强行减磁和自动灭磁等功能,以保证发电机在正常运行或事故运行中能可靠运行,提供合格的电能,提高系统的技术指标。同步发电机自动励磁调节系统的主要作用如下。

(1)系统正常运行时,保持发电机机端电压或电力系统电压恒定。在负荷及机组运行工况变化的情况下,能自动调节励磁电流,以维持机端电压或电网某点的电压在给定水平。

(2)励磁系统能根据并列运行发电机的特点,合理分配并列运行的发电机组间的无功功率。发电机并联于电力系统运行时,它输出的有功功率决定于从原动机输入的功率,而发电机输出的无功功率则和励磁电流有关,调节励磁电流可改变发电机的输出无功功率。

(3)励磁系统能改善电力系统的运行条件,提高系统运行稳定性。当电力系统由于种种原因出现短时低电压时,自动励磁调节装置能迅速发挥其调节功能,大幅度地增加励磁以提高系统电压,改善系统运行条件。

①改善异步电动机的自启启动条件 电力系统发生短路等故障时,由于系统电压降低,必然使大多数电动机处于制动状态。故障切除后,由于电动机自启动要吸收大量的无功功率,以致延缓了电网电压的恢复过程。而发电机的强行励磁可加速电网电压的恢复,有效地改善电动机的运行、自启动条件。

②为发电机异步运行创造条件 同步发电机失去励磁时,需从系统吸收大量的无功功率,造成系统电压大幅下降,严重时危及系统的安全运行。若系统中其他发电机通过强行励磁来提供足够的无功功率维持系统电压水平,则失磁的发电机可在一定时间内转异步运行。

③提高继电保护动作的灵敏度 当系统处于低负荷运行状态时,发电机的励磁电流不大,若系统此时发生短路故障,其短路电流较小且随时间衰减,以致带时限的继电保护不能正确工作。励磁自动控制系统可以通过调节励磁电流对发电机进行强性励磁,不仅有利于提高电力系统稳定性,还因增加了电力系统的短路电流而使继电保护的动作灵敏度得到提高。

④在发电机内部出现故障时进行减磁,以减小故障损失程度 当发电机或升压变压器(采用单元式接线)内部故障时,为降低故障所造成的损害,要求发电机能快速减磁。此外,机组甩负荷可能造成发电机转速升高而引起端电压异常升高,为防止机端电压过度升高危及定子绝缘,要求励磁系统具有快速减磁能力,抑制电压的上升。

⑤根据运行要求对发电机实行最大励磁限制及最小励磁限制 励磁控制器中的励磁限制单元主要包括对励磁输出进行限制和对励磁给定进行限制两部分,主要实现瞬时过励限制(最大励磁电流瞬时限制)及欠励限制(最小励磁限制)。最大励磁电流限制是指限制发电机励磁电流的顶值,防止超出允许的强励倍数,避免励磁功率单元以及发电机转子绕组超限运行而损坏;励磁电流的强励倍数一般不大于 2。欠励限制是为了防止发电机因励磁电流过度减小而引起失步或因机组过度进相运行引起发电机定子端部过热。

3.1.3 同步发电机自动励磁调节系统的基本要求

在电力系统中,发电机依靠励磁电流的变化进行系统的电压和本身无功功率的控制与调节,因此,励磁自动调节系统的主要任务是自动检测和综合系统运行状态的信息,以产生相应的控制信号,经放大后控制励磁功率单元以得到所要求的发电机的励磁电流。为完成上述任务,对励磁调节系统的基本要求如下。

(1)励磁系统应能在各种负荷情况下按机端电压的变化自动调节励磁电流,维持电压值在给定水平,励磁系统应有足够的调节容量及适当的裕量以适应电力系统中各种运行工况的要

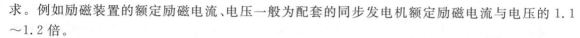

求。例如励磁装置的额定励磁电流、电压一般为配套的同步发电机额定励磁电流与电压的1.1～1.2倍。

（2）当电力系统发生事故导致电压显著下降时,励磁调节系统迅速作用于励磁电源,使励磁电流达到峰值,实现强行励磁以维护系统整体稳定。强励倍数是指强励期间励磁功率单元可提供的最高输出电压与发电机额定励磁电压的比值,理论上来说,强励倍数越大强励效果越好,但受励磁系统结构与设备制造工艺的限制,强励倍数一般取1.6～2.0。

（3）励磁系统应有快速动作的灭磁性能,当发电机内部故障或停机时,快速动作的灭磁性能可迅速将磁场减小到最低,保证发电机的安全。

（4）装置结构应简单可靠,动作迅速,调节过程要稳定,调节系统应无失灵区,以保证发电机在稳定区内运行。

问题与思考

1. 同步发电机自动励磁调节系统的主要作用是什么?

2. 同步发电机自动励磁调节系统的基本要求是什么?

3. 同步发电机的励磁调节装置应包含什么功能?

3.2 同步发电机励磁调节系统

3.2.1 同步发电机的励磁方式

电力系统发展初期,同步发电机的容量不大,励磁电流由与发电机同轴的直流电机供给,即直流励磁机系统。由于直流励磁机受到制造容量、调节速度的限制,且直流励磁机采用机械整流子换流,存在整流子炭刷维护工作量大、易发生故障等问题,直流励磁方式只适合在100 MW以下中小容量机组中采用。随着发电机容量的不断提高、大功率硅整流技术的日益成熟,大容量机组的励磁功率单元采用了交流发电机和硅整流元件组成的交流励磁机系统。随着控制理论的发展与新技术、新器件的不断出现,数字式励磁调节器已广泛在发电机组中应用。

按励磁系统供电方式的不同,可分为直流励磁机系统、交流励磁机系统、发电机自并励系统三种方式。下面对几种常见的励磁方式做简要介绍。

1. 直流励磁机供电的励磁方式

这种励磁方式的发电机具有专用的直流发电机,专用的直流发电机称为直流励磁机,直流励磁机与发电机同轴,发电机的励磁绕组通过装在大轴上的滑环及固定电刷从励磁机获得直流电流。直流励磁方式可分为自励式和他励式直流励磁机系统两类。自励与他励的区别是对主励磁机的励磁方式而言的,他励直流励磁机励磁系统比自励励磁机励磁系统多用了一台副励磁机,因此所用设备增多,占用空间大,投资大,但是提高了励磁机的电压增长速度。他励直流励磁机励磁系统一般用于水轮发电机组。

（1）自励式直流励磁系统 励磁机是一台并励直流发电机,励磁机和发电机同轴旋转,整流装置由发电机出线端的电压互感器和电流互感器供电,经过整流装置输出电流反馈到励磁机的励磁绕组回路,通过自动励磁调节装置可进行自动励磁调节。励磁机的电枢电压通过同步发电机的集电环和碳刷加到转子绕组的两端。自励直流励磁系统原理接线如图3-3所示。

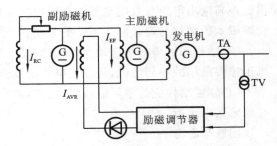

（2）他励式直流系统机系统　系统有两台励磁机，主励磁机与副励磁机都与发电机同轴，主励磁机的励磁由两组励磁绕组供给，其中一组由副励磁机供给，另一组由自动励磁调节器的输出供给。他励式直流励磁系统的时间常数小，提高了励磁系统的电压增长速率。他励直流励磁系统原理接线如图 3-4 所示。

图 3-3　自励式直流励磁系统原理接线图　　　　图 3-4　他励式直流励磁系统原理接线图

直流励磁方式具有励磁电流独立，工作比较可靠和减少自用电消耗量等优点，是过去几十年间发电机的主要励磁方式，具有较成熟的运行经验。缺点是励磁调节速度较慢，维护工作量大，故在 100 MW 以上的机组中很少采用。

2. 交流励磁机经整流供电的励磁方式

容量在 200 MW、300 MW 以上的同步发电机组普遍采用交流励磁机系统。交流励磁机也是一台交流同步发电机，其输出电压经大功率整流后供给发电机转子励磁电流。图 3-5 是他励式交流励磁系统原理图，他励式励磁机电源取自发电机以外的与其同轴旋转的独立的交流励磁机，故称为他励。图中发电机 G 的励磁电流由交流励磁机 1 经硅整流装置供给，交流励磁机 1 的励磁电流由晶闸管整流器供给，其电源由交流励磁机 2 提供。此系统中，自动励磁调节装置 AVR 通过控制晶闸管的控制角来改变交流励磁机 1 的励磁电流，达到自动调节励磁的目的。

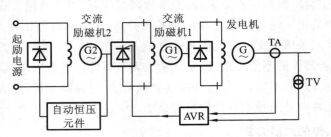

图 3-5　他励式交流励磁系统原理接线图

3. 发电机自并励静止励磁方式

发电机自并励系统原理接线如图 3-6 所示。发电机励磁电源直接由同步发电机输出端励磁变 TR 提供，励磁变 TR 的输出通过可控整流器 VS 控制调节励磁电流，发电机励磁电流通过 AVR 控制 VS 的控制角来控制。因这种励磁装置没有转动部分，所有设备与地面都是相对静止的，故又称为静止励磁系统。

发电机自并励静止励磁方式有残压启励和他励启励两种方式。

自并励系统的机组启动时，发电机的端电压是残压，若残压足可使可控硅的触发脉冲电路正确，整流桥中可控硅正确工作，残压通过励磁变供给发电机初始励磁，则可以自励建压；若残压不足，励磁回路不能满足自励条件，则还需他励启励来建立发电机电压。他励启励容量只要

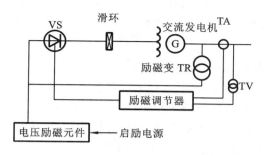

图 3-6 发电机自并励系统原理接线图

能建立使可控硅整流桥的可控硅可靠导通所需阳极电压对应的机端电压即可,一般不大于空载励磁电流的 10%。启励电源可采用厂用直流蓄电池直流 220 V 电源。

由于静止励磁系统无旋转部分,不存在碳刷和换向器磨损等问题,系统维护量小、结构简单、可靠性高,同时直接用晶闸管控制励磁电流,可获得较快的励磁电压响应速度。目前,发电机自并励系统广泛用于大、中型发电机组。

3.2.2 同步发电机励磁调节方式

励磁调节装置最基本的功能是维持发电机的端电压。在没有自动励磁调节装置前,发电机的端电压随负荷的变化偏离额定值时,需要运行人员及时进行调整,运行人员可借助仪表和调节电阻的方法来维持电压的水平,例如当机端电压低于额定电压时,运行人员可通过手动操作,减小励磁回路中的电阻,增大励磁电流,达到使发电机端电压回升至额定电压值附近的目的。在调节过程中,可分解为"测量"、"判断"、"执行"几个步骤,随着自动控制技术的不断发展,励磁调节器 AVR 就是根据发电机机端电压的增量来改变励磁电流从而达到自动调压的目的。自动励磁调节装置取代人工手动调节,不仅提高了调节质量,而且大大降低了运行人员的劳动强度。

自动励磁调节原理可分为按电压偏差的比例调节、按定子电流调节等方式,以下对自动励磁调节装置的主流调节方式——按电压偏差的比例调节做介绍。

按电压偏差的比例调节实际上是一个以电压为调节的负反馈调节:当机端电压上升时,调节器控制励磁功率单元,输出励磁电流减小,使机端电压下降;反之,则增大励磁电流,使机端电压升高。按电压偏差比例调节的系统,不论产生电压偏差的原因是什么,只要机端电压偏离额定值的控制范围,调节装置均能调节,最终使机端电压维持在给定水平运行。

同步发电机励磁控制系统框图的一般形式如图 3-7 所示。图中虚线框内是励磁调节器的基本原理框图。按照调节原理,一个控制调节装置,至少要有三个环节或单元。第一是测量单元,它是一个负反馈环节;第二是给定单元,它是调节中的参考点;第三是比较放大单元,它将测

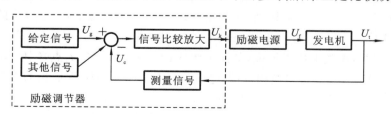

图 3-7 同步发电机励磁控制系统框图

量值同参考值进行比较,并对比较结果的差值进行放大,从而输出控制电压 U_k。这里的其他信号,是指调节器中的其他功能的作用信号,比如调差、励磁电流限制、无功限制等。图中励磁电源指可控硅整流装置。

对于一个励磁控制系统来说,电压控制就是维持发电机端电压在设定位置。为实现这一目的:首先就要设定电压给定信号 U_g,以便明确电压控制值;其次要测量发电机端电压 U_t,这里由发电机电压互感器 TV 和调节器中的测量板组成,将 U_t 变为 U_c;最后,由调节器比较给定值和测量值,当测量值小于给定值时,励磁装置增加励磁电流 I_f,使发电机端电压上升,当测量值大于给定值时,励磁装置减少励磁电流 I_f 使发电机端电压下降。

励磁调节装置按其构成可分为机电型、电磁型、半导体型和微机型四类。由于微机型励磁调节装置功能全面,灵活方便,已在电力系统中广泛应用,是当今的主流。

问题与思考

1. 同步发电机的励磁方式主要有几种?各有什么特点?

2. 简要说明发电机自并励静止励磁方式的两种启励方式。当发电机残压不足时,如何启励?

3. 试用同步发电机励磁控制系统框图,说明励磁调节装置的调节原理。

3.3　励磁系统中的可控整流电路

3.3.1　晶闸管

晶闸管又称可控硅,它由 PNPN 四层半导体构成,它有阳极、阴极和门极三个极,当晶闸管阳极电压高于阴极电压且门极有触发脉冲时,则晶闸管导通;截止是自然关断,即出现阳极电压低于阴极电压。在电路中用符号"VT"或"VS"表示(旧标准中用字母"SCR"表示)。晶闸管具有硅整流器件的特性,能在高电压、大电流条件下工作,由于其工作过程可以控制调节而被广泛应用于可控整流、交流调压、逆变及变频等电子电路中。

发电机励磁系统中,广泛采用可控硅整流电路,将交流电源转换为直流电源。本节讨论三相桥式不可控整流电路、三相桥式半控整流电路及三相桥式全控整流电路的工作过程。

3.3.2　三相桥式不可控整流电路工作原理

三相桥式不可控整流电路如图 3-8(a)所示,u_A、u_B、u_C 为三相对称电源电压,波形如图 3-8(b)所示,图中硅二极管 V1、V3、V5 构成共阴极连接,硅二极管 V4、V6、V2 构成共阳极连接。

如图 3-8(b)所示,在 $\omega t_1 \sim \omega t_2$ 区间,A 相电压最高,B 相电压最低,共阴极组的 V1 和共阳极组的 V6 导通,构成 A→V1→R→V6→B 通路,输出电压为 u_{AB}。

在 $\omega t_2 \sim \omega t_3$ 区间,A 相电压仍最高,共阴极组 V1 继续导通;在 ωt_2 点,C 相电压比 B 相电压低,则共阳极组的 V6 和 V2 自然换相,负载电流从 B 相的 V6 转移到 C 相的 V2,构成 A→V1→R→V2→C 通路,输出电压为 u_{AC}。

同理,在 $\omega t_3 \sim \omega t_4$ 区间输出电压为 u_{BC};在 $\omega t_4 \sim \omega t_5$ 区间输出电压为 u_{BA};在 $\omega t_5 \sim \omega t_6$ 区间输出电压为 u_{CA};在 $\omega t_6 \sim \omega t_7$ 区间,输出电压为 u_{CB}。

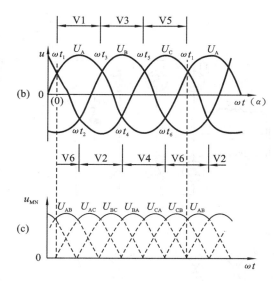

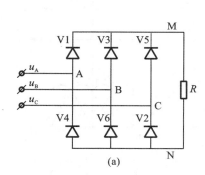

图 3-8 三相桥式不可控整流电路

(a)电路图;(b)输入相电压波形;(c)输出线电压波形

输出电压瞬时值 u_{MN} 的波形如图 3-8(c)所示。三相桥式整流电路输出电压 u_{MN} 在每个工频周期(2π)内有六个均匀波头,各相差 $60°$,负载电压是线电压波形的包络线。

3.3.3 三相桥式半控整流电路工作原理

三相桥式半控整流电路如图 3-9(a)所示,图中晶闸管 VT1、VT3、VT5 构成共阴极连接,硅二极管 V4、V6、V2 构成共阳极连接,V1 为续流二极管,L 和 R 为感性负载。

任一相可控硅 VT1、VT3、VT5 的触发脉冲应在控制角 α 为 $0 \sim 180°$ 区间发出,即 VT1 的触发脉冲在 $\omega t_1 \sim \omega t_4$ 区间发出,VT3 的触发脉冲在 $\omega t_3 \sim \omega t_6$ 区间发出,VT5 的触发脉冲在 $\omega t_5 \sim \omega t_2$ 区间发出,以便触发脉冲与可控硅的交流电源保持同步。可控硅的触发脉冲,应按 VT1、VT3、VT5 的顺序间隔 $120°$ 电角度依次发出。

图 3-9(b)为三相桥式半控整流电路,当 $\alpha = 0°$ 的输出线电压波形图,在控制角 $\alpha = 0°$ 的 ωt_1 瞬间触发 VT1,以后每隔 $120°$ 依次触发 VT3、VT5。三相桥式半控整流电路在控制角为 $0°$ 时的工况与不可控整流桥相同,负载电压是线电压波形的包络线。

如图 3-9(c)所示,在控制角 $\alpha = 30°$ 的瞬间触发 VT1,以后每隔 $120°$ 依次触发 VT3、VT5。在触发瞬间至 ωt_2 区间,VT1 的 A 相电压最高并经触发导通,V6 的阴极电位最低,故构成 A → VT1 → L、R → V6 → B 通路,输出电压为 u_{AB};在 ωt_2 点,C 相电压比 B 相电压低,则共阳极组的 V6 和 V2 自然换相,负载电流从 B 相的 V6 转移到 C 相的 V2,构成 A → TV1 → L、R → V2 → C 通路,输出电压为 u_{AC}。同理依次类推,得到输出电压为图 3-9(c)的波形。

如图 3-9(d)所示,在控制角 $\alpha = 90°$ 的瞬间触发 VT1,在触发瞬间,VT1 导通,C 相电压最低使 V2 导通,构成 A → VT1 → L、R → V2 → C 通路,输出电压为 u_{AC};在 ωt_4 时,A、C 相电压相等,输出电压为 0。由于 VT3 的触发脉冲尚未出现,故 VT1 和 VT3 不能换相,其输出电压波形为图 3-9(d)阴影部分。

触发脉冲的控制角从 0 到 $180°$ 的范围内移相时,输出电压从最大值连续降低到零。

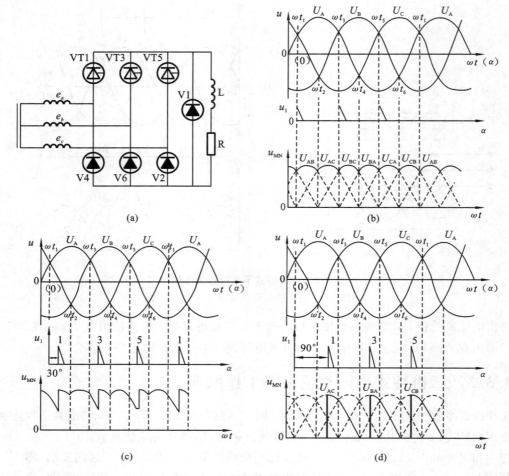

图 3-9　三相桥式半控整流电路

(a)电路图；(b)α＝0°输出线电压波形；(c)α＝30°输出线电压波形；(d)α＝90°输出线电压波形

3.3.4　三相桥式全控整流电路工作原理

三相桥式全控整流电路如图 3-10 所示，图中晶闸管 VT1、VT3、VT5 构成共阴极连接，晶闸管 VT4、VT6、VT2 构成共阳极连接。对触发脉冲触发次序要求依次为 VT1，VT2，VT3 至

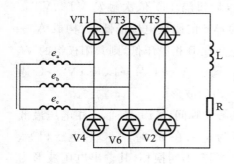

图 3-10　三相桥式全控整流电路

VT6，脉冲相隔 60°电度角。为保证后一可控硅触发导通前一可控硅处于导通状态，在触发脉冲的宽度小于 60°电度角时，应在给后一个待导通可控硅触发主脉冲的同时，也给前一个已导通可控硅以触发从脉冲，形成双触发脉冲。触发脉冲应与相应交流电源同步。

以下对不同的控制角下回路的两种工作状态进行分析。

(1)整流工作状态　当控制角 α≤90°时，将输入的交流电压转换为直流电压，如图 3-11 三相全控整流电路输出电压波形所示，图中 3-11(a)为输入相电压波形。

当 $\alpha=0°$ 时,输出电压波形与三相不可控桥式整流电路相同。

当 $\alpha=60°$ 时,各可控硅在触发脉冲作用下换相,输出电压波形如图 3-11(b)所示。

当 $60°<\alpha<90°$ 时,输出电压波形如图 3-11(c)所示,输出电压瞬时值 u_{MN} 将出现负值,这是由电感性负载产生的感应电动势维持负载电流持续流通所引起的。

当 $\alpha=90°$ 时,输出电压波形如图 3-11(d)所示,其正部分面积与负部分面积相等,输出电压平均值为 0。

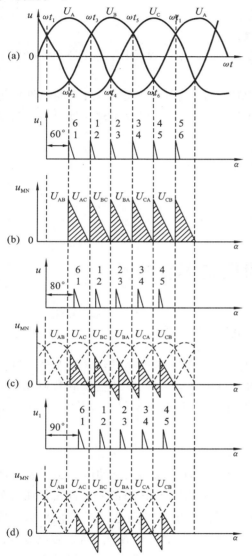

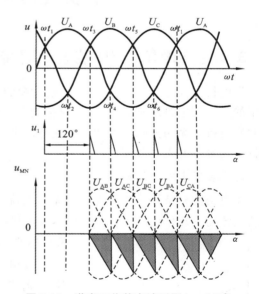

图 3-11 三相全控整流电路输出电压波形

(a)输入相电压波形;(b) $\alpha=60°$ 输出线电压波形;
(c) $\alpha=80°$ 输出线电压波形;(d) $\alpha=90°$ 输出线电压波形

图 3-12 逆变工作状态波形图($\alpha=120°$)

2. 逆变工作状态

逆变工作状态就是控制角 $\alpha>90°$ 时,输出电压平均值为负,将直流电压转换为交流电压,其实质是将负载电感 L 中储存的能量向交流电源侧倒送,使 L 中磁场能量尽快释放。图 3-12 为三相全控整流电路在 $\alpha = 120°$ 时输出的电压波形。

在 ωt_3 时刻虽然 u_{AB} 过零变负,但电感 L 上阻止电流减小的感应电动势 e_L 较大,使 $e_L - U_{AB}$ 仍为正,VT1、VT6 仍承受正向压降导通。此时 e_L 与电流 i 方向一致,直流侧发出功率,储存于磁场的能量释放出来送回到交流侧。交流侧电压瞬时值 u_{AB} 与电流 i 方向相反,交流侧吸收功率,将能量送回交流电网。

三相全控桥式整流电路工作在逆变状态,需要如下条件:

(1)负荷必须是电感性并且转子绕组已储存有能量;

(2)控制角 $180° > \alpha > 90°$,输出电压平均值为负值;

(3)由于逆变是将直流侧电感中储存的能量向交流侧倒送的过程,因而逆变时交流电压不得中断。

综上分析,三相全控桥式整流电路中,当 $0° < \alpha < 90°$ 时处于整流工作状态,改变控制角 α,可以调节发电机励磁电流;当 $90° < \alpha < 180°$ 时,电路处于逆变工作状态,可以实现对发电机的自动灭磁。

问题与思考

1.可控整流电路的作用是什么?

2.说明三相全控桥式整流电路实现逆变的条件。

3.三相全控桥电路中,当控制角 $\alpha = 90°$ 时,输出电压波形有何特点?

3.4 并列运行发电机间的无功分配

3.4.1 具有 AVR 装置的同步发电机的外特性

发电机并列运行是指在同一母线上并列运行的发电机或发电机变压器组。当调节并列运行中的一台发电机的励磁电流,不仅会改变这台机的无功功率输出,同时还会影响其他并列运行的发电机的无功分配。无功的变化与机组的外特性有关,合理调整机组的外特性,可实现并联机组间合理的无功分配。

1. 同步发电机的外特性

发电机的外特性是指发电机的无功电流 I_Q 与发电机端电压 U_G 的关系曲线。由于发电机无功电流的去磁作用,无功电流越大,发电机端电压越低。由式(3-3)做出的外特性工作曲线如

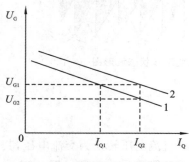

图 3-13 所示。由图可看出发电机的端电压随 I_Q 的增大而降低,当发电机的无功电流从 I_{Q1} 增大到 I_{Q2} 时,若励磁电流维持不变,则相应机端电压 U_G 从 U_{G1} 下降到 U_{G2}。如果要保持机端电压为额定值运行,即维持 U_G 不变,则应增加励磁电流,使外特性 1 向上平移至 2。同样,无功电流减小时,为保持机端以额定电压值运行,励磁电流应减小,即外特性曲线下移。

图 3-13 同步发电机的外特性

发电机外特性曲线的上、下平移可通过改变给定电压 U_{set} 实现。发电机装设 AVR 后,只要给定电压不变,AVR 调节结束后,总可使机端电压维持在给定值水平上运行。

2. 同步发电机的调差系数

为了表示直线的倾斜程度,引入调差系数 K_{tc}。调差系数是指发电机无功电流从零增加到额定值时发电机端电压的变化率。

$$K_{tc} = \frac{U_{G0} - U_{G}}{U_{GN}} \tag{3-4}$$

式中:U_{G0}——发电机的空载电压;

U_{G}——发电机带额定无功负荷时的机端电压;

U_{GN}——发电机额定电压。

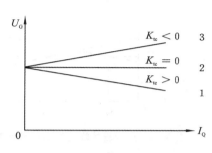

图 3-14　不同调差系数的发电机无功调节特性

由式(3-4)可见,调差系数越小,无功电流变化时的机端电压变化越小,故调差系数表征励磁系统维持发电机端电压的能力,无功调节特性也称为调差特性。

由于发电机运行需要,调差系数需要调整,不同调差系数的发电机无功调节特性如图 3-14 所示,图中直线 1 的 K_{tc} >0 称为正调差,调差特性下倾,即发电机端电压随无功电流的增大而降低;直线 3 的 K_{tc}<0 称为负调差,调差特性上扬,即发电机端电压随无功电流的增大而升高;直线 2 的 K_{tc} =0 称为无调差,发电机端电压为恒定值。

励磁系统分配并联运行的发电机无功功率时,要考虑稳定性和合理性,这就要求励磁调节器具有调差功能,一般不采用无差调节特性。

3.4.2　并联运行机组间无功功率的分配

并联运行的发电机间的无功分配可能有以下几种情况。

1. 两台或两台以上的发电机并联运行

若发电机都为无差特性,则无功分配不稳定是随机的,即机组间无功功率分配不明确,运行时会发生发电机组间乱抢无功的现象,导致机组运行不稳定。因此两台及两台以上无差特性的发电机组是不能并联运行的。

2. 一台无差特性的机组与有差特性机组的并联

设两台发电机组在公共母线上并联运行,第一台发电机为无差调节特性,如图 3-15 中曲线 1,第二台发电机为有差调节特性,且 K_{tc}>0,如图 3-15 中曲线 2。这时母线电压必定等于第一台发电机的端电压 U_{G1} 并保持不变,第二台发电机的无功电流为 I_{Q2}。如果无功负荷改变,则第一台发电机的无功电流将随之改变,而第二台发电机的无功电流维持不变,仍为 I_{Q2}。移动第二台发电机调差特性曲线 2 可以改变发电机无功负荷的分配。

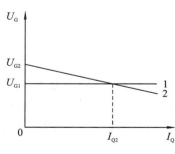

图 3-15　一台无差特性的机组与有差特性机组的并联

移动第一台发电机调差特性曲线 1,不仅可以改变母线电压,而且也可以改变第二台发电机的无功电流。

由上面的分析可知,一台无差特性的发电机可以和一台或多台正调差特性的机组在同一母线上并联运行。但由于无差特性发电机组将承担所有无功功率的变化量,无功功率的分配是不合理的,所以实际中很少采用。

3. 一台负调差特性机组和一台正调差特性机组并联运行

如图 3-16 所示,曲线 1 为第一台发电机的负调差特性,曲线 2 为第二台发电机的正调差特性,两机在同一母线上并联运行时,设并联点母线电压为 U_{G1}(见图 3-16 中虚线),两台机组相应的无功电流为 I_{Q1} 和 I_{Q2}。当系统中无功负荷变化(如增大),无功功率在两机组间发生摆动,不能稳定分配,因此不允许负调差特性机组直接参与并联运行。

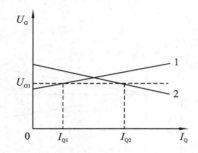

图 3-16　负调差特性的发电机参与并联运行

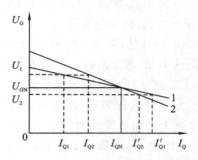

图 3-17　两台正调差特性的发电机并联运行

4. 两台正调差特性发电机并联运行

两台正调差特性的发电机在公共母线上并联运行,如图 3-17 所示,其调差特性分别为曲线 1 和曲线 2。两台发电机端电压相同,均为母线电压 U_1,负担的无功电流分别为 I_{Q1} 和 I_{Q2}。如果无功负荷增加,母线电压下降,调节器动作使新的稳定电压值为 U_2,这时发电机负担的无功电流分别为 I'_{Q1} 和 I'_{Q2},两台机组分别承担一部分增加的无功负荷,无功负荷的分配取决于各机组的调差系数。两台正调差特性机组在公共母线上并联运行时,无功负荷分配与调差系数成反比。通常要求各发电机组间的无功负荷应按机组容量分配,无功负荷增量也应按机组容量分配,在母线上并联运行的发电机具有相同的调差系数。

问题与思考

1. 什么是同步发电机的外特性?

2. 什么是同步发电机的调差系数?调差系数有哪三种?

3. 并联运行的发电机间无功功率的分配取决于什么?如何才能做到无功功率的合理分配?

3.5　同步发电机的强行励磁和灭磁

3.5.1　同步发电机的强行励磁

电力系统发生短路故障,会引起发电机的机端电压剧烈下降,此时自动装置迅速将发电机励磁电流增至最大值,称为强行励磁,简称强励。强励有助于增加电力系统的稳定性,提高带时限的过流保护动作的可靠性,在短路切除后能使电压迅速恢复,有助于改善异步电动机的自启动条件。

要使强励充分发挥作用,应满足强励顶值电压高、励磁响应速度快的基本要求,因此用两个指标来衡量强励能力,即强励倍数和励磁电压响应比。

1. 强励倍数

强励时能达到的最高输出直流电压,称为顶值电压,该电压与励磁机的额定励磁电压的比值,称为强励倍数。显然,强励倍数越大,强励效果越好,但要提高强励顶值电压,必须提高转子绕组的绝缘水平,增加励磁电源容量,从而影响机组和配套设备的造价。故强励电压倍数不能要求过高,应根据电力系统的需要和发电机结构等因素合理选择,一般取 1.6～2 倍。

2. 励磁电压响应比

励磁电压响应比又称励磁电压响应倍率,它反映励磁响应速度的大小。励磁电压响应比是指强励过程中,在第一个 0.1 s 或 0.2 s 时间间隔内测得的励磁电压平均速度变化的数值与发电机额定励磁电压的比值。

由于强励时励磁电压必须通过转子磁场才能起作用,而转子回路具有较大的时间常数,所以转子磁场的增强将滞后励磁电压的增加。

3.5.2　同步发电机的灭磁

运行着的发电机内部,发电机机端到断路器之间的引接导线等电气设备发生短路故障时,继电保护迅速动作,使发电机断路器跳闸,但此时发电机继续在转动,励磁机仍不断供给励磁电流,发电机感应电势仍然存在,继续供给短路点电流,且发电机内部短路时的短路电流远大于外部短路时的短路电流,因此,将造成发电机设备或绝缘材料等的严重损坏。因此,在发电机内部、发电机与断路器之间的电气设备上发生故障时,在跳开发电机断路器的同时,还应迅速使发电机灭磁。

灭磁就是把转子励磁绕组的磁场尽快地减弱到最小值。灭磁最简单的方法就是把励磁回路断开,但励磁绕组具有很大的电感,开关突然断开,会使转子励磁绕组两端产生很高的过电压从而引起转子绝缘损坏,另外,还会使开关由于断弧负担过重而导致触头损坏和延长灭弧过程。因此,在断开励磁回路之前,应将转子励磁绕组自动接到放电电阻或其他装置中去,使磁场中储存的能量迅速消耗掉。

对灭磁的基本要求如下。

(1)灭磁时间要短,能快速消耗磁场绕组存储的磁场能量。

(2)灭磁过程中转子过电压不应超过允许值,其值通常取额定励磁电压的 4～5 倍。

(3)灭磁后,机组剩磁电压不应超过 500V。

以下介绍几种常见的灭磁方法。

1. 恒定电阻放电灭磁

发电机正常运行时,灭磁开关 Q 处于合闸状态,灭磁开关 Q 包括一组常开触点 Q1 和常闭触点 Q2,此时励磁电源经 Q1 供给发电机转子励磁电流,Q2 断开;当发电机退出运行需要灭磁或继电保护动作通过发电机断路器联动断开灭磁开关时,灭磁开关 Q 跳开,此时 Q2 闭合,使发电机的励磁绕组经放电电阻 R_m(灭磁电阻)短接,将磁场能转换为热能,消耗于电阻;然后 Q1 断开,以防止转子励磁绕组从励磁机切换到放电电阻时由于开路而产生危险的过电压。利用 R_m 恒值电阻灭磁,由于受转子电压的限制,所以灭磁速度较慢,多用于中等容量的机组中。恒定电阻放电灭磁工作原理见图 3-18。

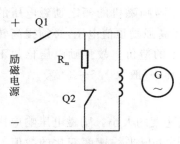

图 3-18 恒定电阻放电灭磁

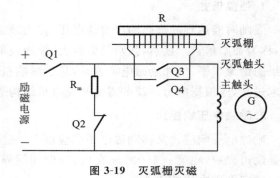

图 3-19 灭弧栅灭磁

2. 利用灭弧栅灭弧

如图 3-19 所示：发电机正常运行时，灭磁开关 Q 处于合闸状态，灭磁开关主触头和灭磁触头均闭合，励磁电源经 Q1、Q3、Q4 供给发电机转子励磁电流，Q2 断开；当发电机灭磁时，此时 Q2 先闭合，使发电机的励磁绕组接入限流电阻 R_m，然后 Q1、Q4 断开。极短时间内，Q3 也断开，期间产生电弧，电弧在专设的磁铁所产生的横向磁场的作用下，被驱入灭弧栅，并被其中的灭弧栅片切成串联的短弧，从而迅速冷却熄灭。

当转子励磁绕组的电流降低到较小的数值时，灭弧栅中电弧便不能维持，可能出现电流中断而引起电压，为了限制过电压值，灭弧栅并联了多段电阻，与小电阻并联的短弧比大电阻并联的短弧熄灭得早，实现按一定次序熄灭。适当选择电阻值，就可将过电压限制在预定值以内。

利用灭弧栅灭磁的实质是将磁场能转换为电弧能，消耗于灭弧栅片中。由于其灭弧速度快，在大、中型发电机中应用广泛。

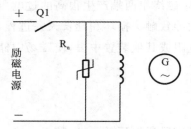

图 3-20 非线性电阻灭弧原理

3. 非线性电阻灭磁

非线性电阻灭磁系统是利用非线性电阻的伏安特性，保证灭弧过程中灭磁电压能较好地维持在一个较高水平，使电流快速衰减，达到快速灭磁的目的。作为非线性电阻的材料，我国采用氧化锌材质，其在正常电压下漏电流很小，灭磁可靠，其原理如图 3-20 所示。

正常运行时，转子端电压维持在正常水平，远没达到非线性电阻 R_n 的击穿电压，因此，R_n 阻值非常大，相当于开路。当收到灭磁指令，开关 Q1 跳开，由于转子绕组大电感的作用，R_n 端电压迅速升高，当达到 R_n 的导通电压时，R_n 阻值迅速下降至最小值，此时回路中的电流快速增大，当它与励磁电流相等时 Q1 的电弧熄灭。

由于非线性电阻的特性，灭弧速度较快，它是目前应用最广的灭磁方式。

问题与思考

1. 何谓强行励磁？强行励磁的主要作用是什么？

2. 何谓同步发电机的灭磁？对灭磁有什么基本要求？

3. 灭磁的方式主要有几种？简述各种灭磁方式的特点及应用场合。

3.6 同步发电机的数字式励磁调节器

3.6.1 数字式励磁调节器的主要特点

随着计算机技术、数字控制技术和微电子技术的飞速发展和日益成熟,同步发电机组的数字励磁调节器(又称微机式励磁调节器)已取代半导体励磁调节器。微机励磁调节器最主要的特点是用丰富的软件系统替代了模拟控制系统的调节、调整过程,界面友好通讯方便、维护工作量小、功能易于扩展,借助软件的优势,在实现复杂控制和增加辅助功能等方面具有很大的灵活性与优越性。

微机控制是把被控制对象的有关参数进行采样和模数转换,并把转换后的数字量送给微机,微机根据这些数字信息,按预定控制规律进行计算,并通过输出通道把计算结果转换成模拟量去控制被控对象,使被控量达到预期的目标。

与模拟式励磁调节器相比,数字式励磁调节器有以下优点。

1. 硬件简单,可靠性高

由于采用微处理器,简化和省略了以往调节器的操作回路、电压整定机构等硬件回路,因而降低了调节器的故障率,极大地提高了装置的可靠性。

2. 硬件易实现标准化,便于生产与更新

微机型励磁调节器的主要输入信号是发电机的电压、电流、励磁电流、励磁电压等参数,输出为报警信号、控制及触发脉冲,改变软件及输出部分就可实现不同的控制,便于标准化生产及减少调试工作量。

3. 显示直观,调节精度高,在线改变参数方便

微机型励磁调节器的信号处理、调节控制均由软件完成,调节速度快、信号处理及控制精度高,发电机的各种运行状态、参数等都可数字显示,方便监控。

4. 在不改变硬件情况下,通过软件可实现复杂的控制

微机型励磁调节器具有计算、比较、逻辑判断功能,软件的灵活性可在励磁控制中实现复杂的控制。

5. 便于与上级计算机通信

微机型励磁调节器可通过串行接口、通信总线等方式与上级计算机通信,向上传递信息并接受下行的控制命令,实现电厂的自动化实时监视与控制。

3.6.2 数字式励磁调节器的主要类型

微机励磁调节装置既能进行快速的算术运算,又能进行各种快速的逻辑运算及数据存储,还能按照人的意志,有条不紊地自动调节或限制励磁。其核心控制器主要有 16 位微机和 32 位微机两种类型,控制微机有单片机、PLC、DSP、嵌入式工控控机和通用型工控机等类型。

数字励磁调节器的硬件结构形式通常依据机组容量等级、所在电力系统的重要程度而进行选择。按通道数可分为单通道数字式励磁系统、双通道数字式励磁系统和多通道数字式励磁系统。

1. 单通道数字式励磁系统

系统中调节单元由单微机及相应的输入输出回路组成,有一个自动调节通道 AVR 和一个独立的手动调节器通道 FCR。这种形式在中小型水电站中应用较多。

2. 双通道数字式励磁系统

调节单元由两套微机为控制核心,由各自完全独立的输入输出通道构成两个自动调节通道 AVR 和内含两个或一个手动通道 FCR。正常工况下一个自动调节通道工作,另一个处于热备用状态,彼此之间用通信方式实现跟踪功能。当工作通道故障时,备用通道能够自动且无扰动地投入工作。当 2 个自动调节通道出现故障时,则可通过手动通道控制。这种双通道数字式励磁系统比较成熟,目前主要用于大中型发电机组,以确保机组的连续、可靠和稳定运行。

3. 多通道数字式励磁系统

调节单元主要是以多微机构成多个自动通道,通常是三通道,工作输出采用 3 取 2 的表决方式,多个微机间依据不同功能有不同分工,相互以通信方式总联络。这种硬件结构型式结构复杂。

3.6.3 微机型励磁调节器的工作原理

微机型励磁调节器由一个专用的微机控制系统构成,如按微机控制系统来划分,则由硬件(即电气元件)和软件(即程序)两部分组成。

1. 硬件组成

由于大规模集成电路技术日益进步,微机技术不断更新,具体的系统从单微处理器、多微处理器向分布式、网络方向发展。所以微机型励磁调节装置的硬件也随之发展,没有固定模式。但按照微机控制系统组成原则,硬件的基本配置由主机、输入/输出(I/O)接口和输入/输出过程通道等环节组成。微机励磁系统的基本结构见图 3-21。

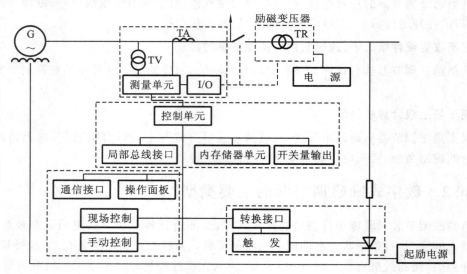

图 3-21 微机励磁系统的基本结构

1）主机

由微处理器 CPU、RAM、ROM 等器件组成主机，主机是调节器的核心部件。它根据输入通道采集来的发电机运行状态变量的数值在 CPU 中进行调节计算和逻辑判断，并将实时采样数据、控制计算过程中的一些中间数据和主程序中控制用的计数值等存放在 RAM 中，将固定数据、设计值、应用软件和系统软件等事先存放在 ROM 或 EPROM、E^2PROM 中。按照预定的程序进行信息处理，求得控制量，通过数字移相脉冲接口电路发出与控制角对应的脉冲信号，从而实现对发电机励磁电流的控制。

2）模拟量输入通道

为了维持机端电压水平和机组间无功负荷的分配，需测得发电机的运行电压 U_G、电流 I_G。有的产品还输入发电机无功功率 Q_G、有功功率 P_G 和励磁电流 I_{EF} 等，分别经过各自的变送器变成直流电压，然后按预定的顺序依次接入 A/D 转换器，将输入的模拟量转换成数字量后再输入到微机型励磁调节器主机中。

3）开关量输入/输出通道

因励磁调节器需要采集发电机运行状态信息，如断路器、灭磁开关等的状态信息，这些状态信号经转换后与数字量输入接口电路连接。励磁系统运行中异常情况的告警或保护等动作信号从接口电路输出后，驱动相应的设备，如灯光、音响等。

4）接口电路

在微机控制系统中，输入/输出通道必须由接口电路来完成两者间传递信息的任务。励磁调节器除采用通用的接口电路如并行和管理接口（中断、计数/定时）外，图所示的微机型励磁调节器中，还设置了与监控盘台连接的接口电路、专用的数字移相脉冲特殊接口。

5）脉冲输出通道

同步和数字触发控制电路是微机型励磁调节器的一个专用输出过程通道。它的作用是将 CPU 计算出来的、用数字量表示的晶闸管控制角转换成晶闸管的触发脉冲。输出的控制脉冲信号需经中间放大、末级放大后，才能触发大功率晶闸管，控制其输出电流。为了保证晶闸管按规定的顺序导通，必须有同步电压信号。

6）运行操作设备

微机型励磁调节器有一套供操作人员操作的控制设备，用于增、减励磁和监视调节器的运行。另外还有供操作人员使用的操作键盘，用于调试程序、设定参数等。

2. 软件框图

发电机的励磁调节是一个实时快速的闭环调节，它对发电机机端电压的变化有很快的响应速度，以维持机端电压在给定水平；同时，为了保证发电机的安全运行，励磁调节器还必须具有对发电机及励磁系统起保护作用的一些限制功能，如强励限制和低励限制等。

微机型励磁调节器的调节和限制，以及控制等功能，都是通过软件实现的。它不仅取代了模拟式励磁调节器中某些调节和限制电路，而且还扩充了许多模拟电路难以实现的功能，充分体现了微机型励磁调节器的优越性。

微机型励磁调节器的软件由监控程序和应用程序组成。监控程序就是微机系统软件，主要为程序的编制、调试和修改等服务。应用程序包括主程序和调节控制程序，是实现励磁调节和完成数据处理、控制计算、控制命令的发出及限制、保护等功能的程序；以及用于实现交流信号的采样及数据处理、触发脉冲的软件分相和机端电压的频率测量等功能。微机励磁调节器的软件设计主要集中在主程序和调节控制程序中。

1)主程序的流程与功能

主程序流程如图 3-22 所示。

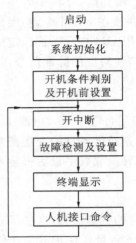

图 3-22 主程序流程

（1）系统初始化 系统初始化就是在微机励磁调节装置接通电源后、正式工作前,对主机以及开关量、模拟量输入输出等各个部分进行模式和初始状态设置,包括对中断初始化、串行口和并行口初始化等。系统初始化程序运行结束就意味着微机励磁调节装置已准备就绪,随时可以进入调节控制状态。

（2）开机条件判别及开机前设置 假定微机励磁调节装置用于水轮发电机励磁系统。首先判别是否有开机命令,若无开机命令,则检查发电机断路器的分、合状态:分,表明发电机尚未具备开机条件,程序转入开机前设置,然后重新进行开机条件判别;合,表明发电机已并入电网运行,转速在 95% 额定转速以上,程序退出开机条件判别。若有开机命令,则反复不断地查询发电机转速是否达到 95% 额定转速,一旦达到表明开机条件满足,结束开机条件判别,进入下一阶段。

开机前设置主要是将电压给定值置于空载额定位置以及将一些故障限制复位。

（3）开中断 微机励磁调节装置的调节控制程序是作为中断程序调用的,因此,主程序中"开中断"一框表示微机励磁调节装置在此将调用各种调节控制程序实现各种功能。开中断后,中断信号一出现,CPU 即中断主程序转而执行中断程序,中断程序执行完毕,返回继续执行主程序。

（4）故障检测及检测设置 微机励磁调节装置中配备了对励磁系统故障的检测及处理程序,它包括 PT 断线判别、工作电源检测、硬件检测信号、自恢复等。检测设置就是设置了一个标志,表明励磁系统已经出现了故障,以便执行故障处理程序。

（5）终端显示和人机接口命令 为了监视发电机和微机励磁调节装置的运行情况,可通过 CRT 动态地将发电机和励磁调节装置的一些状态变量显示在屏幕上。终端显示程序将需要监视的参数从计算机存储器中按一定格式送往终端 CRT 显示出来。

在调试过程中,往往需要对一些参数进行修改,为此,设计了人机接口命令程序。该程序能实现对电压偏差的比例积分微分(PID)调节参数、调差系数等在线修改。

2)调节控制程序的流程和功能

图 3-23 是调节控制程序流程图。如图 3-10 所示的可控硅全控桥式整流电路,每个交流周期内触发 6 次,对于 50 Hz 的工频励磁电源则每秒触发 300 次。为了满足这种实时性要求,中断信号每隔 60° 电角度出现一次,每次中断间隔时间约 3.3 ms。要在每个中断间隔时间内,执行完所有的调节控制计算和限制判别等程序是不可能的。因此,程序采用分时执行方式,在每个周期的 6 中断区间,分别执行不同的功能程序。这 6 个中断区间以同步信号为标志。

进入中断以后,首先压栈保护现场,将被中断的主程序断点和寄存器的内容保护起来,以便中断结束后返回到主程序断点继续运行。接下来查询是否有同步信号。同步信号是通过开关量输入、输出口读入的。若没有同步信号,则表示没有励磁电源,不执行调节控制程序,退出中断。若有同步信号,则查询是否有机组故障信号。因为机组故障是紧急事件,必须马上处理,一旦查询到机组故障信号便转入逆变灭磁程序。若机组正常无故障,且发电机断路器在分开状态(即机组空载运行),则检查空载逆变条件是否满足。

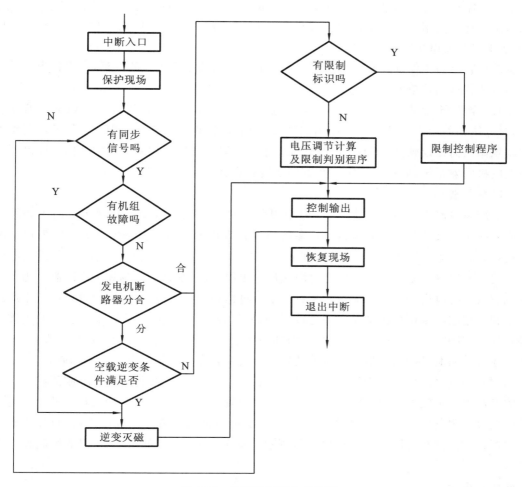

图 3-23 调节控制程序流程图

空载逆变条件有三个：

(1)有停机命令；

(2)发电机机端电压大于130%额定电压；

(3)发电机频率低于45 Hz。

只要其中一个条件成立,则转入逆变灭磁程序。如果发电机处于闭合状态(即机组并网运行),或空载运行而不需逆变灭磁,则转入调节计算程序或限制控制程序。

在执行调节计算程序或限制程序之前,首先检查是否有限制标志。限制标志包括强励限制标志、过励限制标志和欠励限制标志。若有限制标志,即转入限制控制程序；若无,则转入正常调节计算及限制判别程序。

执行电压调节计算程序或限制程序后,就得出可控硅的控制角和应触发的桥臂号。"控制输出"将输出到同步和数字触发控制电路,生成可控硅的触发脉冲。然后恢复现场,退出中断,回到主程序。

3)电压调节计算

电压调节计算流程包括采样程序、调差计算程序和对电压偏差的比例调节等。

采样控制程序的作用是将各种变送器送来的电气量经 A/D 转换成微机能识别的数字量，供电压调节计算使用。被采集的量有发电机电压、有功功率、电感性无功功率、电容性无功功率、转子电流和发电机电压给定值。

调差计算是为了保证并联运行机组间合理分配无功功率而进行的计算，作用相当于模拟式励磁调节装置的调差单元。

在硬件配置不变的情况下，数字式励磁调节装置采用不同的算法就可实现不同的控制规律，如对电压偏差的比例（P）调节、比例积分（PI）调节、比例积分微分（PID）调节等。实现不同的控制规律只需修改软件，而不需修改硬件。这样可以很方便地用同一套硬件构成满足不同要求的发电机励磁系统，体现了数字式励磁调节装置具有的灵活性。

4）限制判别程序

为了减少电网事故造成的损失，一般希望事故时发电机尽量保持并网运行而不要轻易解列。而电网事故又往往造成发电机运行参数超过允许范围。为了保证电网事故时发电机尽量不解列，而又不危及发电机安全运行，容量在 100 MW 以上的发电机一般应设置励磁电流限制。为此目的设置的限制包括强励定时限或反时限限制、过励延时限制和欠励限制。为了防止发电机空载运行时由于励磁电流过大导致发电机过饱和而引起过热，还应设置发电机空载最大磁通限制。这些限制用模拟电路实现比较困难，所以，在模拟式励磁系统中一般不设置或只设置必要的一两种。在微机励磁系统中，只增加一些应用程序，不增加或很少增加硬设备，就可以实现上述各种限制，因此，微机励磁调节装置都配置有较完善的励磁电流限制功能。

限制判别程序的作用是判别发电机是否运行到了应该对励磁电流进行限制的状态。当被限制的参数超过限制值时，持续一定时间后，程序设置某种限制标志，表明发电机的某一运行参数已经超过了限制值，应该进行限制了。在下一次中断进入调节控制程序之前，首先检查是否有限制标识：有，则执行限制控制程序；无，则执行调节计算程序，如图 3-23 调节控制程序流程图所示。

问题与思考

1. 微机型励磁调节器与模拟励磁调节器相比有何优点？

2. 微机型励磁调节器有哪些主要组成部分？各部分有何作用？

3. 微机型励磁调节器有哪些主要输入量？引入各量有何作用？

技能训练 3　同步发电机微机励磁调节装置操作实验

一、实验目的

（1）加深理解同步发电机励磁调节原理和励磁控制系统的基本任务。

（2）了解微机型励磁调节器的基本控制方式。

（3）了解电力系统稳定器的作用，观察强励作用及其对稳定的影响。

（4）掌握微机励磁调节器的基本使用方法。

二、实验原理

同步发电机的励磁系统由励磁功率单元和励磁调节器两部分组成,它们和同步发电机结合在一起就构成一个闭环反馈控制系统,称为励磁控制系统。励磁控制系统的基本任务如下:①根据发电机负荷的变化相应的调节励磁电流,以维持机端电压为给定值;②控制并列运行各发电机间无功功率分配;③提高发电机并列运行的静态稳定性;④提高发电机并列运行的暂态稳定性;⑤在发电机内部出现故障时,进行灭磁,以减小故障损失程度;⑥根据运行要求对发电机实行最大励磁限制及最小励磁限制。

三、实验内容及方法

1. 控制方式及其相互切换

本实验装置的微机励磁调节器"方式选择"中具有恒电压、恒励流、恒 $\cos\varphi$、恒控制角和恒无功运行五种方式。断路器分闸后,均自动切换为恒压运行。以上五种控制方式各有特点,通过实验可以总结体会。

2. 同步发电机的"起励"实验

本微机发电机保护实验装置的微机励磁调节装置为触摸屏式微机励磁调节装置,操作简单明了,功能强大。

本实验装置的发电机组起励方式为设定电压起励,是指电压设定值由运行人员手动设定,起励后的发电机电压稳定在手动设定的电压水平上。

(1)合上监控主站上的漏电断路器,把"转换开关"打到"0"位,然后合上微机发电机保护实验装置的"电源开关",发电机风机启动,检查实验装置上各开关状态:绿色停止按钮亮,红色启动按钮不亮。再按下"启动"按钮,启动各装置和各仪表。

(2)微机励磁调节装置启动后,手动点击"主画面",进入主界面。将微机励磁调节器的机端电压给定值设置到 $90\%U_N$,其方法如下:先点击触摸屏上的"用户登录"—"密码输入"输入"1111"—"ENT"—"返回主页",再点击"参数设定"—"确认"—"调节参数"—"常规参数"—"起励 PT 电压"设置为"90V"(其 PT 额定值为 100 V),初始设置通常为 $90\%U_N$。

(3)设置直流电动机微机调速装置的给定电枢电压 200 V(根据直流电动机的额定电压整定)。按下"运行/停止"按键 $1\sim2$ s,至运行灯亮,发电机慢慢转起来,电枢电压至给定电压值,此时微机励磁自动调节装置上显示转速为 1300 r/min 左右,机端电压显示 6 V 左右,把发电机组转速调到 1400 r/min 左右,按下"起励开关"按钮,机端电压升至给定机端电压值。

四、写实验总结要求

励磁装置是同步发电机运行的重要设备,担负着电力系统的稳定的重要作用。随着数字技术的日益发展,以及电力系统发展的逐步加快,对励磁控制系统的要求也相应提高,微机励磁必然成为今后的发展趋势。写实验总结的时候,学生需要深刻地理解同步发电机励磁调节原理和励磁控制系统的基本任务,特别是微机励磁调节器的基本使用方法以及励磁调节器的作用。

模块 3 自 测 题

一、填空题

1. 发电机励磁调节系统通常由两部分组成:第一部分是_____;第二部分是_____。

2. 发电机并入系统运行时,它输出的有功功率取决于从_____输入的功率,而发电机输出的无功功率大小则和_____的调节有关。

3. 发电机自并励静止励磁方式有_____启励和_____启励两种方式。

4. 三相全控桥式整流电路中,当_____时处于整流工作状态,改变控制角 α 可以调节发电机励磁电流;当_____时,电路处于逆变工作状态,可以实现对发电机的自动灭磁。

5. 发电机的外特性是指发电机的_____与_____的关系曲线。

6. 发电机调差系数 $K_{tc}<0$,称为_____调差,调差特性_____,即发电机端电压随无功电流的增大而_____。

7. 灭磁就是把_____的磁场尽快地减弱到最小值。为避免开关由于断弧负担过重而导致触头损坏和延长灭弧过程,在断开励磁回路之前,应将转子励磁绕组自动接到放电电阻或其他装置中去,使_____迅速消耗掉。

8. 电力系统发生短路故障,会引起发电机的机端电压剧烈下降,此时自动装置迅速将发电机励磁电流增至最大值,称为_____。

二、选择题

1. 对单独运行的同步发电机,励磁调节的作用是( )
   A. 保持机端电压恒定
   B. 调节发电机发出的无功功率
   C. 保持机端电压恒定和调节发电机发出的无功功率
   D. 调节发电机发出的有功电流

2. 对与系统并联运行的同步发电机,励磁调节的作用是( )
   A. 保持机端电压恒定
   B. 调节发电机发出的无功功率
   C. 调节机端电压和发电机发出的无功功率
   D. 调节发电机发出的有功电流

3. 同步发电机励磁自动调节的作用不包括( )。
   A. 电力系统正常运行时,维持发电机或系统的某点电压水平
   B. 合理分配机组间的无功负荷
   C. 合理分配机组间的有功负荷
   D. 提高系统的动态稳定

4. 并列运行的发电机装上自动励磁调节器后,能稳定分配机组间的( )。
   A. 无功负荷   B. 有功负荷   C. 负荷   D. 负荷的变化量

5. 同步发电机励磁调节装置不包括( )。
   A. 自动励磁调节器   B. 强行励磁装置   C. 自动准同期装置   D. 自动灭磁装置

6. 按电压偏差的比例调节实际上是一个以电压为调节量的( )控制系统。当机端电压

上升时,调节器控制励磁功率单元,输出励磁电流( ),使机端电压( );反之,则( )励磁电流,使机端电压( )。

    A. 正反馈   B. 闭环   C. 负反馈   D. 开环

    E. 增大   F. 减小   G. 下降   H. 升高

  7. 三相全控桥式整流电路的工作状态( )。

    A. 只有整流状态   B. 只有逆变状态

    C. 可以有整流和逆变两种状态   D. 只有灭磁状态

  8. 三相全控桥式整流电路,在 $90° < \alpha < 180°$ 时,工作在( )状态。

    A. 逆变   B. 整流

    C. 交流变直流   D. 为发电机提供励磁电流

  9. 三相全控桥式整流电路,在 $0° < \alpha < 90°$ 时,工作在( )状态。

    A. 逆变   B. 整流

    C. 直流变交流   D. 对发电机进行灭磁

  10. 要使无功负荷按机组容量分配,并联运行的发电机的调差系数应为( )。

    A. 正调差   B. 负调差   C. 无差   D. 正调差且相等

  11. 励磁系统中,强励倍数越大,强励效果( )。

    A. 越差   B. 越好   C. 基本不变   D. 不一定好

三、问答题

  1. 同步发电机自动励磁调节的作用是什么?

  2. 对自动调节励磁系统的基本要求有哪些?

  3. 同步发电机常见的励磁方式有哪几种?各有何特点?

  4. 励磁系统中可控整流电路的作用是什么?

  5. 并列运行的发电机如何调节无功?

  6. 何谓强行励磁?强行励磁的作用是什么?衡量强行励磁性能的指标是什么?

  7. 何谓灭磁?发电机为什么要灭磁?试将各灭磁方法加以比较。

  8. 何谓发电机的外特性?

  9. 在励磁调节器中为什么要设置调差单元?

  10. 说明并联运行的发电机间无功负荷分配与调差系数的关系。

  11. 微机型励磁调节器主要由哪两部分构成?说明各部分的组成及作用。

模块 4

输电线路自动重合闸装置

学习导论

当前,电力系统已发展成为供电区域广、装机容量大、电压等级高,系统结构日趋复杂的现代电力系统。系统出现问题的可能性比以往有所增加,因此,必须有足够的措施保障系统的安全,将电力系统出现故障时所造成的损失减到最低,继电保护技术是各种安全措施保护功能中最为重要的一种。高压输电线路自动重合闸装置作为电力系统继电保护装置的重要组成部分,它在保证系统安全、稳定和经济运行等方面起着非常重要的作用。

在电力系统的各构成元件中,线路作为覆盖面积最大,工作条件最恶劣的元件,受各种各样自然条件的影响,其故障发生率是各个电力设备中最高的,电力系统的运行资料统计和运行经验表明,输电线路发生的故障大都是瞬时性的,当断路器跳闸后,若由运行人员手动进行重合,停电时间过长,用户电动机多数已经停转,重合闸的效果不显著。如果采用自动重合闸,输电线路自动重合闸的动作成功率相当高,经济效益非常可观,自动重合闸对于提高瞬时性故障时供电的连续性、双侧电源线路系统并列运行时的稳定性,以及纠正由于断路器或继电保护误动作引起的误跳闸,都发挥了巨大的作用。

我国自动重合闸的发展历史随着 20 世纪五六十年代电子技术的发展,出现了最早的第一代重合闸装置,即晶体管型的重合闸。我国在单相自动重合闸方面的研究和实际应用起步都较早,1960 年,东北电网在 220 kV 阜锦线上第一次采用了单相重合闸。由于它是连接阜新市和锦州市两个地区的唯一主电源,每次跳闸都造成了较大影响和损失。随着阜锦线的单相自动重合闸投入后,每年不止发生一次单相接地故障,单相重合闸 100% 成功。1963 年,东北电网进行了阜(新)鞍(山)营(口)220 kV 环网的继电保护与重合闸改造工程,在设计过程中,推广采用了单相重合闸,还设计采用了非故障线电流突变量元件作为单相重合闸过程中的后加速元件。阜(新)鞍(山)营(口)220 kV 环网的继电保护与重合闸的成功改造,取得了预期的运行效果。自此,单相重合闸得到了迅速的推广。

国外自动重合闸的发展历史在欧洲,单相重合闸很早就开始得到了广泛应用。西欧及北欧电网的联网电压为 420 kV 及 245 kV,其特点是变电所密集,420 kV 线路的平均长度为 80 km,245 kV 线路的平均长度是 40 km,最多发生的故障是单相接地故障。因此,极为期望保持线路在运行中,尽力降低网络传送容量不可用率。因此,在早期,当断路器与继电保护装置提供了条件时,就选择了单相重合闸。自 20 世纪 50 年代到 60 年代中期,在各自系统内部已形成了 150 kV 与 220 kV 联网,随后顺利地在 420 kV 线路上采用了单相重合闸,在北美,最普遍采用的各级电压线路自动重合闸方式是快速三相重合闸。

20 世纪 90 年代中期至今,伴随着计算机技术的飞速发展,高压微机线路保护装置在我国的电网中得到了应用和推广,第二代重合闸装置,即微机型重合闸装置也随之在高压输电线路中得到了广泛的应用。随着高压微机线路保护的不断成熟与完善,微机型重合闸装置也在不断地改进与完善。尤其自适应自动重合闸的研究得到很快的发展,相信不久将来,自适应自动重合闸必将取代当前的自动重合闸。

学习目标

1. 了解自动重合闸装置的作用,理解自动重合闸装置基本要求。

2. 掌握三相一次重合闸的概念和构成,能根据电气式三相一次重合闸装置的工作原理,了解其参数整定原则。

3.理解双侧电源线路三相一次重合闸要考虑的特殊问题,掌握双侧电源线路不同重合闸方式的定义及适用条件。学会分析分析检定无压和检定同期的三相自动重合闸的工作原理。

4.掌握自动重合闸前加速和自动重合闸后加速的定义、特点、应用。

5.了解综合自动重合闸装置。

6.掌握操作输电线路自动重合闸装置的技能。

4.1 输电线路自动重合闸装置的作用及分类

4.1.1 输电线路自动重合闸装置(简称 ARD)的作用

在电力系统中,输电线路,特别是架空线路最容易发生故障,因此,必须设法提高输电线路供电的可靠性。而自动重合闸装置正是提高输电线路供电可靠性的有力工具。

输电线路的故障按其性质可分为瞬时性故障和永久性故障两种,瞬时性故障主要由雷电引起的绝缘子表面闪络、线路对树枝放电、大风引起的短时碰线、通过鸟类身体的放电等原因引起的短路。这类故障由继电保护动作断开电源后,故障点的电弧会自行熄灭、绝缘强度重新恢复,故障自行消除,此时,若重新合上线路断路器,就能恢复正常供电。而永久性故障,如倒杆、断线、绝缘子击穿或损坏等,在故障线路电源被断开之后,故障点的绝缘强度不能恢复,故障仍然存在,即使重新合上断路器,又要被继电保护装置再次断开。

运行经验表明,输电线路的故障大多是瞬时性故障,占总故障次数的 90% 以上。因此,若线路因故障被断开之后进行一次重合,其成功恢复供电的可能性是相当大的。效益也是很可观的,而自动重合闸装置就是将非正常操作而跳开的断路器重新自动投入的一种自动装置,简称 ARD。显然采用自动重合闸装置后,如果线路发生瞬时性故障时,保护动作切除故障后,重合闸动作能够成功,恢复线路的供电;如果线路发生永久性故障时,重合闸动作后,继电保护再次动作,使断路器跳闸,重合不成功。根据多年来运行资料的统计,输电线路 ARD 的动作成功率(重合闸成功的次数/总的重合次数)一般可达 60%~90%。可见采用自动重合闸装置来提高供电可靠性的效果是很明显的。

输电线路采用自动重合闸装置的作用可归纳如下。

(1)提高输电线路供电可靠性,减少因瞬时行故障停电造成的损失,对单侧电源的供电线路尤其显著。

(2)对于双侧供电的高压线路,可以提高电力系统并列运行的稳定性,从而提高输电线路的传输容量。

(3)可纠正断路器本身机构不良、继电保护误动作以及运行人员误碰引起的误跳闸。

(4)自动重合闸与继电保护相配合,在很多情况下可以加速切除故障。

但是,采用自动重合闸装置后,尤其重合于永久性故障时,给系统带来不利影响,主要表现在以下两个方面。

(1)使电力系统再一次受到故障的冲击,对电力系统稳定运行不利,可能会引起电力系统的振荡。

(2)使断路器工作条件恶化,因为在很短时间内断路器要连续两次切断短路电流。为避免

ARD 带来的不利影响,应该判别出故障是瞬时性的还是永久性的。如果是瞬时性故障,ARD 应动作;如果是永久性故障,ARD 不应动作。然而,目前运行中的 ARD 均不具有这一功能。

由于输电线路的故障大多数是瞬时性的,同时 ARD 是保证电力系统安全运行、可靠供电、提高电力系统稳定性的一项有效措施,并且具有投资很低、工作可靠等优点,因此在输电线路上 ARD 获得了极为广泛的应用。继电保护和安全自动装置技术规程 GB/T 14285—2006 规定,对 3 kV 及以上的架空线路及电缆与架空混合线路,当具有断路器时,如用电设备允许且无备用电源自动投入时,应装设自动重合闸装置;旁路断路器和兼作旁路的母联断路器,应装设自动重合闸装置;必要时,母线故障可采用母线自动重合闸装置。ARD 主要用于架空线路,对于电缆线路,由于其故障概率较小,即使发生故障,往往是绝缘遭受永久性破坏,所以不采用自动重合闸。

4.1.2 输电线路自动重合闸装置的基本要求

(1)自动重合闸装置应动作迅速,即在满足故障点去游离(介质绝缘强度恢复)所需的时间和断路器消弧室及其传动机构做好再次动作所需时间的条件下,ARD 动作时间应尽可能短。因为从断路器断开到 ARD 发出合闸脉冲时间越短,用户停电时间就可以相应缩短,从而减轻故障对用户和系统带来的不良影响。

(2)在下列情况下,重合闸装置不应动作。

①由值班人员手动操作或通过遥控装置将断路器断开时。

②手动投入断路器,若线路上有故障,而随即被继电保护断开时。因为此时,可能是由于检修质量不合格、隐患未消除或保安接地线未拆除等原因所形成的永久性故障,因此再重合一次也不可能成功。

(3)除上述两种情况外,当断路器由继电保护动作或其他原因跳闸后,重合闸均应动作。

(4)在任何情况下(包括装置元件损坏以及 ARD 输出触点粘住或卡住),ARD 的动作次数应符合预先的规定,如一次 ARD 应该只动作一次。当重合到永久性故障断路器再次跳闸时,ARD 就不应再次重合。这是因为,当 ARD 多次重合到永久性故障时,会使系统多次遭受冲击,损坏断路器,造成事故扩大。

(5)自动重合闸装置应能在重合闸动作后或重合闸动作前,加速继电保护的动作。ARD 与继电保护配合可以加速故障的切除,此时应注意在进行三相重合时,断路器三相不同时合闸会产生零序电流,应采取措施防止零序电流保护误动作。

在高压电网中使用的基本上是一次式 ARD;只有在 110 kV 及以下单侧电源线路中断路器断流容量允许时,才有可能采用二次式 ARD,如用在无经常值班人员变电站引出的无遥控的单回线上,或给重要负荷供电且无备用电源的单回线上。

(6)自动重合闸装置动作后,应能自动复归,准备好下一次再动作。对 10 kV 及以下电压的线路,如当地有值班人员,为简化重合闸的实现,可以采用手动复归。采用手动复归的缺点是,当重合闸动作后,在值班人员未及时复归以前若又一次发生故障,则 ARD 将拒动。这种情况在雷雨季节和雷害活动较多的地方尤其可能发生。

(7)自动重合闸应能自动闭锁。当母线差动保护或按频率自动减负荷装置动作时,以及当断路器处于不正常状态,如操作机构中使用的气压和液压降低等而不允许实现重合闸时,应将 ARD 闭锁。

(8)自动重合闸应优先采用由控制开关位置与断路器位置的不对应原则来启动,即当断路器控制开关在合闸位置而断路器实际上在断开位置的情况下,使重合闸启动(简称不对应启动方式)。除此之外,也可以由继电保护来启动重合闸(简称保护启动方式)前者的优点是可以使因"误碰"跳闸的断路器迅速重合上,而后者却只能在保护动作的情况下才启动 ARD,所以不能纠正由"误碰"引起的断路器跳闸。

(9)在双侧电源线路实现重合闸时,应考虑合闸时两侧电源间的同步问题。

4.1.3　输电线路自动重合闸装置的分类

自动重合闸装置的类型很多,根据不同特征,通常可分为如下几类。

(1)按重合闸动作次数,可分为一次重合闸和二次重合闸。

(2)按作用于断路器的方式,可分为三相重合闸、单相重合闸和综合重合闸。

(3)按运用的线路结构,分为单侧电源线路重合闸和双侧电源线路重合闸,双侧电源线路重合闸可分为检无压和检同期重合闸、解列重合闸和自同期重合闸等。

(4)按重合闸的实现方法,可分为电气式、晶体管式及集成电路式的重合闸装置实现重合闸。中、低压线路微机保护测控装置中用重合闸程序实现重合闸,高压线路成套微机保护装置中用重合闸插件实现重合闸等。

本章重点介绍单侧电源线路的电气式三相一次自动重合闸装置,并在此基础上介绍双侧电源线路的三相一次自动重合闸方式。

问题与思考

1. 何谓自动重合闸? 输电线路装自动重合闸有何优点?

2. 重合闸装置的基本要求是什么?

3. 什么情况下重合闸装置不应动作?

4. 重合闸装置主要有哪些类型?

4.2　单侧电源线路三相一次自动重合闸

单侧电源线路只有一侧电源供电,不存在非同步重合的问题,重合闸装于线路的送电侧。

在我国的电力系统中,单侧电源线路广泛采用三相一次自动重合闸。所谓三相一次自动重合闸是指无论线路上发生的是相间短路还是接地短路,继电保护装置动作都将三相断路器一起跳开,之后重合闸启动将三相断路器再一起合上。若故障为瞬时性故障,则重合成功;若为永久性故障,保护再次动作跳开三相断路器,ARD 不再重合。

4.2.1　三相一次自动重合闸装置的构成

通常三相一次自动重合闸装置由重合闸启动回路、重合闸时间元件、一次合闸脉冲元件及执行元件四部分组成。重合闸启动回路是用以启动重合闸时间元件的回路,一般按控制开关与断路器位置不对应原理启动;重合闸时间元件是用来保证断路器断开之后,故障点有足够的去游离时间和断路器操作机构复归所需的时间,以使重合闸成功;一次合闸脉冲元件用以保证重合闸装置只重合一次,通常利用电容放电来获得重合闸脉冲;执行元件用来将重合闸动作信号送至合闸回路和信号回路、使断路器重合闸及发出重合闸动作信号。

4.2.2 电气式三相一次自动重合闸装置

1. 电气式三相自动重合闸装置接线图

图 4-1 所示为某 110 kV 线路的控制回路,重合闸采用不对应启动方式。图中 PT、T、TD、PC、C、DC 对应的虚线分别表示控制开关 SA 的预跳、跳闸、跳闸后、预合、合闸、合闸后六个位置。图 4-1 中虚线框内为电气式三相一次自动重合闸装置的原理接线。该重合闸装置由下列元件组成,时间继电器 1KT、带有电流自保持线圈的重合闸继电器 KRC、充电电阻 R6、放电电

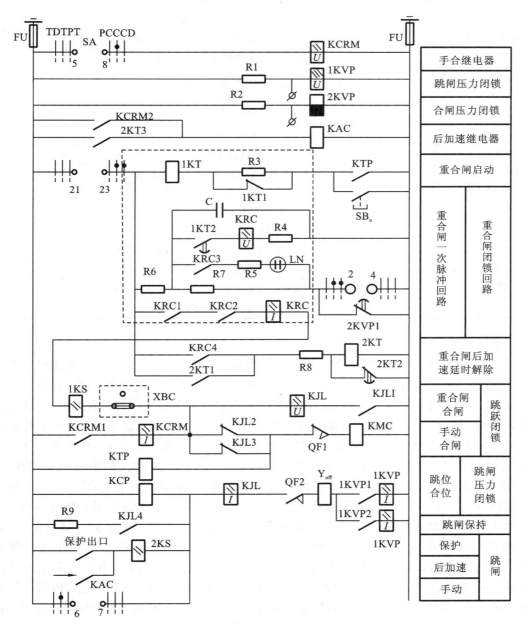

图 4-1 电气式三相一次自动重合闸原理接线图

阻 R7、电容 C、氖灯 LN 等组成。图 4-1 中其他继电器的名称如表 4-1 所示。KTP 跳闸位置继电器,用于反映断路器的跳闸位置,断路器跳闸后,由于断路器的辅助常闭触点接通,KTP 动作。因 KTP 线圈阻抗足够大,合闸接触器 KMC 虽经 KTP 通电,但电流小,不会动作。KJL 防跳继电器,是用于防止因 KRC 的触点粘住或卡住时引起断路器多次重合于永久性故障线路。KAC 是后加速保护动作的中间继电器,它具有瞬时动作、延时返回的触点 KAC,用于实现重合闸或手动合闸的后加速保护动作。另外,SBte 是重合闸的试验按钮,SA 表示控制开关。

表 4-1　图 4-1 中继电器的名称和作用

代号	名称(作用)
SA	手动操作的控制开关
KCRM(U)	手动合闸继电器(电压启动线圈)
1KVP(U)	跳闸压力闭锁继电器(电压启动线圈)
2KVP	合闸压力闭锁继电器
KAC	后加速继电器
2KT	后加速复归时间继电器
1KS	后加速动作信号继电器
KJL(U)	断路器跳跃闭锁继电器(电压启动线圈)
KCRM(I)	手动合闸继电器(电流保持线圈)
KMC	断路器合闸接触器
KTP	断路器跳闸位置继电器
KCP	断路器合闸位置继电器
KJL(I)	断路器跳跃闭锁继电器(电流启动线圈)
YT	断路器跳闸线圈
1KVP(I)	跳闸压力闭锁继电气(电流保持线圈)
2KS	跳闸信号继电器

2. 接线特点

(1)采用控制开关 SA 与断路器位置不对应的启动方式,其优点是断路器因任何意外原因跳闸时,都能进行自动重合,即使误碰引起的跳闸也能自动重合,所以这种启动方式更可靠。

(2)利用电容器 C 放电来获得重合闸脉冲。电容器 C 的充放电回路具有充电慢、放电快的特点。图 4-2 画出了输电线路发生瞬时性故障、永久性故障和闭锁重合闸装置动作时电容 C 上电压的变化曲线。设在 a 点时刻输电线路发生了瞬时性故障,至 b 点在继电保护作用下断路器跳闸(t_1 为保护动作时间与断路器跳闸时间之和),c 点 KT2 触点闭合、KRC 继电器动作,d 点(d 点要在 e 点前)KCR1、KCR2 触点闭合,f 点断路器合闸,而后 c 上电压沿用发 $fghi$ 曲线充电(充满电需要 15~25 s);如故障为永久性,则重合闸动作后由后加速保护将断路器跳闸(t_1' 为后加速保护动作时间与断路器跳闸时间之和),此时电容 C 上电压处 g 点位置数值,到 h 点 KT2 触点又闭合,电容上电荷沿 hj 曲线放电,其上电压不再上升;如果在 a 点闭锁重合闸装置作动,则 c 上电荷沿虚线 3 很快放掉。由电容 C 上电压变化曲线可知,采用电容放电来获得重合闸脉冲的方式,既能保证 ARD 动作后自动复归,也能有效地保证 ARD 在规定时间内只发一次重合闸脉冲,而且接通电容器 C 的放电回路就可闭锁 ARD,故利用电容放电原理构成的重合闸具有工作可靠、控制容易、接线简单的优点,因而应用很普遍。

(3)断路器合闸可靠,因为在断路器合闸回路中设 KCR(I)电流自保持线圈,所以只有当断路器可靠合上,辅助动断触点 QF1 断开后,KCR 才返回,合闸脉冲才消失,故断路器能可靠合闸。

(4)装置中设有加速继电器 KAC,保证了手动合闸于故障线路或重合于故障线路时,快速切除故障。

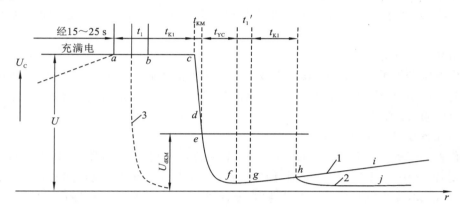

图 4-2 电容器 C 上电压变化曲线

1—线路瞬时性故障;2—线路永久性故障;3—闭锁装置动作

3. 工作原理

1)线路正常运行时

控制开关 SA 和断路器处在对应的合闸状态。SA 的触点 21-23 接通、2-4 断开;断路器的辅助常闭触点 QF1 断开,辅助常开触点 QF2 闭合,KTP 线圈处于失电状态,其常开触点 KTP 断开。电容 C 经 R6 充满电(从零到充满电需 15～25 s),电容器两端电压等于直流电源电压。重合闸装置处于准备动作状态。用来监视重合闸继电器 KRC 电压线圈完好的氖灯 LN 亮。

2)当线路发生瞬时性故障时

线路发生瞬时性故障,保护动作,断路器跳闸,但控制开关 SA 仍在合闸后位置,和断路器位置处于不对应状态。

继电保护动作使断路器跳闸,断路器跳闸后,其辅助常闭触点 QF1 闭合,KTP 线圈通电,常开触点 KTP 闭合,启动时间继电器 1KT,其瞬动触点 1KT1 断开,接通电阻 R3,以保证 1KT 线圈的热稳定;1KT 经整定的延时后,延时触点 1KT2 闭合,接通电容 C 对重合闸继电器 KRC(U)电压线圈放电,从而使 KRC 动作,其四对常开触点 KRC1、KRC2、KRC3、KRC4 均闭合;KRC4 触点与 2KT1 触点并联,起电压自保持作用,控制回路正电源经 KRC1、KRC2 触点和KRC(I)电流自保持线圈、1KS 线圈、KJL2 与 KJL3 并联的常闭触点加到合闸接触器 KMC 上,断路器自动合闸。

合闸成功后,断路器的辅助触点进行切换,KTP 线圈失电,1KT 复归,经 15～25 s 时间电容 C 又重新充满电,准备好下一次动作。当断路器由于其他原因而误跳闸时,重合闸的动作情况与线路发生瞬时故障的过程相同。

3)线路上发生永久性故障时

自动重合闸装置的动作过程与瞬时性故障相同。但在断路器重合以后,因故障并未消除,继电保护再次动作,使断路器跳闸,1KT 再次启动,1KT2 触点闭合,电容 C 向 KRC(U)电压线圈放电的回路又接通,但由于电容 C 充电的时间短,电压低于 KRC(U) 动作电压,不能使 KRC 动作,因此断路器不会重合。由于 1KT2 的触点一直闭合,电容 C 与 KRC(U) 的电压线圈(包括附加电阻 $R4$)并联后,与 $R6$ 形成串联,电容 C 上的电压为 KRC(U) 和 $R4$ 的压降。由于设计时让 $R6$(几兆欧)的阻值远远大于 KRC(U)(几千欧)和 $R4$,所以电容 C 上的电压很低,不能使 KRC(U) 启动,无论时间多长,电容 C 上的电压也不会再升高,从而保证了自动重合闸只动作一次。

4)手动操作跳闸时

在操作控制开关手动跳闸时,其触点 21-23 在跳闸和跳闸后都是断开的,可靠地切断了重合闸回路的正电源,重合闸不可能动作。与此同时,触点 2-4 在跳闸后是闭合的,电容 C 上的电荷通过放电电阻 $R7$ 释放掉。

5)手动操作合闸于故障线路时

在操作控制开关 SA 手动合闸时,其触点 5-8 闭合,手动合闸继电器 KCRM(U) 动作,两对常开触点闭合,其中 KCRM1 闭合后通过其电流自保持线圈和防跳继电器的两对并联的常闭触点 KJL2 和 KJL3,使合闸接触器 KMC 通电,断路器合上。KCRM2 触点闭合启动了后加速继电器 KAC 加速保护,使断路器无延时跳闸。

此时电容 C 虽通过触点 21-23 经 $R6$ 充电,由于充电时间很短,电容 C 的电压很低(充满电需经 $15\sim25$ s),不能使 KRC 继电器动作,从而保证手动合闸于故障线路上时,重合闸不动作。

6)当闭锁重合闸的装置动作时

如母线差动保护、自动按频率减负荷装置等动作时,不应该进行重合闸。由相应的闭锁重合闸的触点(与 SA 触点 2-4 并联)接通电容 C 的放电回路,将电容 C 上的电荷放掉,保证了重合闸装置不动作。

7)断路器液压、气压降低到不允许的程度时

当断路器操作机构的气(液)压降低到不允许合闸的压力时,应闭锁重合闸;当气(液)压降低到不允许跳闸的压力时,应闭锁跳闸回路。若断路器操作机构的气(液)压降低到不允许合闸的压力,则并接在 2KVP 线圈上的合闸压力触点闭合(动断触点),使 2KVP 失磁,通过 2KVP1 触点接通了电容 C 的放电回路,闭锁了重合闸。同样,若断路器操作机构的气(液)压降低到不允许跳闸的压力,则并接在 1KVP 线圈上的跳闸压力触点(动断触点)闭合,使 1KVP 失磁,1KVP1 和 1KVP2 触点断开,闭锁了跳闸回路。

应当指出,2KVP 的延时返回特性保证了重合闸过程中压力的瞬时降低对重合闸不起作用。串接在断路器跳闸回路中的 1KVP 电流保持线圈,保证了在跳闸过程中压力的降低对跳闸不起作用。

8)防止多次重合于永久性故障的措施

如在线路上发生了永久性故障,并且在第一次重合时出现了 KRC1 和 KRC2 触点粘牢或卡住的现象,为了防止断路器跳跃(多次跳、合),在重合闸回路中设置了防跳继电器 KJL。该继电器有两个线圈,电压线圈通过 KJL1 触点与合闸接触器线圈 KMC 等并联,电流线圈与跳闸线圈 Y_{off} 串联。断路器在第二次跳闸时,KJL 的电流线圈通电,KJL 动作,KJL1 触点闭合,于是 KJL 的电压线圈经粘牢的 KRC1 和 KRC2 触点、本身的常开触点 KJL1 而自保持,因此常闭触点 KJL2、KJL3 断开,切断了断路器的合闸回路,使断路器不能再次重合。

同理,当手动合闸于故障线路时,KJL 同样能防止因合闸脉冲过长而引起的断路器多次重合。

顺便指出,当断路器跳闸时,若保护出口继电器触点较断路器辅助触点 QF2 早断开,则因保护出口继电器触点切断较大的跳闸线圈电流而烧坏该触点,接入 KJL4 触点和 R9 支路后,就可避免发生上述现象而起到保护作用。此外,当保护出口继电器触点回路串接有信号继电器时,为保证 KJL4 触点闭合情况下信号继电器可靠动作,必须接入电阻 R9。重合闸动作后,由信号继电器 1KS 的触点发出重合闸动作信号。

4.2.3 软件实现的重合闸

我们知道,在使用三相自动重合闸的中、低压线路上,自动重合闸是由该线路微机保护测控装置中的一段程序来完成的,所以我们从重合闸的程序框图来认识重合闸的基本原理。图 4-3 所示为三相一次重合闸的程序流程图。

从线路投运开始,程序就开始做重合闸的准备。在微机保护测控装置中,常采用一个计数器计时是否满 20 s(该值就是重合闸的复归时间定值,并且是可以整定的,为便于说明,这里先假设为固定值)来表明重合闸是否已准备就绪。当计数器计时满 20 s 时,表明重合闸已准备就绪,允许重合闸。否则,当计数器计时未满 20 s 时,即使其他条件满足,也不允许重合。如果在计数器计时的过程中,或计数器计时已满 20 s 后,有闭锁重合闸的条件出现,程序会将计数器清零,并禁止计数。程序检测到计数器计时未满,则禁止重合。这个过程是模拟了电气式自动重合闸装置中的电容充放电原理来设计的,该原理在上面电气式重合闸装置中已作介绍。由于这个原因,所以在许多产品说明书中仍以"充电"是否完成来描述重合闸是否准备就绪。以后,我们把该计数器称为"充电"计数器。

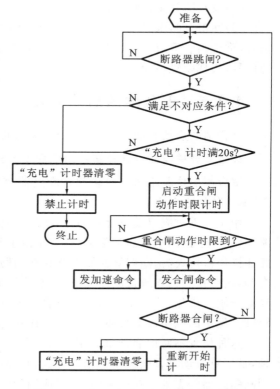

图 4-3 三相一次重合闸的程序流程图

4.2.4 重合闸充电(重合闸的准备动作状态)

线路发生故障时,ARD 动作一次,表示断路器进行了一次"跳闸-合闸"过程。为保证断路器切断能力的恢复,断路器进入第二次"跳闸-合闸"过程须有足够的时间,否则切断能力会下降。为此,ARD 动作后需经一定间隔时间(也可称 ARD 复归时间)才能投入,一般取 15～25 s。另外,线路上发生永久性故障时,ARD 动作后,也应经一定时间后 RAD 才能动作,以免 ARD 的多次动作。为满足上述两方面的要求,重合闸充电时间取 15～25 s。在非数字式重合闸中(如图 4-1 所示的电气式三相自动重合闸),利用电容器放电获得一次重合闸脉冲。电容器具有充电慢、放电快的特点,因此该电容器充电到能使 RAD 动作的充电时间应为 15～25 s。在数字式重合闸(程序实现的重合闸)中,模拟电容器充电是一个计数器,计数器计数相当于电容器充电,计数器清零相当于电容器放电。

重合闸的充电条件如下。

(1)重合闸投入运行处于正常工作状态,说明保护装置未启动。

(2)在重合闸未启动情况下,三相断路器处于合闸状态,断路器跳闸位置继电器未动作。断路器处于合闸状态,说明控制开关处于"合闸后"状态,断路器跳闸位置继电器未动作。

(3)在重合闸未启动情况下,断路器正常状态下的气压或油压正常。这说明断路器可以进行跳合闸,允许充电。

(4)没有闭锁重合闸的输入信号。

(5)在重合闸未启动情况下,没有 TV 断线失压信号。当 TV 断线失压时,保护装置工作不正常,重合闸装置对无压、同期的检定也会发生错误。在这种情况下,装置内部输出闭锁重合闸的信号,实现闭锁,不允许充电。

4.2.5 重合闸的启动方式

重合闸的启动有两种方式:控制开关与断路器位置不对应启动和保护启动。

1. 控制开关与断路器位置不对应启动方式

重合闸的位置不对应启动就是断路器控制开关 SA 处"合闸后"状态、断路器处于跳闸状态,两者位置不对应启动重合闸。

用位置不对应启动重合闸的方式,线路发生故障保护将断路器跳开后,出现控制开关与断路器位置不对应,从而启动重合闸;如果由于某种原因,例如工作人员误碰断路器操作机构、断路器操作机构失灵、断路器控制回路存在问题以及保护装置出口继电器的触点因撞击振动而闭合等,这一系列因素致使断路器发生"偷跳"(此时线路没有故障存在),则位置不对应同样能启动重合闸。可见,位置不对应启动重合闸可以纠正各种原因引起的断路器"偷跳"。断路器"偷跳"时,保护因线路没有故障,处于不动作状态,保护不能启动重合闸。

这种位置不对应启动重合闸的方式简单可靠,在各级电网的重合闸中有着良好的运行效果,是所有自动重合闸启动的基本方式,对提高供电可靠性和系统的稳定性具有重要意义。为判断断路器是否处于跳闸状态,需要应用到断路器的辅助触点和跳闸位置继电器。因此,当发生断路器辅助触点接触不良、跳闸位置继电器异常以及触点粘牢等情况时,位置不对应启动重合闸失效,这显然是这一启动方式的缺点。

为克服位置不对应启动重合闸的这一缺点,在断路器跳闸位置继电器每相动作条件中还增加了线路相应相无电流条件的检查,进一步确认并提高了启动重合闸的可靠性。

2. 保护启动方式

目前大多数线路自动重合闸装置,在保护动作发出跳闸命令后,重合闸才发合闸命令,因此自动重合闸应支持保护跳闸命令的启动方式。保护启动重合闸,就是用线路保护跳闸出口触点来启动重合闸。因为是采用跳闸出口触点来启动重合闸,保护启动重合闸可纠正继电保护误动作引起的误跳闸,但不能纠正断路器的"偷跳"。

在电气式重合闸回路中,一般只采用不对应启动方式来启动重合闸,而在微机保护测控装置中,常常兼用两种启动方式(注意:在有些保护装置中这两种方式不能同时投入,只能经控制字选择一种启动方式)。

当微机保护测控装置检测到断路器跳闸时,先判断是否符合不对应启动条件,即检测断路器控制开关是否在合位。如果控制开关在分位,那么就不满足不对应条件(即控制开关在跳位,断路器也在跳闸位置,它们的位置对应),程序将"充电"计数器计时清零,并退出运行。如果没有手动跳闸信号,那么说明不对应条件满足(即控制开关在合位,而断路器在跳闸位置,它们的位置不对应),程序开始检测重合闸是否准备就绪,即"充电"计数器计时是否满 20 s。如果"充电"计数器计时不满 20 s,程序将"充电"计数器清零,并禁止重合;如果计时满 20 s,则立即启动重合闸动作时限计时。

4.2.6　重合闸的计时

重合闸启动后,并不立即发合闸命令,而是当重合闸动作时限的延时结束后才发合闸命令。在发合闸命令的同时,还要发加速保护的命令。当断路器合闸后,重合闸"充电"计数器重新开始计时。如果是线路发生瞬时性故障引起的跳闸或断路器误跳闸,重合命令发出后,重合成功,重合闸"充电"计数器重新从零开始计时,经 20 s 后计时结束,准备下一次动作。如果是线路永久性故障引起的跳闸,则断路器会被线路保护再次跳开,程序将循环执行。当程序开始检测重合闸是否准备就绪时,由于重合闸"充电"计数器的计时未满 20 s(这是由于在断路器重合闸后,重合闸"充电"计数器是从零重新开始计时的,虽然经线路保护动作时间和断路器跳闸时间,但由于保护已被重合闸加速,所以它们的动作时间总和很短,故"充电"计数器计时不足 20 s),程序将"充电"计数器清零,并禁止重合。

4.2.7　自动重合闸的闭锁

在某些情况下,断路器跳闸后不允许自动重合,因此,应将重合闸装置闭锁。重合闸闭锁就是将重合闸"充电"计数器瞬间清零(使电容器放电)。闭锁重合闸主要有以下几个方面。

(1)手动跳闸或通过遥控装置跳闸。当手动操作合闸时,如果合到的是故障线路,保护会立刻动作将断路器跳闸,此时重合闸不允许启动。程序开始检测重合闸是否准备就绪时,由于重合闸"充电"计数器的计时未满 20 s,程序将"充电"计数器清零,并禁止重合。

(2)断路器液(气)压操动机构的液(气)压降低到不允许合闸的程度,或断路器弹簧操动机构的弹簧未储能。

(3)检线路无压或检同期条件不满足。

(4)当选择检无压或检同期工作时,检测到母线 TV、线路侧 TV 二次回路断线失压。

(5)按频率自动减负荷动作跳闸、低电压保护动作跳闸、过负荷保护动作跳闸、母线保护动作跳闸。

(6)断路器控制回路发生断线。

(7)重合闸停用断路器跳闸。

(8)重合闸发出重合脉冲的同时,闭锁重合闸。

4.2.8　重合闸装置参数整定

1. 重合闸动作时限值的整定

重合闸的动作时限:是指从断路器主触头断开故障到断路器收到合闸脉冲的时间(在电气式重合闸中指 1KT2 的延时)。为了尽可能缩短停电时间,重合闸的动作时限原则上应越短越好。但考虑到如下两方面的原因,重合闸的动作又必须带一定的时延。

(1)断路器跳闸后,故障点的电弧熄灭以及周围介质绝缘强度的恢复需要一定的时间,必须在这个时间以后进行重合才有可能成功,否则即使在瞬时性故障情况下,重合闸也不成功,所以故障点必须有足够的断电时间。当采用三相重合闸时,对 $6\sim10\,\text{kV}$ 线路,故障点的断电时间应大于 $0.1\,\text{s}$,对 $35\,\text{kV}$ 线路应大于 $0.2\,\text{s}$,对 $110\sim220\,\text{kV}$ 线路应大于 $0.3\,\text{s}$,对 $330\sim500\,\text{kV}$ 线路应大于 $0.4\,\text{s}$。

(2)重合闸动作时,继电保护已经返回,同时断路器操动机构恢复原状,做好再次动作。重合闸必须在这个时间以后才能向断路器发出合闸脉冲。对单电源辐射状单回线路,重合闸动作时限:

$$t_{op}^{ARD} = t_{dis} - t_{on} + \Delta t \tag{4-1}$$

式中:t_{dis}——故障点的去游离时间;

$\quad\quad t_{on}$——断路器的合闸时间;

$\quad\quad \Delta t$——时间裕度,取 $0.3\sim0.4\,\text{s}$。

对单电源环状网络线路和平行线路以及双电源的线路,重合闸动作时限还应考虑两侧保护不同时切除故障使故障点断电时刻延迟的情况。图 4-4 给出了重合闸动作时限与断电时间关系(0 时刻发生故障,1 时刻保护出口动作,2 时刻断路器主触头断开,3 时刻保护复归,4 时刻 M 侧发出重合闸脉冲,5 时刻 M 侧断路器合闸),对 M 侧来说(假定为先跳闸侧),重合闸动作时限

$$t_{op.\,M}^{ARD} = (t_{op.\,N.\,max} + t_{off.\,N}) - (t_{op.\,M.\,min} + t_{off.\,M}) + t_{dis} - t_{on.\,M} + \Delta t \tag{4-2}$$

式中:$t_{op.\,N.\,max}$——线路 N 侧(对侧)主保护最大动作时限;

$\quad\quad t_{op.\,M.\,min}$——线路 M 侧(本侧)主保护最小动作时限;

$\quad\quad t_{off.\,M}$——线路 M 侧断路器跳闸时间;

$\quad\quad t_{off.\,N}$——线路 N 侧断路器跳闸时间;

$\quad\quad t_{on.\,M}$——M 侧断路器的合闸时间;

$\quad\quad t_{dis}$——故障点的去游离时间,在三相重合闸的线路上即是最短的断电时间;

$\quad\quad \Delta t$——时间裕度,取 $0.5\sim0.6\,\text{s}$。

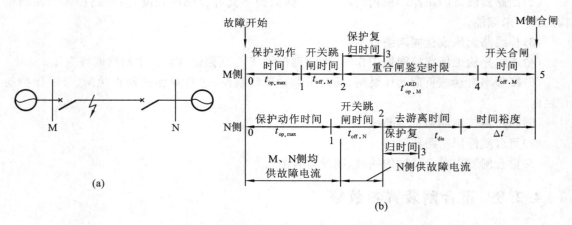

图 4-4 重合闸动作时间与断电时间关系图
(a)双电源线路;(b)时间关系图

一般来说,按式(4-1)或式(4-2)整定后,当重合闸动作时,保护返回,断路器操动机构等也已准备好可以重合。运行经验证明,单侧电源线路的三相重合闸动作时限取 $0.8\sim1\,\text{s}$ 是比较合适的。

2. 重合闸复归时间的整定

重合闸复归时间就是从一次重合结束到下一次允许重合之间所需的最短间隔时间(在电气式重合闸中即电容 C 上电压从零充到 KRC 电压线圈动作电压所需的时间)。复归时间的整定需考虑以下两个方面因素。

(1)保证当重合到永久性故障,由最长时限段的保护切除故障时,断路器不会再次重合。考虑到最严重情况下,断路器辅助触点可能先于主触头切换,提前的时间为断路器的合闸时间。于是重合闸的复归时间为

$$t_{re}^{ARD} = t_{op.\,max} + t_{on} + t_{op}^{ARD} + t_{off} + \Delta t \tag{4-3}$$

式中:$t_{op.\,max}$——保护最长动作时限;

　　　t_{on}——断路器的合闸时间;

　　　t_{op}^{ARD}——重合闸的动作时限;

　　　t_{off}——断路器跳闸时间;

　　　Δt——时间裕度。

(2)保证断路器切断能力的恢复。当重合闸动作成功后,复归时间不小于断路器第二个"跳闸-合闸"间的间隔时间。重合闸复归时间一般取 $15\sim25$ s 即可满足以上要求。

3. 后加速延时解除时间值

后加速延时解除时间值是指从合闸命令(重合闸、手动或遥控合闸)发出,即加速保护开始到加速保护命令解除为止,其间加速持续的时间(在电气式重合闸接线中指 2KT 的延时)。该时间应保证当自动重合或手动、遥控合闸于永久性故障上时,被加速的保护来得及动作切除故障。所以该时间应大于被加速的保护动作时间和断路器的跳闸时间之和。

$$t_{ac} = t_p + t_{off} \tag{4-4}$$

式中:t_p——被加速保护的动作时间;

　　　t_{off}——断路器跳闸时间。

后加速延时解除时间一般整定为 $0.3\sim0.4$ s。

问题与思考

1. 何谓三相一次自动重合闸?

2. 重合闸的启动方式有哪两种?一般采用哪种?其优缺点是什么?

3. 试说明图 4-1 所示的电气式自动重合闸装置接线中,当线路发生永久性故障,只重合一次。

4. 图 4-1 所示的电气式自动重合闸装置接线中:①为什么 KRC 要带自保持;②是如何防止断路器"跳跃"的?为什么?

5. 对于 DH 型重合闸继电器的接线中,某人在改换充电电阻 R_6 时,误将 3.4MΩ 换为 3.4 kΩ,运行中会有何现象发生?为什么?

6. 利用电容器放电原理构成的重合闸装置为什么只能重合一次?

7. 利用电容器放电原理构成的重合闸装置为什么手动操作跳闸时不重合?

8. 一般哪些保护与自动装置动作后应闭锁重合闸?

9. DH 型重合闸继电器运行中指示灯 LN 不亮,可能是什么原因?

10. 什么情况下应将重合闸装置闭锁?

11. 自动重合闸的动作时间和复归时间应考虑什么因素?一般整定为多长时间?

4.3 双侧电源线路三相自动重合闸

双端均有电源的输电线路,采用自动重合闸装置时,除了满足前述基本要求外,还应考虑下述两个特殊问题。

1. 时间的配合问题

当双侧电源线路发生故障时,两侧的继电保护装置可能以不同的时限动作于两侧断路器,即两侧的断路器可能不同时跳闸,因此,只有在后跳闸的断路器断开后,故障点才能断电而去游离。所以为使重合闸成功,应保证在线路两侧断路器均已跳闸,故障点电弧熄火且绝缘强度已恢复的条件下进行自动重合闸,即应保证故障点有足够的断电时间。

2. 同期问题

当线路发生故障,两侧断路器跳开之后,线路两侧电源电动势之间夹角摆开,有可能失去同步。后合闸一侧的断路器在进行重合闸时,应考虑是否同期,以及是否允许非同期合闸的问题。因此,在双侧电源线路上,应根据电网的接线方式和具体的运行情况,采取不同的重合闸方式。

双电源线路的重合闸方式很多,但可归纳为如下两类:一类是检定同期重合闸,如检定无压和检定同期的三相重合闸及检查平行线路有电流的重合闸等;另一类是不检定同期的重合闸,如非同期重合闸、快速重合闸、解列重合闸及自同期重合闸等。下面介绍其中几种重合闸方式。

4.3.1 三相快速自动重合闸

三相快速自动重合闸就是当输电线路上发生故障时,继电保护很快使线路两侧断路器跳开,并随即进行重合。因此,采用三相快速自动重合闸必须具备以下条件。

(1)线路两侧都装有能瞬时切除全线故障的继电保护装置,如高频保护等。

(2)线路两侧必须具有快速动作的断路器,如快速空气断路器等。若具备上述两条件就可以保证从线路短路开始到重新合闸的整个时间间隔在 $0.5\sim0.6\text{ s}$ 以内,在这样短的时间内,两侧电源电动势之间夹角摆开不大,系统不会失去同步,即使两侧电源电动势间角度摆开较大,因重合周期短,断路器重合后也很快被牵入同步。显然,三相快速重合闸方式具有快速的特点,所以在 220 kV 及以上的线路使用比较多。它是提高系统并列运行稳定性和供电可靠性的有效措施。

由于三相快速重合闸方式不检定同期,所以在应用这种重合闸方式时须校验线路两侧断路器重新合闸瞬间所产生的冲击电流,要求通过电气设备的冲击电流周期分量不超过规定的允许值。

4.3.2 三相非同期自动重合闸

三相非同期自动重合闸就是指当输电线路发生故障时,两侧断路器跳闸后,不管两侧电源是否同步就进行自动重合。非同期重合时合闸瞬间电气设备可能要承受较大的冲击电流,系统可能发生振荡。所以,只有当线路上不具备采用快速重合闸的条件,并符合下列条件,同时认为有必要时,可采用非同期重合闸。

(1)非同期重合闸时,流过发电机同步调相机或电力变压器的冲击电流未超过规定的允许值；冲击电流的允许值与三相快速自动重合闸的规定值相同，不过在计算冲击电流时，两侧电动势间角取 $180°$；当冲击电流超过允许值时，不应使用三相非同期重合闸。

（2）非同期重合闸所产生的振荡过程中，对重要负荷的影响应较小。因为在振荡过程中，系统各点电压发生波动，从而产生甩负荷的现象，所以必须采取相应的措施减小其影响。

（3）重合后，电力系统可以迅速恢复同步运行。

非同期重合闸可能引起继电保护误动，如系统振荡可能引起电流、电压保护和距离保护误动作；在非同期重合闸过程中，由于断路器三相触头不同时闭合，可能短时出现零序分量从而引起零序工段保护误动。为此，在采用非同期重合闸方式时应根据具体晴况采取措施，防止继电保护误动作。

线路三相非同期自动重合闸装置通常有按顺序投入线路两侧断路器和不按顺序投入线路两侧断路器两种方式。

不按顺序投入线路两侧断路器方式是在线路两侧均采用单侧电源三相自动重合闸接线。其优点是：接线简单，不需要装设线路电压互感器或电压抽取装置，系统恢复并列运行快，从而提高了供电可靠比。其缺点是：在永久性故障时，线路两侧断路器均要重合一次，对系统产生的冲击次数较多。

按顺序投入线路两侧断路器方式的非同期自动重合闸装置是预先规定线路两侧断路器的合闸顺序，先重合侧采用单侧电源线路重合闸接线，后重合侧采用检定线路有电压的自动重合闸接线，即在单电源线路重合闸的启动回路中串进检定线路有电压的电压继电器的动合触点。当线路故障时，继电保护动作跳开两侧断路器后，先重合侧重合该侧断路器，若是瞬时性故障，则重合成功，于是线路上有电压，后重合侧检查到线路有电压而重合，线路恢复正常运行。如果是永久性故障，先重合侧重合后，因是永久性故障，该侧保护加速动作切除故障后，不再重合，而后重合侧由于线路无压不能进行重合，可见，这种重合闸方式的优点是后重合侧在永久性故障情况下不会重合，避免了再一次给系统带来冲击影响；缺点是后重合侧必须在检定线路有电压后才能重合，因而整个重合闸的时间较长，线路恢复供电的时间也较长。而且，在线路侧必须装设电压互感器或电压抽取装置，增加了设备投资。在我国 110 kV 以上线路，非同期重合闸通常采用不按顺序投入线路两侧断路器的方式。

4.3.3　检定无压和检定同期的三相自动重合闸

在没有条件或不允许采用三相快速自动重合闸、非同期重合闸的双电源单回线上或弱联系的环并线上，可考虑采用检定无压和检定同期三相自动重合闸。这种重合闸方式的特点是当线路两侧断路器跳开后，其中一侧先检定线路无电压而重合，称为无压侧；另一侧在无压侧重合后，检定线路两侧电源满足同期条件时，才允许进行重合，称为同步侧。显然，这种重合闸方式不会产生危及设备安全的冲击电流，也不会引起系统振荡，合闸后能很快拉入同步。

1. 工作原理

图 4-5 和图 4-6 分别为检定无压和检定同期三相自动重合闸的原理接线图和示意图。这种重合闸方式是在单侧电源线路的相一次自动重合闸的基础上增加附加条件来实现的，即除在线路两侧均装设单侧电源 ARD 外，两侧还装设有检定线路无压的低电压继电器 KV 和检定间步的继电器 KY，并把 KV 和 KY 触点串入重合闸时间元件启动的回路中。正常运行时，两侧同步检定继电器 KY 通过连接片均投入，而检定无压继电器 KV 仅一侧投入（N 侧），另一侧（M

侧)KV 通过无压连接片断开。

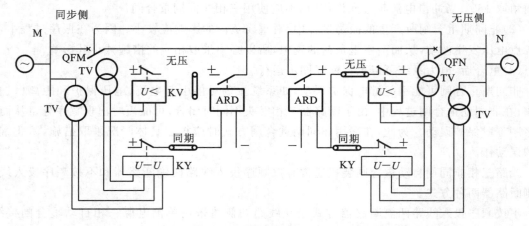

图 4-5　检定无压和检定同期的三相自动重合闸原理接线图

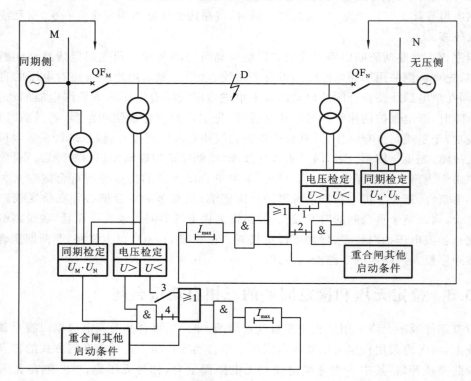

图 4-6　检定无压和检定同期的三相自动重合闸示意图

其工作原理如下。

(1)当线路上发生故障时,两侧断路器被继电保护装置跳开后,线路失去电压,这时检查线路无压的 N 侧低电压继电器 KV 动作,其动合触点闭合,经无压连接片启动 ARD,经预定时间,N 侧断路器重新合闸。

如果线路发生的是永久性故障,则 N 侧线路后加速保护装置加速动作再次跳开该侧断路器,而后不再重合。因为 M 侧断路器已跳开,这样 M 侧线路无电压,只有母线上有电压,故 M 侧同步继电器 KY 因只有一侧有电压,其动断触点断开,不能启动重合闸装置,所以 M 侧 ARD

不动作。

如果线路上发生的是瞬时性故障,则 N 侧检查无压重合成功,M 侧线路有电压。这时 M 侧同步继电器既加入母线电压也加入线路电压,于是 M 侧 KY 开始检查两电压的电压差、频率差和相角差是否在允许范围内,当满足同期条件时,KY 触点闭合时间足够长(等于或长于 KT1 延时),经同步连接片使 M 侧 ARD 动作,重新合上 M 侧断路器,线路便恢复正常供电。

由以上分析可知,无压侧的断路器在重合至永久性故障时,将连续两次切断短路电流,其工作条件显然比同步侧恶劣,为了使两侧断路器的工作条件接近相同,可以利用无压连接片定期切换两侧工作方式。

(2)在正常运行情况下由于某种原因(保护误动作,误碰跳闸操作机构等)而使断路器误跳闸时,如果是同步侧断路器误跳,可通过该侧同步继电器检定同期条件使断路器重合;如果是无压侧断路器误跳时,由于线路上有电压,无压侧不能检定无压而重合,为此,无压侧也投入同步继电器,以便在这种情况下也能自动重合闸,恢复同步运行。

这样,无压侧不仅要投入检定无压继电器 KV,还应投入同步继电器 KY,无压连接片和同步连接片均接通,两者并联工作。而同步侧只投入检定同步继电器 KY,检定无压继电器 KV 不能投入,否则会造成非同期合闸。因而两侧同步连接片均投入,但无压连接片一侧投入,另一侧断开。

2. 检定同期的工作原理

在设置无电压检定和同期检定的三相自动重合闸的线路上,为了限制同期检定合闸的断路器闭合瞬间在系统中产生的冲击电流,同时为了避免在该断路器闭合后系统产生振荡,必须限制断路器闭合瞬间线路两侧电压的幅值差、相角差和频率差。这种重合方式中的同期条件检定就是检定断路器闭合瞬间线路两侧电压之间的幅值差、相角差和频率差是否都在允许的范围内。当这三个条件同时得到满足时,才说明满足同期条件,此时才允许重合闸将断路器合上。否则,当三个条件中有一个得不到满足,就不允许重合闸将断路器合上。

(1)无电压检定和同期检定的逻辑原理图。

在数字式 ARD 中,几乎所有的无电压检定和同期检定的逻辑原理图都是相同的。

如图 4-7 所示,输入的信号有 ARD 启动信号、AED 充电完成的信号;UL 为线路电压低值启动元件,UH 为线路电压高值启动元件;SYN(φ) 为同期检定元件。当有平行双回线路时,还可输入另一平行线电流,"有流"表示线路两侧电源间还存在电气上的联系。

SW1~SW4 为 ARD 的功能选择开关,由定值输入时写入,置"1"(相当于图 4-7 中相应选择开关接通)或置"0"的意义为:

SW1:置"1"表示 ARC 投入,置"0"表示 ARD 退出。

SW2:置"1"表示 ARD 不无电压检定、不检同期重合,即不检定重合;置"0"表示不检定退出。

SW3:置"1"表示 ARD 检线路无压重合,置"0"表示检线路无压功能退出。

SW4:置"1"表示 ARD 检同期重合,置"0"表示同期检定功能退出。通过控制字的设定,ARD 可得到不同的功能。

在双侧电源单回线路上,若线路两侧的 SW1="1"、SW2="1"、SW3="0"、SW4="0",则构成了不检定重合闸。当两侧电动势相角差较小(重合闸动作时间 t_{ARC} 较短)时重合,即为三相快速重合闸;当两侧电动势相角差较大时重合,即为非同期重合闸。三相快速重合闸、非同期重合闸的使用是有一定条件的,实际使用中并不能保证重合后同期成功。在单侧电源线路的电源

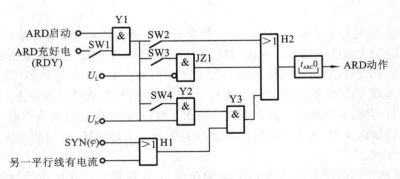

图 4-7 不无电压检定和同期检定的逻辑图

侧，置 SW1＝"1"、SW2＝"1"、SW3＝"0"、SW4＝"0"（线路侧无 TV），就构成了单侧电源线路的三相自动重合闸。

（2）同期检定的工作情况。图 4-6 中两侧的重合闸功能控制字见表 4-2。

表 4-2　线路两侧 ARD 控制字

控制字名称	SW1	SW2	SW3	SW4
N 侧（无压检定）	1	0	1	1
M 侧（同期检定）	1	0	0	1

同期检定 ARD,是在 ARD 动作合上断路器后，两侧系统很快进入同期运行状态。其同期条件为两侧频差在设定值内、两侧电压差在设定值内以及两侧电压间相角差 φ 在设定值内时，ARD 发出合闸脉冲。

图 4-7 中，MN 线路发生瞬时性故障，两侧断路器跳闸后，N 侧检测到线路无电压，ARD 的启动信号经"与"门 Y1、"禁止"门 JZ1、"或"门 H2，延时 t_{ARC} 令 QFN 合闸；如果 MN 线路还存在另一平行线路，而且该平行线路仍然处在工作状态，则 M、N 两侧电源不会失去同期，同期条件是满足的，此时因另一平行线路有电流，所以"或"门 H1 动作，M 侧 ARD 启动信号经"与"门 Y1、"与"门 Y2、"与"门 Y3、"或"门 H2，延时 t_{ARC} 令 QFM 合闸，恢复平行双回线运行。这就是检定另一平行双回线路有电流的 ARD。

当 MN 为单回线路时，M 侧在检定同期的过程中，若满足同期条件则 SYN(φ)为"1"，根据图 4-7 示出的逻辑原理图，当 SYN(φ)为"1"的时间大于 t_{ARC} 时，"与"门 Y3 的输出"1"信号经"或"门 H2 可使时间元件 t_{ARC} 动作，即 ARD 动作。

3. 有关参数的整定

对于无电压检定和同期检定的三相自动重合闸，除了要整定 4.2 节所讨论的参数外，一般还需要整定如下两个参数。

（1）检定线路无压的动作值。在无压侧，当检定到线路无电压，实际上是线路电压低于某一值时，启动该侧的重合闸。该电压值即检定线路无压的动作值。一般据运行经验整定该值 50% 的额定电压。

（2）检定线路有电压的动作值。在同步侧，检测到线路电压恢复，实际上是检测到线路电压高于某一值（如 70%）时，且满足同期条件的情况下，启动该侧的重合闸。该低压值即检定线路有电压的动作值。

4.3.4 解列自动重合闸

图 4-8 给出了主系统通过单回线路向地区系统供电的接线,地区系统因小电源存在,故输电线为双侧电源线路。正常运行时,将不重要负荷安排在系统受电的母线上,地区重要负荷安排在地区小电源供电的母线上,并且重要负荷与小电源容量基本平衡,通过受电侧母联断路器(解列点)的负荷电流为最小。

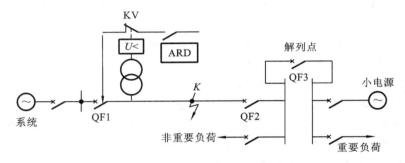

图 4-8 双侧电源线路上选用解列自动重合闸示意图

该输电线的送电侧装设检定无压重合闸。解列自动重合闸是指当线路上发生故障时(如 K 点),小电源侧在解列点将小电源解列,送电侧(主系统侧)检定无压重合。线路上 K 点发生故障时,主系统侧继电保护动作后断开线路断路器 QF1,地区系统侧继电保护动作后不跳线路断路器 QF2,而将解列点断路器 QF3 跳闸。这样,地区系统解列,地区重要负荷供电得到保证,电能质量也得到保证,地区不重要负荷供电中断。

如果 K 点发生的是瞬时性故障,则主系统侧检定无压重合,地区不重要负荷恢复供电,然后在 QF3 解列点进行同期并列,恢复原有的正常工作状态。如果 K 点发生的是永久性故障,主电源侧重合闸不成功,断路器再次跳闸,地区不重要负荷被迫供电中断。

解列重合闸使用的关键问题是解列点的选择,正常运行时选择合适的解列点应使小电源容量与所带负荷接近平衡。

4.3.5 自同期重合闸

图 4-9 是水电厂向系统送电的单回线路上使用自同期重合闸的示意图。正常运行时,水电厂向系统输送功率,如果 K 点发生故障,则系统侧断路器跳闸,水电厂侧线路断路器不跳闸,而跳开发电机断路器并进行灭磁。而后,系统侧检定线路侧无电压重合,若重合成功,则水电厂侧

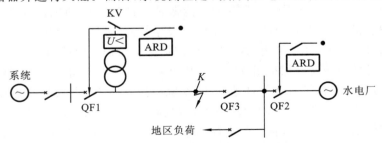

图 4-9 水电厂采用自同期重合闸示意图

以自同期方式与系统并列,恢复正常运行;若重合不成功,则系统侧保护跳闸,水电厂侧停机。若水电厂侧采用检定同期重合闸,则由于两侧断路器跳闸后频差相差太大,无法满足频差相差要求,水电厂侧检定同期重合闸不可能动作,致使系统不能恢复正常运行。如果水电厂侧有地区负荷,并且有两台以上机组时,则应考虑一部分机组带地区负荷与系统解列,另一部分机组实行自同期重合闸。

问题与思考

1.双端均有电源的输电线路,采用自动重合闸装置时,除了满足基本要求外,还应考虑哪两个特殊问题?

2.图 4-5 所示双电源线路采用检查无压、检查同步重合闸,试分析下列问题:

(1)线路发生瞬时性故障时动作原理;

(2)线路发生永久性故障时动作原理;

(3)线路无压侧断路器因误碰跳闸后的工作原理。

3.值班人员能否任意改变检查同期重合闸和检查无电压重合闸的运行方式?为什么?

4.图 4-5 所示双电源线路采用检查无压、检查同步重合闸原理图中,同期侧只投同期连接片,而无压侧投无压连接片和同期连接片,为什么?

5.综合重合闸装置能实现哪几种重合闸方式?

4.4　自动重合闸与继电保护的配合

自动重合闸与继电保护配合,可加快切除故障,提高供电可靠性,对保持系统暂态稳定有利,有时在保证供电可靠性的同时还可简化继电保护。自动重合闸与继电保护的配合,主要有自动重合闸前加速保护和自动重合闸后加速保护两种。

4.4.1　自动重合闸前加速保护

自动重合闸前加速保护又简称为"前加速"。一般用于具有几段串联的辐射形线路中,自动重合闸仅安装在靠近电源的一段线路上。当线路上(包括相邻线路及以后的线路)发生故障时,靠近电源侧的保护首先无选择性地瞬时动作跳闸,而后借助自动重合闸来纠正这种非选择性动作。当重合于故障时,无选择性的保护自动解除,保护按各段线路原有选择性要求动作。

图 4-10 为重合闸前加速保护的说明图。单电源供电的辐射形网络中,QF1、QF2、QF3 上均安装了按阶梯形时限特性配合整定的过电流保护,QF1 上的过电流保护动作时限 t_1 最长。

为实现前加速保护,在 QF1 上还装设了能保护到线路 CD 的电流速断保护以及 ARD(ARD 含在保护装置中)。若在 AB、BC 或 CD 上发生故障(如图 4-10 中 K_1 点),则 QF1 上的电流速断保护首先动作将 QF1 断开(ARD 动作前加速了保护),而后 ARD 动作将 QF1 合上,并同时将无选择性的电流速断保护闭锁。如果故障为瞬时性的,则重合成功,恢复供电;如故障为永久性的,则各段线路保护有选择性地动作,切除故障。即 K_1 点故障,CD 段线路保护跳开 QF3;BC 线故障,BC 段线路保护跳开 QF2;AB 线故障,AB 段线路保护跳开 QF1。

为使无选择性的电流速断保护范围不致延伸太长,动作电流要躲过变压器低压侧短路故障(如图 4-10 中 K_2 点)流过 QF1 的短路电流。

实现自动重合闸前加速保护动作的方法是将重合闸装置中加速继电器 KCP 的动断触点串

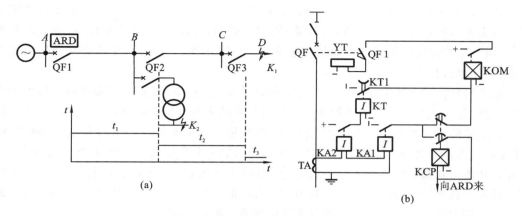

图 4-10 自动重合闸前加速保护

(a)原理说明图;(b)原理接线图

连接于电流速断保护出口回路,如图 4-10(b)所示,图中 KA1 是电流速断保护继电器,KA 是过电流保护继电器。当线路发生故障时,因加速继电器 KCP 未动作,电流速断保护继电器 KA1动作后,其动合触点闭合,经加速继电器的动断触点 KCP1 启动保护出口中间继电器 KOM,使电源侧断路器瞬时跳闸。随即 ARD 启动,发合闸脉冲,同时启动加速继电器 KCP,使 KCP 的动断触点 KCP1 瞬时打开,动合触点 KCP2 瞬时闭合。如果故障为瞬时性的,重合成功后 ARD复归,KCP 失电,KCP1、KCP2 延时返回。如果重合于永久性故障,则 KA1 触点再闭合,通过KCP2 使 KCP 自保持,电流速断保护不能经 KCP1 的触点去瞬时跳闸。只有等过电流保护时间继电器的延时触点闭合后,才能去跳闸。这样,重合闸动作后,保护只能有选择性地切除故障。

采用重合闸前加速保护的优点如下。

(1)能快速切除线路上的瞬时故障。

(2)由于快速切除线路上的瞬时故障,故障点发展成永久性故障的可能性小,从而提高了重合闸的成功率。

(3)由于能快速切除故障,能保证发电厂和重要变电站的负荷少受影响。

(4)使用设备少,简单经济(在数字保护中该优点不存在)。

采用重合闸前加速保护的缺点如下。

(1)靠近电源一侧断路器工作条件恶化,切除故障次数与合闸次数多。

(2)当 ARD 拒动或 QF1 拒合时,将扩大停电范围,甚至在最末一级线路上的故障,也能造成除 A 母线用户外其他所有用户的停电。

(3)重合于永久性故障时,故障切除的时间可能较长。

(4)在重合闸过程中除 A 母线负荷外,其他用户都要暂时停电。

重合闸前加速保护主要用于 35 kV 以下,由发电厂或重要变电站引出的不太重要的直配线上。

4.4.2 自动重合闸后加速保护

自动重合闸后加速保护一般又简称"后加速"。采用 ARD 后加速时,必须在线路各段上都装设有选择性的保护和自动重合闸装置,如图 4-11 所示。但不装设专用的电流速断保护。当任一线路上发生故障时,首先由故障线路的选择性保护动作将故障切除,然后由故障线路的自动重合闸装置进行重合。如果是瞬时故障,则重合成功,线路恢复正常供电;如果是永久性故障,则故障线路的加速保护装置不带延时地将故障再次切除。这样,就在重合闸动作后加速了保护动作,使永久性故障尽快地切除。

被加速的保护对线路末端故障应有足够的灵敏度,加速保护实际是把带延时的保护动作时限变为零秒,Ⅱ段或Ⅲ保护都可被加速。这样对全线的永久性短路故障,ARD动作后均可快速切除。被加速的保护动作值不变,只是动作时限缩短了。加速的保护可以是电流保护的第Ⅱ段、零序电流保护第Ⅱ段(或第Ⅲ段)、接地距离第Ⅱ段(或第Ⅲ段)、相间距离第Ⅱ段(或第Ⅲ段),或者在数字式保护中加速定值单独整定的零序电流加速段、电流加速段。为了适应高压电网加速保护的要求,在手动合闸时,应利用手动合闸的信号加速相关保护,以便手动合闸于故障线路时加速切除故障。其加速的原理与重合闸加速保护的原理相似。

需要说明,在双电源线路上,为防止三相断路器主触头不同时合闸时产生的零序分量可能使零序电流工段误动作,在加速时需将零序电流工段退出,同时使加速段延时100 ms左右。三相断路器主触头不同时合闸时产生的零序分量在该延时后即可衰减到足够小,不致引起零序保护动作。

实现ARD后加速的方法是,将加速继电器KCP的动合触点与过电流保护的电流继电器KA的动合触点串联,如图4-11(b)所示。当线路发生故障时,KA动作,加速继电器KCP未动,其动合触点打开。只有当按选择性原则动作的延时触点KT闭合后,才启动中间继电器KOM,跳开断路器,随后自动重合闸动作,重新合上断路器,同时也启动加速继电器KCP、KCP动作后,其动合触点KCP1瞬时闭合。这时若重合于永久性故障上,则KA再次动作,其触点经已闭合的KCP瞬时启动KOM,使断路器再次跳闸。这样即实现了重合闸后加速保护动作的目的。

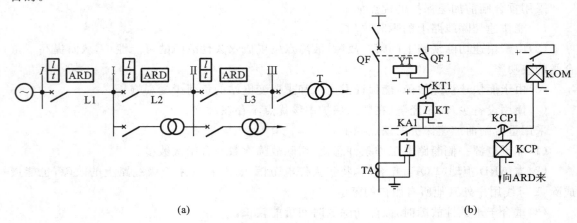

(a)   (b)

图 4-11 自动重合闸后加速保护

(a)原理说明图;(b)原理接线图

采用重合闸后加速保护的优点如下。

(1)故障首次切除保证了选择性,不会扩大停电范围,这在高压电网中显得特别重要。

(2)重合于永久性故障线路时,仍能快速、有选择性地将故障切除。

(3)应用不受网络结构和负荷条件的限制。

采用重合闸后加速保护的缺点如下。

(1)首次故障的切除可能带有时限,但对装有纵联保护的线路上发生的故障,两侧保护均可瞬时动作跳闸,该缺点并不存在。

(2)每条线路的断路器上都应设 ARD,与前加速保护相比就较复杂一些(对数字式保护来说并未增加多大的复杂性)。自动重合闸后加速保护广泛用于 35 kV 以上的电力系统中。

问题与思考

1. 何谓重合闸前加速?重合闸前加速保护的优缺点有哪些?

2. 何谓重合闸后加速?重合闸后加速保护的优缺点有哪些?什么采用同步重合闸时不用后加速?

4.5　综合自动重合闸

据运行经验,在 110 kV 以上的大接地电流系统的高压架空线上,有 70% 以上的短路故障是单相接地短路。尤其是 220~500 kV 的架空线路,由于线间距离大,相间故障几率少,绝大部分是单相接地故障,单相接地可高达 90%。因此,若线路上装有可分相操作的三个单相断路器,当发生单相接地短路时,只断开故障相断路器,然后进行重合,而未发生故障的其余两相可继续运行。这样,不仅可以提高供电的可靠性和系统并列运行的稳定性,还可以减少相间故障的发生。

单相重合闸方式是指:当线路发生单相接地故障时,保护动作只跳开故障相断路器,然后进行单相重合;若重合于永久性单相故障,而系统又不允许长期非全相运行,则跳开三相断路器,不再重合。当线路发生相间短路或因其他原因跳开三相断路器时,不进行重合闸。

在设计线路重合闸装置时,把单相重合闸和三相重合闸综合在一起考虑,即当发生单相接地短路时,采用单相重合闸方式;当发生相间短路时,采用三相重合闸方式。综合这两种重合闸方式的装置,称为综合重合闸装置,被广泛应用于 220 kV 及以上电压等级的大接地电流系统中。

4.5.1　综合重合闸的重合闸方式

通过该装置上切换开关的切换,综合重合闸装置一般可以实现以下四种重合闸方式。

(1)单相重合闸方式。线路上发生单相故障时,实行单相自动重合闸;当重合到永久性单相故障时,一般也是断开三相并不再进行重合。线路上发生相间故障时,则断开三相不再进行自动重合。

(2)三相重合闸方式。线路上发生任何形式的故障时,均实行三相自动重合闸。当重合到永久性故障时,断开三相并不再进行自动重合。

(3)综合重合闸方式。线路上发生单相故障时,实行单相自动重合闸;当重合到永性单相故障时,若不允许长期非全相运行,则应断开三相并不再进行自动重合。线路上发生相间故障时,实行三相自动重合闸;当重合到永久性相间故障时,断开三相并不再进行自动重合。

(4)停用方式。线路上发生任何形式的故障时,均断开三相不进行重合。由于使用综合重合闸时,线路会出现非全相运行的情况,因此会带来许多问题,所以,并非所有的超高压线路都使用综合重合闸。

4.5.2 综合重合闸的特殊问题

综合重合闸与一般的三相重合闸相比,只是多了一个单相重合闸性能。因此,综合重合闸需要考虑的特殊问题是由单相重合闸方式引起的,主要有以下几个方面。

1. 需要设置故障选相元件

在单相重合闸中,要求当线路发生单相接地短路时,保护动作只跳开故障相断路器。但一般的继电保护只能判断故障是发生在保护区内还是保护区外,不能判断故障的相别。因此,为了实现单相重合闸,应增加选择故障相的元件,即选相元件。对选相元件的基本要求是,首先应保证选择性,即选相元件与继电保护相配合只跳开发生故障的那一相,而接于另外两相的选相元件不应动作;其次,要保证足够的灵敏度,当故障相线路末端发生单相接地短路时,接于该相上的选相元件应可靠动作。

根据电网接线和运行的特点,常用的选相元件有如下几种。

(1)相电流选相元件。在每相上各装设一个过电流继电器,当线路发生接地短路时,故障相电流增大,使该相上的过电流继电器动作,从而构成相电流选相元件。这种选相元件适于装在线路的电源端,其动作电流按躲过最大负荷电流整定;对于线路末端短路电流不大的中长线路则不能采用。由于相电流选相元件受系统运行方式的影响较大,故一般不作为独立的选相元件,仅作为消除阻抗选相元件出口短路死区的辅助选相元件。

(2)相电压选相元件。在每相上各装设一个低电压继电器,利用故障时故障相电压降低来构成选相元件。其动作电压按小于正常运行及非全相运行时可能出现的最低电压来整定,适于装设在小电源或单侧电源线路的受电侧。由于低电压选相元件在长期运行中触点易抖动,可靠性较差,因而不能单独作为选相元件使用,而只作为辅助选相元件。

(3)阻抗选相元件。阻抗选相元件采用带零序电流补偿的接线,即三个低阻抗继电器接入的电压、电流分别为:$\dot{U}_A$、$\dot{I}_A+K\times 3\dot{I}_0$;$\dot{U}_B$、$\dot{I}_B+K\times 3\dot{I}_0$;$\dot{U}_C$、$\dot{I}_C+K\times 3\dot{I}_0$。其中,$\dot{U}_A$、$\dot{U}_B$、$\dot{U}_C$ 为保护安装处母线的相电压;$\dot{I}_A$、$\dot{I}_B$、$\dot{I}_C$ 为被保护线路由母线流向线路的相电流;$3\dot{I}_0$ 为相应的零序电流;$K=(Z_0-Z_1)/3Z_1$ 为零序电流补偿系数。阻抗继电器的测量阻抗与短路点到保护安装处之间的正序阻抗成正比,正确地反映了故障点的距离。因而,阻抗选相元件较电压和电流选相元件更灵敏、更有选择性,在复杂电网中得到了广泛的应用。

(4)相电流差突变量选相元件。相电流差突变量选相元件是根据两相电流之差构成的三个选相元件,其动作情况满足一定的逻辑关系。三个继电器所反映的电流分别为 $d\dot{I}_{AB}=\dot{I}_A-\dot{I}_B$,$d\dot{I}_{BC}=\dot{I}_B-\dot{I}_C$,$d\dot{I}_{CA}=\dot{I}_C-\dot{I}_A$,上式可以看出,发生单相接地短路时,只有两非故障相电流之差不突变,该选相元件不动作,而在其他短路故障下,三个选相元件都动作,其动作情况见表4-3。因此,当三个选相元件都动作时,表明发生了多相故障,其动作后跳开三相断路器;当两个选相元件动作时,表示发生了单相接地短路,可选出故障相。

表 4-3　各种类型故障下相电流差突变量选相元件动作情况

故障类型	故障相别	选相元件		
		$d\dot{I}_{AB}$	$d\dot{I}_{BC}$	$d\dot{I}_{CA}$
三相短路	ABC	动作	动作	动作
两相短路或 两相短路接地	AB	动作	动作	动作
	BC	动作	动作	动作
	CA	动作	动作	动作
单相接地	A	动作	不动作	动作
	B	动作	动作	不动作
	C	不动作	动作	动作

在微机综合重合闸装置中,常兼用相电流差突变量选相和阻抗选相两种方式,互相取长补短。阻抗选相元件一般不会误动,但在单相经大电阻接地时可能拒动;而相电流差突变量选相元件灵敏度高,不会在大过渡电阻时拒动,但它仅在故障刚发生时能可靠动作,在单相重合闸过程中可能由于连锁切机、切负荷或其他操作而误动作。因此,在刚启动时采用相电流差突变量原理选相,选出故障相后相电流差突变量选相元件退出工作,以后若故障发展成相间故障则依赖阻抗元件选相。

2. 应考虑潜供电流对单相重合闸的影响

当发生单相接地故障时,保护将故障相两侧断路器跳开后,由于非故障相与断开相之间存在静电(通过电容)和电磁(通过互感)的联系,因此,虽然短路电流已被切断,但在故障点的弧光通道中,仍然流有如下电流:

(1)非故障相 A 通过 A、C 间的电容 C 供给的电流 i_{CA};

(2)非故障相 B 通过 B、C 间的电容 C 供给的电流 i_{CB};

(3)继续运行的两相中,由于流过负荷电流 I_{LA} 和 I_{LB},而在 C 相中产生互感电势 $\dot{E}_{M}$,此电势通过故障点和该相对地电容 C_{0} 而产生的电流 i_{M}。这些电流的总和$(i_{M}+i_{CA}+i_{CB})$称为潜供电流。C 相单相接地时潜供电流的示意图,如图 4-12 所示。由于潜供电流的影响,将使短路点弧光通道的去游离受到严重阻碍,而自动重合闸只有在故障点电弧熄灭且绝缘强度恢复以后才有可能重合成功,因此,单相重合闸的时间还必须考虑潜供电流的影响。

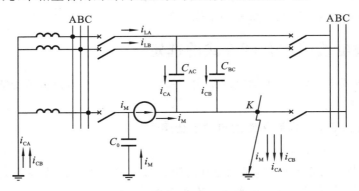

图 4-12　C 相单相接地时潜供电流的示意图

潜供电流的持续时间与很多因素有关,通常由实测来确定熄弧时间,以便正确地整定单相重合闸的时间。

3. 应考虑非全相运行对继电保护的影响

在单相重合闸的过程中,线路处于非全相运行的状态,此时会出现负序和零序分量的电流和电压,使继电保护误动,因而需要对保护采取必要的措施。

(1)零序电流保护。长线路处于非全相运行时,线路的零序电流 $3\dot{I}_0$ 可达正常负荷电流的 40%,因此,凡整定值躲不开该值的零序电流保护需退出工作,当线路转入全相运行后,应适当延时才能投入工作。在非全相运行期间,还应将本线路的零序三段保护缩短一个时间差,以防止本线路 ARD 不正常时造成相邻线路零序电流保护误动作。

(2)距离保护。非全相运行期间,当系统有摇摆时,相间距离保护存在误动作的可能。对于接地距离保护,当使用线路电压互感器时,也存在误动的可能,故实际运行的距离保护在非全相运行时均被闭锁退出工作。

(3)方向高频保护。对于零序功能方向元件,无论使用母线电压互感器还是线路电压互感器,非全相运行时均可能误动作。故由零序功能方向闭锁的高频保护,在非全相运行时应退出工作。在非全相运行情况下,由负序功率方向闭锁的高频保护,在使用母线电压互感器时可能误动。当使用的是线路电压互感器时,因在非全相运行情况下不会误动,可不必退出工作。但在非全相运行时若再发生故障,则存在拒动的可能。

(4)相差高频保护。对应采用负序电流 $\dot{I}_2$ 启动,用正序和负序电流 $\dot{I}_1 + K\dot{I}_2$ 操作,进行相位比较的相差高频保护,只要在整定值时注意线路分布电容的影响,非全相运行时不会误动作,不必退出工作。

但是,相差高频保护在"同名相单相接地与断线"时存在拒动的可能。如在单相接地故障时,线路一侧故障相断路器先跳开,或线路一侧先单相重合于永久性故障,就会出现这种情况,在综合重合闸的回路设计上应予考虑。

4. 当单相重合闸不成功,应考虑线路转入长期非全相运行时的问题

根据系统运行的需要,在单相重合闸不成功后,线路需转入长期非全相运行时,应考虑下列问题:

(1)长期出现负序电流将引起发电机的附加发热;

(2)长期出现负序和零序电流,对电网继电保护的影响;

(3)长期出现负序电流对通信线路的干扰。

4.5.3　输电线路重合闸方式的选定

自动重合闸方式的选定,应根据电网结构、系统稳定要求、电力设备承受能力和继电保护可靠性等原则,合理选定。

1. 110 kV 及以下单侧电源线路的自动重合闸

(1)采用三相一次重合闸方式。

(2)当断路器断流容量允许时,对无经常值班人员变电站引出的无遥控的单回线以及给重要负荷供电无备用电源的单回线,可采用二次重合闸方式。

(3)由几段串联线路构成的电力网,为快速切除短路故障,可采用带前加速的重合闸方式。

2. 110 kV 及以下双侧电源线路的自动重合闸

(1)采用无压检定和同期检定的三相重合闸方式。

(2)双侧电源的单回线路,可采用如下重合闸方式。

①可采用解列重合闸,即将一侧电源解列,另一侧装设线路无电压检定的重合闸;

②当水电厂条件许可时,可采用自同期重合闸;

③为避免非同期重合及两侧电源均重合于故障上,可采用一侧无电压检定,另一侧采用同期检定的重合闸。

(3)并列运行的发电厂或电力系统之间具有两条联系(同杆架设双回线除外)的线路或三条联系不紧密的线路,可采用下列重合闸方式。

①当非同期重合闸的最大冲击电流超过允许值时,可采用同期检定和无电压检定的三相重合闸;

②当非同期重合闸的最大冲击电流不超过允许值时,可采用不检查同期的三相重合闸;当出现单回线运行的情况时,可将重合闸停用;

③没有其他联系的并列运行双回线路,当不能采用非同期重合闸时,可采用检查另一回线路有电流的自动重合闸。

(4)当符合下列条件且认为有必要时,可采用非同期重合闸。

①非同期重合闸时,流过发电机、同期调相机或电力变压器的冲击电流不超过规定值;

②在非同期重合闸所产生的振荡过程中,对重要负荷的影响较小,或者可以采取措施减小其影响(例如尽量使电动机在电压恢复后能自动启动,使同期电动机失步后实现再同期等)时;

③重合后,电力系统可以迅速恢复同期运行时。

(5)根据电力系统运行的需要,在 110 kV 电力网某些重要的线路上,也可装设综合重合闸。对于 220～500 kV 线路,应根据电力网结构和线路的特点(如电力网联系的紧密程度,电力系统稳定的要求,线路的长短及负荷的大小和重要程度等),同时满足上述(1)、(2)、(3)中有关装设三相重合闸的规定时,可采用三相重合闸,否则装设综合重合闸。

3. 220～500 kV 线路自动重合闸

(1)220 kV 单侧电源线路,采用不检同期的三相重合闸方式,也可选用单相重合闸或综合重合闸方式。

(2)对于 220 kV 线路,当同一送电截面的同级电压及高一级电压的并联回数等于或大于 4 回时,选用一侧检线路无压、另一侧检线路与母线电压同期的三相重合闸方式(由运行方式部门规定哪一侧检线路无压先重合)。三相重合闸时间无压侧整定为 15 s 左右,同期侧整定为 0.85 s。

(3)220 kV 弱联系的双回线路,可选用单相重合闸或综合重合闸方式。

(4)220 kV 大环网线路,采用三相快速重合闸可认为是合理的,因为重合成功可保持系统的稳定性。

(5)330～500 kV 及并联回路数等于或小于 3 回的 220 kV 线路,采用单相重合闸方式。单相重合闸时间由运行方式确定(一般为 15 s),并且不宜随运行方式变化而改变。

(6)带地区电源的主网络终端线路,一般选用解列三相重合闸方式(主网侧检线路无电压重合),也可选用综合重合闸方式。

(7)对可能发生跨线故障的 330～500 kV 同杆并架双回线路,如输送容量较大,且为了提高电力系统的安全稳定水平,可考虑采用按相自动重合闸方式。

4. 大型机组高压配出线的自动重合闸

为避免重合于高压配出线出口三相永久性故障对发电机轴寿命的影响，重合闸方式如下。

(1)高压配出线电厂侧宜采用单相重合闸方式。

(2)高压配出线采用三相重合闸时，宜在系统侧检线路无压先重合，电厂侧在检同期重合，即使是正常操作也须如此操作。

5. 带有分支的线路自动重合闸

当带有分支的线路上采用单相重合闸方式时，分支侧的自动重合闸可采用下列方式。

1)分支侧无电源时

(1)分支处变压器中性点接地时，采用零序电流启动的低电压选相的单相重合闸方式，重合后不再跳闸。

(2)分支处变压器中性点不接地时，若所带负荷较大，则采用零序电压启动的低电压选相的单相重合闸方式，重合后不再跳闸；也可采用零序电压启动跳分支变压器低压侧三相断路器(切去负荷)，重合后不再跳闸。当分支侧的负荷很小时，分支侧不设重合闸，也不跳闸。

2)分支侧有电源时

(1)当分支侧电源不大时，可用简单保护将分支侧电源解列，而后按分支侧无电源方式处理。

(2)当分支侧电源较大时，则在分支侧装设单相重合闸。

4.5.4 微机综合重合闸方式的简介

微机综合重合闸装置通常作为线路成套微机保护的组成部分之一，与各种线路保护配合可完成各种事故处理。微机综合重合闸装置采用通用的硬件构成，通常只要改变程序就可得到不同的原理和特性，所以可灵活适应电力系统情况的变化。现以 WXH-25(S)型微机线路保护装置为例进行简要说明。

保护装置采用了多单片机并行工作方式的硬件结构，配置了四个硬件完全相同的保护 CPU 插件，分别完成高频方向保护、距离保护、零序电流保护以及重合闸等功能。另外，配置了一块接口插件，完成对各保护 CPU 插件巡检、人机对话和与系统联机等功能。装置的硬件框图如图 4-13 所示。微机综合重合闸模块包括重合闸和外部保护选相跳闸两部分，经光电隔离可实现综合重合闸、单相重合闸、三相重合闸或停用重合闸方式的选择。外部保护选相跳闸设有 N、M、P 三种端子。

其中：N 端子——接本线路和相邻线路非全相运行时不会误动作的保护。

M 端子——接本线路非全相运行时会误动作的保护，而相邻线路非全相运行时不会误动作的保护。

P 端子——接相邻线路非全相运行时会误动作的保护。

为防止重合闸多次动作，按照常规的一次合闸脉冲原理，在程序中设有一个充电计数器，当装置接通直流电源 20 s 后，该计数器计满数，才允许发出重合闸脉冲。在发出合闸命令后将该计数器清零，从而防止再次重合于永久性故障。

重合闸采用断路器与控制开关位置不对应启动方式及保护启动方式。装置的"三跳启动重合"及"单跳启动重合"两个开入端子用于能独立选相的外部保护启动本装置重合闸。一个用于母线差动保护，另一个用于开关气压的触点。前者在任何情况下都将充电计数器清零，使重合闸不动作,后者只在保护启动前开关气压降低时才闭锁重合闸。

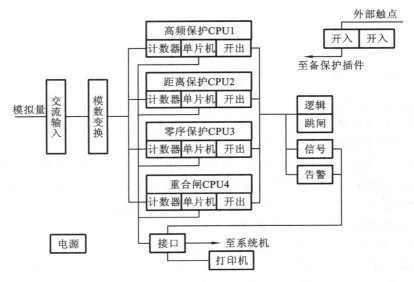

图 4-13 WXH-25(S)型装置的硬件框图

三相重合闸可由非同步、无压检定和同步检定三种方式实现。其中检定同步按控制字中指定相别进行,在判别线路有电压且连续两周非同步后,闭锁重合闸。检定无电压在判别三相都无电压且无电流后允许重合闸。非同步只适用于保护启动重合闸。

设有单相永久性故障判别回路,在判出单相永久故障时,不发出重合闸命令,转发三相跳闸及永跳。实现该功能的基本原理是:瞬时性故障条件下断开相上的电压由电容耦合电压和电感耦合电压组成;在永久性故障条件下电容耦合电压等于零或较小,断开相上的电压只有电感耦合电压。

重合闸中设有长短两个延时,在高频保护投入时用短延时,否则用长延时。

4.5.5 自适应自动重合闸

自动重合闸技术作为保证系统安全供电和稳定运行的重要措施之一,采用自动重合闸能使线路在瞬时性故障消除后重新投入运行,纠正断路器的误跳闸,从而在短时间内恢复整个系统的正常运行,以保证系统的安全供电。但是如果重合于永久性故障,对系统稳定和电气设备所造成的危害将超过正常状态下发生短路时对系统的危害。

为了防止重合于永久性故障给系统带来的危害,应从根本上解决盲目重合闸的问题。

1. 自适应单相自动重合闸

由于线路故障有 80% 以上为单相接地故障,在这种情况下跳开故障相并进行单相自动重合是保证电力系统安全稳定运行的重要有效措施之一。为防止自动重合于永久性故障,可先分析一相断开后线路两端电压的特征,并在此基础上提出在单相重合闸过程中判别瞬时性故障和永久性故障的方法。

(1)瞬时故障时断开相两端的电压。如果为瞬时性故障,当线路故障相两端断开后,断开相两端电压由电容耦合电压和电感耦合电压组成。断开相线路两端的电容耦合电压由线路的单位长度正序容纳与零序容纳和并联补偿的程度而定,与线路长度无关。断开相线路互感电压

$\dot{U}_{XL}$ 为

$$\dot{U}_{XL} = \dot{U}_X l \qquad (4-5)$$

$$\dot{U}_X = 3\dot{I}_0 Z_m \approx \dot{I}_0(Z_0 - Z_1) \qquad (4-6)$$

式中：$\dot{U}_X$——单位长度互感电压；

$\quad$ $\dot{I}_0$——两相运行时的零序电流；

$\quad$ Z_m——单位长度线路的互感；

$\quad$ Z_0、Z_1——单位长度线路的零序、正序阻抗。

当线路发生单相永久接地时，线路断开相两端的电压由接地位置、健全相负荷电流与过渡电阻决定。若为金属性接地短路时断开相两端的电压由互感电压和接地点位置决定，与接地点到断开点的距离成正比。若为过渡电阻接地短路时，断开相两端电压中电容耦合分量不为零，互感电压的幅值和相位也随过渡电阻而变化。

（2）瞬时性故障与永久性故障的判别方法有以下几种。

①电压判据。电压判据是根据建立在测定单相自动重合闸过程中，断开相两端电压的大小来区分瞬时性故障和永久性故障。为了判别瞬时性和永久性故障，应保证在永久性故障时不重合，考虑最严重条件，电压继电器的整定值应按下式决定

$$U_{OP} = K_{rel} U_{XL} \qquad (4-7)$$

式中：K_{rel}——可靠系数，取 $1.1\sim1.2$；

$\quad$ U_{XL}——最大负载条件下两相运行时的感应电压。

当测量的电压大于或等于 U_{OP} 时，判定为瞬时性故障，允许自动重合闸动作。

②补偿电压判据。对于重负荷长距离的高压输电线路，在断开相的两端将会出现永久性故障时的电压大于瞬时性故障电压的情况。为了能正确区分永久性故障和瞬时性故障，可采用补偿电压的方法。

当电流方向规定是由母线流向线路为正方向时，判别为瞬时性故障允许自动重合闸的条件，即补偿电压判据可表示为

$$\left| \dot{U} - \frac{1}{2}\dot{U}_{XL} \right| \geqslant \left| \frac{K_{rel}\dot{U}_{XL}}{2} \right| \qquad (4-8)$$

式中：$\dot{U}$——断开相的测量电压。

③组合电压补偿判据。在带并联电抗器和中性点电抗器的高压长距离线路上，瞬时性故障切除后，断开相线路两端的电压可能很低，为此提出的组合电压补偿判据为

$$\left| \dot{U} - \frac{U_{XL}}{4} \right| \geqslant \left| \frac{K_{rel}\dot{U}_{XL}}{4} \right| \qquad (4-9)$$

$$\left| \dot{U} - \frac{3U_{XL}}{4} \right| \geqslant \left| \frac{K_{rel}\dot{U}_{XL}}{4} \right| \qquad (4-10)$$

当以上两式同时满足时，判定为瞬时性故障，允许进行单相重合闸。

2. 自适应三相自动重合闸

根据对带并联电抗器的输电线路在各种情况下开断三相后暂态过程的分析，对三相跳闸后线路上自由振荡电压有以下特点。

（1）无故障时开断三相空载长线路。线路自振电压的最大幅值一般接近或大于正常运行时的相电压,自振频率30～40 Hz之间,正序衰减时间常数 T 一般大于1 s,零序衰减时间常数一般大于0.5 s。

（2）不对称接地情况下三相跳闸。当永久性故障时,故障相自振电压为零。当瞬时性故障时,故障相有一定幅值的自振电压。

（3）不接地短路情况下三相跳闸。当永久性故障时,各故障相自振电压的幅值和相位相同。当瞬时性故障时,短路点熄弧后各故障相自振电压不相同。

（4）三相接地情况下三相跳闸。当永久性故障时,三相自振电压为零。当瞬时性故障时,短路点熄弧后线路上自振电压不为零。

根据上述各种短路情况下三相跳闸后线路自振电压的特点,提出利用三相跳闸后线路自由振荡电压作为永久性故障和瞬时性故障的判据。

（1）接地短路。当永久性故障时,故障相自振电压为零。当瞬时性故障时,故障相有一定幅值的自振电压。

（2）不接地短路。当永久性故障时,各故障相自振电压相等。当瞬时性故障时,各故障相自振电压不相等。

在使用上述判据进行判别时,为防止误判断,应注意:线路自振电压为拍频形式;在三相接地跳闸情况下,当短路点熄弧后有可能出现某一相自振电压很低的情况。

3. 自适应分相重合闸

我国在6～110 kV的线路上广泛采用三相操作的断路器和三相自动重合闸,在220～500 kV的线路上照例采用分相操作的断路器和综合自动重合闸,在不带并联电抗器的线路上发生故障三相跳开后,线路上储存的电荷数量和极性由故障类型、位置和三相断开时刻决定,线路上的电压呈直流特性。在6～110 kV电网内,电压互感器接在母线上,在220～500 kV电网内,电压互感器虽然接在线路侧,但不具备传变直流电压的能力。因此,上述自适应单相和三相重合闸的应用遇到了困难,为防止重合于永久性故障必须另寻出路。

考虑到220～500 kV线路断路器具有分相操作的特点和微机保护有故障选相能力,对不带并联电抗器的上述线路可采用自适应分相重合闸以防止重合于永久性故障。自适应分相重合闸的基本原理是当发生故障的线路三相断开后,根据故障选相的结果,先重合其中一相,在一相或两相线路重合带电后,即可利用与自适应单相重合闸相似的方法识别故障是否消失,如果是永久性故障的,则不再重合其他未合的相,并再次断开三相。反之,则重合发生故障的相,恢复线路正常运行。自适应分相重合闸的原理已经过分析计算和仿真试验,证明了它的可行性和有效性。

问题与思考

1.何谓综合重合闸?用在什么系统上?

2.综合重合闸装置的作用是什么?

3.在单电源线路上一般采用哪种重合闸?

4.在双电源线路上,重合闸的方式一般有哪些?

5.一般哪些保护与自动装置动作后应闭锁重合闸?

6.220 kV线路为什么要装设综合重合闸装置?

7.何谓"潜供"电流?

8.综合重合闸故障选相元件有哪几种?

技能训练4 输电线路三相一次重合闸实验

一、实验目的

(1)熟悉三相一次重合闸的充、放电条件。

(2)熟悉三相一次重合闸的逻辑组态方法。

二、实验原理及逻辑框图

装置设有三相一次重合闸功能,通过设置重合闸压板控制投退。重合闸当开关位于合位,且无外部闭锁时充电,充电时间为 15 s。当开关由合位变为跳位时重合闸启动。启动后,若 10 s内不满足重合闸条件(含有流:超过 $0.04I_n$)则放电。重合闸设有四种重合方式:0——无检定;1——检无压,有压转检同期;2——检同期;3——检无压,有压不重合。双侧电源的线路,除采用解列重合闸的单回线路外,均应有一侧检同期重合闸,以防止非同期重合闸对设备的损害,另外一侧投检无压。原理框图如图4-9所示。

重合闸充电完成时,液晶显示屏中央显示充电完成标志。

(1)重合闸的启动:由断路器位置接点变位启动。

(2)重合闸的闭锁。

重合闸的闭锁条件有:①闭锁重合闸开入;②低频动作;③过负荷跳闸;④低电压保护动作;⑤过流一段动作(过流一段闭锁重合闸控制字投入情况下);⑥遥控跳闸;⑦控制回路断线(开关位置异常);⑧线路电压异常;⑨压力异常;⑩弹簧未储能;⑪手跳(有操作回路:HHJ 返回;无操作回路:将手跳信号接至闭锁重合闸)。

三相一次重合闸原理框图如图4-14所示。

三、实验内容

(1)首先接好控制回路,用导线将端子"合闸回路"两个接线孔短接,将端子"跳闸回路"两个接线孔短接。合上"控制开关"、"Ⅳ母电源"和"Ⅰ母电源",使实验装置上电,保护装置得电启动同时实验装置停止按钮亮。

(2)按下启动按钮,旋转"Ⅳ母电压"和"Ⅰ母电压"转换开关检查系统进线电压是否正常,根据实验需要合断路器连接线路,此时线路实验装置为双端供电,两侧的线路保护装置都已启动,可选择其中一个进行实验,左边的保护装置跳左边的断路器 QF9,右边的保护装置跳右侧的断路器 QF5。

(3)通过实验装置面板上的"故障点选择"旋转开关,可选择距离Ⅰ段或者距离Ⅱ段保护实验。并把两侧转换开关都打到就地位置。

(4)修改保护定值:进入微机线路保护装置菜单"定值"→"定值",输入密码后,进入→"重合闸"→按"确认"按钮,进入定值修改界面,修改输电线路重合闸保护的保护定值,重合闸保护定值清单如下:

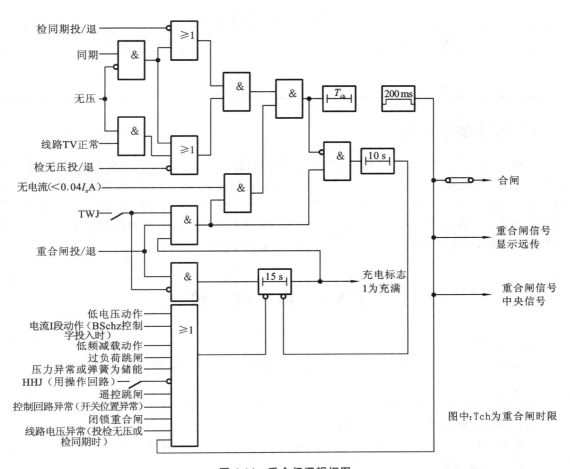

图 4-14 重合闸逻辑框图

重合闸时限	Tch	1.00 s
重合闸无压值	Udzch	50.00 V
重合闸同期角	Ach	30.00D
重合闸方式	Mch	0
抽取电压相别	Tux	0
遥控合闸方式	Myh	0

（5）投入保护压板。将重合闸保护的软压板投入（"定值"→"压板"，输入密码后，进入→"重合闸"，将其保护软压板投入后→按"确认"后显示"压板固化成功"），同时要将距离保护的硬压板和软压板投入，其他所有保护的硬压板和软压板均退出。

（6）待重合闸充满电，即保护装置初始画面弹出小电池标志时，才能进行重合闸实验，按照前述的相间短路故障实验模拟的方法进行输电线路相间短路故障后的三相重合闸实验，在距离保护动作后进行自动重合闸，面板上显示距离保护跳闸，断路器跳开，跳闸灯亮，然后是重合闸动作，断路器重新合上，重合闸灯亮。（也可实现单相接地后的重合闸）。

（7）实验完成后，在 WXH-825 微机线路保护测控装置的"报告"中记下重合闸保护动作时的保护动作信息，并制作相应的表格，见表 4-4。

（8）记录保护动作信息后，可改变实验定值进行多次实验。

表 4-4　三相重合闸保护实验数据表

保护整定值	保护动作信息

四、写实验总结要求

三相一次重合闸实验,模拟了实际线路中的运行情况,再现了其工作的全部内容,有利于高职学生深刻理解三相一次重合闸的工作原理,认识到其在减少停电时间,提高供电可靠性方面的作用。微机三相一次重合闸参数的设定基于学生对三相一次重合闸的充放电条件的认识,通过重合闸装置使断路器重新合闸,恢复正常供电,这在实际电力网中有着重要的作用。在写实验总结的时候,学生需要深刻地理解熟悉 ARD 装置的结构和工作原理。

模块 4　自　测　题

一、填空题

1. 三相一次重合闸用来_____保证重合闸只动作一次;手动断开线路断路器时,重合闸应_____。

2. 当母线差动保护动作时,应_____线路自动重合闸装置。

3. 自动重合闸应能_____与配合。

4. 继电保护与自动重合闸的配合方式有_____和_____两种。

5. 自动重合闸装置采用跳跃闭锁继电器 KJL 的目的是_____。

6. _____启动方式不能对断路器误跳进行重合,_____启动方式能纠正误跳闸。

7. 重合闸装置若返回时间太长则_____,太短则_____。

8. 检查无电压、同步自动重合闸,为使两端断路器工作条件均等,应定期_____方式。

9. 检查无压同步重合闸,检查无压连接片_____侧应连上,_____侧应断开,否则会产生_____问题。

10. 双侧电源线路的自动重合闸应考虑的问题是_____和_____。

11. 电力系统采用自动重合闸后,若重合于永久性故障,则将带来不利的因素是_____和_____。

12. 要保证重合闸装置只动作一次,装置的准备动作时间应为_____s。

13. 单电源线路的特点是仅有一个电源供电,不存在_____问题,重合闸装于线路的_____。

14. 两侧电源线路因故障断开后,为保证重合时不发生_____而保持稳定运行,要求重合时两侧的_____差和_____差应在规定的允许范围内。

15. 《继电保护和安全自动装置技术规程》规定,_____千伏以上的架空线路或电力电缆与架空线路混合线路,当具有断路器时,应装设自动重合闸装置。

16. 自动重合闸启动后,需经一定时间再重合,这是保护装置_____,断路器操作机构_____,故障点去游离后_____恢复所必需的。

17. 综合自动重合闸装置中接地判别元件,用来区别线路发生_____的,当判断出不是接地故障时,应立即沟通回路,尽快切除_____相。

18. 综合重合闸一般具有_____重合闸,_____重合闸,_____重合闸及_____重合闸四种运行选择方式。

19. 继电保护和安全自动装置技术规程规定,对于旁路断路器和兼作旁路的母联断路器或分段断路器,宜装设_____装置。

20. 非同期重合闸是指双侧电源线路事故跳闸后,只要两个解列系统_____的在允许范围内,非同期合闸所产生的不超过规定值,即可不检查同期条件,按启动方式将线路断路器重合。

21. 自动重合闸按本身结构可分为_____、_____、_____。

22. 综合自动重合闸,线路发生单相故障时,实行_____;线路发生两相故障时,实行_____;线路发生三相故障时,实行_____。

23. 重合闸前加速保护动作,在_____装设自动重合闸,同时装设保护范围包括本线路、相邻线路和以后几段线路的_____。

24. 重合闸后加速保护动作,重合闸装置装在_____,各段线路的电流保护具有时限特性。

25. 采用重合闸后加速保护动作的线路故障时,首先继电保护_____跳闸,然后自动重合闸,如果是永久性故障,则通过瞬时切除故障。

26. 输电线路装有综合自动重合闸,当线路发生故障时,利用_____判断是区内故障还是区外故障,决定是否_____;由_____和_____决定几相跳闸以及哪相跳闸。

二、判断题

1. 重合闸前加速保护广泛应用在 35 kV 以上电网中,而重合闸后加速保护主要用于 35 kV 以下的发电厂和变电所引出的直配线。(   )

2. 检查无压、同步三相自动重合闸,应将线路两端检查无压连接片都连上。(   )

3. 自动重合闸采用保护启动方式,对误碰引起输电线路断路器跳闸能进行重合。(   )

4. 检查同步重合闸是利用重合闸动作时间和同步检查继电器常闭接点闭合时间的大小来判别频差大小。(   )

5. 双侧电源线路的重合闸装置两端,均采用检查无电压方式启动时,将可能造成非同步合闸或一侧拒动。(   )

6. 重合闸前加速保护比重合闸后加速保护的重合成功率高。(   )

7. 在双侧电源线路上,一般可以装设重合闸前加速保护。(   )

8. 检查线路无电压和检查同步重合闸装置,在线路发生永久性故障跳闸时,检查同步重合侧重合闸不会动作。(   )

9. 综合重合闸中,选相元件必须可靠,如果因选相元件在故障时拒动而跳开三相断路器,根据有关规定应认定综合重合闸为不正确动作。(   )

10. 并联补偿电力电容器不应装设自动重合闸。(   )

11. 检查线路无电压和检查同步重合闸装置,在线路发生永久性故障跳闸时,检查线路无电压侧重合闸会动作且保护加速动作。(   )

12. 为了使输电线路尽快恢复供电,ARD 动作可以不带时限。(   )

13. 全敷设电缆线路不应装设重合闸。(   )

14. 重合闸的充电回路受控制开关接点的控制。(   )

15. 三相电气式重合闸的复归时间取决于重合闸中电容的充电时间。（　　　）

16. 当采用检查无电压和检查同步重合闸时,如线路的一端装设检查同步重合闸,则线路的另一端必须装设检查无电压重合闸。（　　　）

17. 对于重合闸后加速保护,当重合于永久性故障时一般用于加速保护Ⅱ段瞬时切除故障。（　　　）

18. 单电源环网线路三相自动重合闸与检查无电压三相自动重合闸的动作时间都是按两侧断路器不同时跳闸条件来整定。（　　　）

19. 检查同步重合闸,只要母线与线路的电压相角小于同步检查继电器整定角就能重合。（　　　）

20. 单电源平行线路三相自动重合闸与检查同步三相自动重合闸的动作时间都是按两侧断路器不同时跳闸条件来整定。（　　　）

三、选择题

1. 三相一次重合闸用（　　　）来保证重合闸只动作一次。
A. 电容 C　　　　　　　　B. 电阻 R　　　　　　　　C. 线圈

2. （　　　）启动方式能纠正断路器误跳闸。
A. 保护启动方式　　　　B. 控制开关和断路器位置不对应启动方式　　　　C. 两种方式

3. 综合自动重合闸,线路发生单相故障时,实行（　　　）。
A. 单相自动重合闸　　　　B. 三相自动重合闸　　　　C. 三相自动重合闸

4. 线路发生两相故障时,实行（　　　）。
A. 单相自动重合闸　　　　B. 三相自动重合闸　　　　C. 两相自动重合闸

5. 线路发生三相故障时,实行（　　　）。
A. 单相自动重合闸　　　　B. 三相自动重合闸　　　　C. 三相自动重合闸

6. 检查无压同步重合闸,检查无压联接片（　　　）侧应连上。
A. 无压侧　　　　　　　　B. 同步侧　　　　　　　　C. 无压侧和同步侧

7. 检查无压同步重合闸,若重合于永久性故障（　　　）侧的断路器要两次跳开短路电流,工作条件更恶劣。
A. 无压侧　　　　　　　　B. 同步侧　　　　　　　　C. 无压侧和同步侧

8. 单电源线路的特点是仅有一个电源供电,不存在非同步问题,三相重合闸装于线路的（　　　）。
A. 送电侧　　　　　　　　B. 受电端　　　　　　　　C. 送电侧和受电端

9. 《继电保护和安全自动装置技术规程》规定,（　　　）以上的架空线路或电力电缆与架空线路混合线路,当具有断路器时,应装设自动重合闸装置。
A. 3 kV　　　　　　　　　　　　　　　　B. 10 kV
C. 35 kV　　　　　　　　　　　　　　　　D. 110 kV

10. 采用重合闸后加速保护动作的线路故障时,继电保护第一次动作是（　　　）跳闸,然后自动重合闸,如果是永久性故障,则通过加速保护装置瞬时切除故障。
A. 选择性　　　　　　　　B. 无选择　　　　　　　　C. 延时

11. 采用重合闸前加速保护动作的线路故障时,继电保护第一次动作是无选择瞬时跳闸,然后自动重合闸,如果是永久性故障,则通过保护（　　　）切除故障。
A. 选择性　　　　　　　　B. 无选择　　　　　　　　C. 延时

模块 **5**

备用电源自动投入装置

学习导论

随着国民经济的持续高速发展,人民生活水平的不断提高,社会对电力的需求提出了更高的要求。工业化程度的提高、生产力的发展、超大规模设备及高新技术的应用、人们文化娱乐的高档次需求、家庭中现代化家用电器的使用等等。所有这些,运作所需的能源绝大多数是电力。

电力系统的规模在不断扩大,系统的运行方式也越来越复杂,各个行业对供电可靠性供电质量的要求越来越高,特别是一些重要的用电单位具有用电容量大、工艺要求严格及自动化水平高等特点。只要突然停电,即使停电时间只有几分钟,都可能使整个生产线停产,而重新恢复生产要经过很长时间而且操作复杂。一次突然停电还会给企业带来巨大的经济损失,给人民生活造成极大的困难,从而使国民经济蒙受巨大损失。例如,2003 年 8 月 14 日北美东部发生有史以来最大的停电事故,100 多个发电厂和几十条高压输电线路停运,波及 24000 km^2,损失负荷 61.8 GW,停电时间长达 29 h,受停电影响的人口约 5000 万,经济损失达 300 亿美元。所以,在电力系统发生故障时采取有效的措施,对于提高供电可靠性来说,具有重要意义。除了提高系统稳定性的各种措施之外,目前,最常用的办法是装设备用电源自动投入装置,并与继电保护配合,尽量缩短停电时间和停电范围。

备用电源自动投入装置是当工作电源故障或其他电源被断开后,能迅速自动地将备用电源或其他正常工作电源投入工作,使工作电源被断开的用户不至于停电的一种自动装置。近几年国内 110 kV 电网已开环运行,为确保供电可靠性,各供电公司在 110 kV 及以下变电站中均装设有备自投装置并实际投入运行,作为提高供电可靠性的补充措施。一旦电网发生故障,工作线路或工作变压器将被切除,此时由备用电源自动投入装置动作将备用线路或备用变压器自动投入,缩短了用户的停电时间。随着电力市场的开放,全社会对电力企业的服务要求越来越高,而其中最关注的无疑是用户的供电可靠性。显然,要保证用户可靠供电,首先必须保证我们的供电电源可靠,即既要有充足的主供电源,又要有可靠的能自动投入的备用电源。而要保证备用电源能可靠地自动投入,必然要求备用电源自动投入装置动作可靠,这就对自动投入备用电源及与之相应的自动投入装置提出了越来越高的要求。

常规备自投装置实现方式单一、响应速度慢、功能不完善,无法满足电力系统对于安全自动装置越来越高的要求。近年来,DSP 技术、通信技术、GPS 技术及 CPLD/FPGA 技术等的快速发展为实现功能更加强大、响应速度更快、可靠性更高的备自投装置提供了很多的便利条件。

备自投装置作为电力系统中常用的一种安全自动装置,其发展与继电保护装置一样经过了电磁(整流)型——晶体管型——集成电路型——微机型四个主要阶段。究其本质,各个阶段的主要技术区别在于对采集量(电流量、电压量、开关量)的运算方式和逻辑功能的实现方式上的不同。

目前应用的主流备自投装置是微机型备用电源自投装置,它将电流量、电压量等模拟量通过 VFC(压频变换器)元件或 ADC 转换为数字量送到装置的数据总线上,通过预设程序对数字量和开关量进行综合逻辑分析,并根据分析的结果作用于相关断路器,从而实现自动切换功能。

学习目标

1.认识备用电源自动投入装置应具有的功能,理解对备用电源自动投入装置的基本要求。

2.通过对典型接线的分析,掌握备用电源自动投入装置的工作原理。

3.能分析数字式(微机型)备用电源的逻辑图。

4.掌握操作电力系统备用电源自动投入装置的技能。

5.1 备用电源自动投入装置的作用及基本要求

5.1.1 备用电源自动投入装置的作用

备用电源自动投入装置是电力系统故障或其他原因使工作电源被断开后,能迅速将备用电源或备用设备或其他正常工作的电源自动投入工作,使原来工作电源被断开的用户能迅速恢复供电的一种自动控制装置,简称 AAT 装置。备用电源自动投入是保证电力系统连续可靠供电的重要措施。尤其是发电厂厂用电、变电所所用电的供电可靠性要求很高,因为发电厂厂用电、变电所所用电一旦供电中断,可能造成整个发电厂停电,变电所无法正常运行,后果十分严重。因此发电厂的厂用电、变电所的所用电均设置有备用电源。此外,一些重要的工矿企业用户为了保证它的供电可靠性,也设置了备用电源(或备用设备)。

5.1.2 备用电源的备用方式

备用电源的配置一般有明备用和暗备用两种基本方式。

1.明备用

明备用是指具有明确的备用电源,正常情况下备用电源不投入运行,只有当工作电源消失后,备用电源才投入运行的备用方式。明备用方式的特点就是具有明显的备用电源。

图 5-1 是明备用方式的简单接线图。

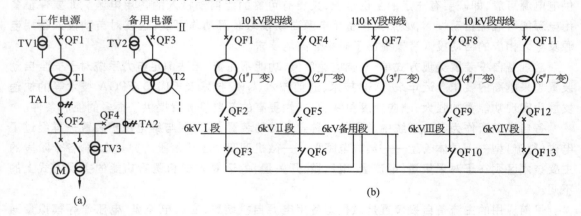

图 5-1 明备用典型一次接线

图 5-1(a)所示为双变压器一用一备接线图。图中的两台变压器通常情况下采用一用一备的运行方式。现假设将 1# 变压器作为工作电源,则其高、低压侧断路器 QF1、QF2 处于合闸状态;2# 变压器作为备用电源,其高、低压侧断路器 QF3、QF4 处于分闸状态。当 1# 变压器由于故障而跳闸导致低压侧母线失去电源时,1# 变压器高、低压侧断路器 QF1、QF2 自动跳闸,2#

变压器高、低压侧断路器 QF3、QF4 自动合闸。低压侧母线改由 2# 变压器供电。

图 5-1(b)所示为中小型发电厂普遍采用的厂用电一次接线图。厂用电运行方式如下:通常情况下,1#、2#、4#、5# 四台厂用变压器(简称厂变)投入运行,各自对应的高、低压侧断路器处于合闸状态;3# 厂用变压器作为备用电源(简称备变),其高压侧断路器 QF7 处于分闸状态;Ⅰ~Ⅳ段母线的备用电源进线开关 QF3、QF6、QF10 和 QF13 处于分闸状态。当某段母线因非正常停电操作而失去电源时,该段母线对应的厂变高、低压侧断路器自动跳闸,3# 备变高压侧断路器 QF7 和该段母线的备用电源进线开关自动合闸。该段母线改由 3# 备变供电。

当某台厂变需要停电检修时,通过运行人员的操作,对应的母线改由 3# 备变供电。同时 3# 备变仍可作为其他母线的备用电源。

2. 暗备用

暗备用是指没有明确的备用电源,两个电源各自带负荷运行,当其中一个电源所带的负荷因非正常原因失电时,另一个电源通过中间环节(通常为母线联络断路器)向失去电源的负荷供电的备用方式。暗备用没有明显的备用电源,通常指两个工作电源互为备用。

图 5-2(a)所示为双变压器同时工作的暗备用接线图。正常情况下,图中的两台变压器均作为工作电源单独运行,其高、低压侧断路器 QF1、QF2、QF3、QF4 均处于合闸状态;连接低压侧Ⅰ和Ⅱ段母线的母线联络断路器(简称母联断路器)QF5 处于分闸状态。1#、2# 变压器分别为Ⅰ、Ⅱ段母线供电。如果低压侧Ⅰ母线因非正常停电操作而失去电源时,为该段母线供电的 1# 变压器高、低压侧断路器 QF1、QF2 自动跳闸,母联断路器 QF5 自动合闸,则低压侧两段母线均由 2# 变压器供电。同理,当低压侧Ⅱ段母线因非正常停电操作失去电源时,为该段母线供电的 2# 变压器高、低压侧断路器 QF3、QF4 自动跳闸,同样母联断路器 QF5 自动合闸,则低压侧两段母线均由 1# 变压器供电。

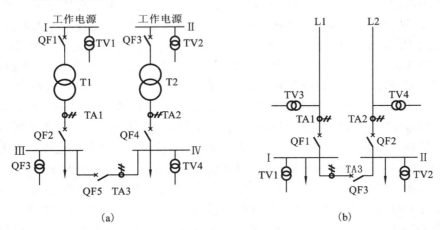

(a)   (b)

图 5-2 暗备用典型一次接线

图 5-2(b)所示为单母线分段或桥形接线,其中 L1 和 L2 为两条电源进线,QF3 为桥断路器或母线分段断路器,备用方式如下。

①母线Ⅰ和Ⅱ分列运行,分别由线 L1 和 L2 供电。QF1 跳开后,QF3 由 AAT 装置动作自动合上,母线Ⅰ和Ⅱ均由 L2 线供电;同理,QF2 跳开后,QF3 由 AAT 装置动作自动合上,母线Ⅰ和Ⅱ均由 L1 线供电。

②QF3 合上,QF2 断开,母线Ⅰ和Ⅱ由 L1 线供电;当 QF1 跳开后,QF2 由 AAT 装置动作

自动合上,母线Ⅰ和Ⅱ由均由 L2 线供电同理 QF3 合上,QF1 断开,母线Ⅰ和Ⅱ由 L2 线供电;当 QF2 跳开后,QF1 由 AAT 装置动作自动合上,母线Ⅰ和Ⅱ均由 L1 线供电。

除上述备用方式外,同样进行其他组合以满足运行需要。从图 5-1 和图 5-2 所示接线的工作情况可以看出,采用 AAT 装置后有以下优点。

(1)提高供电可靠性,节省建设投资,特别是在发电厂的厂用供电系统中具有重要意义。

(2)简化继电保护。采用 AAT 装置之后,环形供电网络可以开环运行,变压器可以分列运行,因此,在保证供电可靠性的前提下,继电保护变得简单而可靠。

(3)限制短路电流,提高母线残余电压。在受端变电所,如果采用变压器分列运行或者环网开环运行,其出线短路电流将受到一定限制,有些场合可以不必再设置出线电抗器,并且可以采用轻型断路器,从而节省了投资;供电母线中的高压母线上的残压会相应提高,有利系统稳定运行。

5.1.3 对备用电源和备用设备自动投入装置的基本要求

1. 在发电厂和变电站中装设 AAT 装置的原则

(1)装有备用电源的发电厂厂用电源和变电站站用电源。

(2)由双电源供电且其中一个电源经常断开以作为备用的变电站。

(3)有备用变压器或有互为备用的母线段的降压变电站。

(4)有备用机组的某些重要辅机。

2. 备用电源和备用设备自动投入的基本要求

虽然不同场合应用的 AAT 装置的接线可能有所不同,但基本要求是相同的,现分析如下。

(1)工作电源的电压不论何种原因消失时,AAT 装置均应动作。此时,供电元件已不能向用户供电,AAT 装置必须启动。例如图 5-1(a)中工作母线Ⅲ段失去电压的原因可能是:工作变压器 T1 发生故障;Ⅰ段母线上发生短路故障;Ⅲ段母线上的出线发生短路故障且未被该出线断路器断开;QF1 或 QF2 因控制回路,保护回路或者操作机构等方面的问题发生误跳闸;运行人员误操作将 T1 断开,以及电力系统发生故障等。所有上述这些情况,AAT 装置都应启动,使备用电源投入工作,以保证对用户不间断的供电。为了满足这一要求,AAT 装置在工作母线上设置独立的低压启动部分,当工作母线失去电压后,启动部分动作,断开供电元件的受电侧断路器。

(2)应保证在工作电源断开后,AAT 装置才动作。这是因为工作母线之所以失去电压可能是由于供电元件发生了故障,如果把备用电源再投入到故障元件上,非但起不到装置的作用,还可能扩大故障,加重设备的损坏程度,所以在设计 AAT 装置时,要考虑到这一点。例如:在图 5-1(a)中,必须在 QF2 断开之后,QF3 和 QF4 才能合闸;在图 5-2(a)中 QF2 断开之后,QF5 才能合闸,或者 QF4 断开之后,QF5 才能合闸。为此,只有在供电元件的受电侧断路器断开之时,利用其动断触点启动 AAT 出口,合闸部分迅速合上备用电源的断路器。

(3)AAT 装置应保证只动作一次。当工作母线上发生永久性短路故障时,或者出线上发生永久性短路故障而出线断路器未断开,继电保护动作断开供电元件的断路器,AAT 装置投入备用电源,由于故障仍然存在,继电保护再次动作,将备用电源断开。此后,不允许再投入备用电源,以免多次投入故障元件上,对电力系统造成不必要的冲击。要实现这一点,只需要控制备用电源断路器的合闸脉冲时间,使 AAT 只能动作一次。

(4)当工作母线和备用母线同时失去电压时,AAT 装置不应启动。正常工作情况下,如果备用母线无电压,AAT 装置应退出工作,避免不必要的动作。如果因系统故障造成工作母线和备用母线同时失去电压,装置也不应动作。为此 AAT 装置必须具备有压鉴定功能。

(5)AAT 装置的动作时间应使负荷的停电时间尽可能短。从工作电源失去电压时起到备用电源投入时为止,这段时间是 AAT 装置的动作时间,对于用户来说这段时间是停电时间,无疑是希望停电时间尽可能短。另一方面,停电时间过短,电动机的残压可能很高,投入备用电源时,如果备用电源电压和电动机残压之间的相角差较大,将会产生很大的冲击电流而造成电动机的损坏。高压大容量电动机因其残压衰减慢,幅值又大,因此其工作母线中断电源的时间应在 1~1.5 s 以上。运行经验表明,AAT 装置的动作时间以 1~1.5 s 为宜,低压场合可减至 0.5 s。

(6)当测量工作电源电压的电压互感器二次侧熔断器熔断时,AAT 装置不应动作。防止其误动的措施是:低电压启动部分采用两个低电压继电器,其线圈接成 V 形连接,其触点串联。

(7)一个备用电源同时作为几个工作电源的备用时,如果备用电源已代替一个工作电源,当另一个工作电源又被断开时,AAT 装置应仍能动作,只要事先核实备用电源的容量能满足要求即可。但是,单机为 200 MW 及以上的火电厂,备用电源只允许代替一台机组的工作电源。在有两个备用电源的情况下,如果两个备用电源是相互独立的,应当各装设独立的 AAT 装置;如果任一备用电源都能作为全厂各工作电源的备用,则 AAT 装置应使任一备用电源都能对全厂各工作电源实行自动投入。

(8)应当校验 AAT 装置动作为备用电源的过负荷情况及电动机自启动情况。如果备用电源超负荷超过允许限度或者不能保证自启动,应在 AAT 装置动作时自动减负荷。

问题与思考

1.什么叫备用电源自动投入装置? 它有何作用?

2.对 AAT 装置有哪些基本要求? 相应采取哪些措施?

5.2 备用电源自动投入装置典型接线

从满足上述基本要求的措施可知,AAT 装置可由以下两个部分组成。

(1)低压启动部分。工作母线因各种原因失去电压时,断开工作电源。

(2)自动合闸部分。在工作电源断路器断开后,将备用电源的断路器合闸。

5.2.1 AAT 装置的启动方式

备用电源的投入方式有两种:手动投入和自动投入。

1.手动投入

若负荷对供电的连续性要求不高,允许较长时间断电,为了节省投资和简化二次回路接线,不需要设置专门的备用电源自动投入装置(以下简称 AAT 装置)。当某工作电源因非正常停电操作失去电源时,备用电源的投入由电气运行人员人工操作完成。备用电源采用人工投入方式时,负荷失电时间较长,通常为几分钟到几十分钟(根据人员的操作水平和一次回路的操作复杂程度定)。

2.自动投入

若负荷对供电的连续性要求较高,不允许较长时间断电,在这种情况下,就应该设置专门的备用电源自动投入装置,简称 AAT。当某工作电源因非正常停电操作失去电源时,备用电源的投入由 AAT 装置自动完成。备用电源采用 AAT 装置自动投入方式时,负荷失电时间较短,通常只有一两秒。

AAT 装置的启动方式有两种。

(1)采用"低电压继电器"检测工作母线失去电压的情况:显然这种启动方式能够反映工作母线失去电压的所有可能的情况,在目前实际应用中多采用这种方式。这种方式的主要问题是如何克服电压互感器二次侧断线的影响。

(2)第二种方式采用"低电流继电器和过电压继电器"检测工作母线失去电源的状况:用低电流继电器启动 AAT 装置,用过电压继电器起闭锁作用。低电流继电器的电流取自供电元件受电侧的电流互感器,过电压继电器的电压取自工作母线的电压互感器,这种启动方式也能反映工作母线失去电压的所有情况。由于在运行中只要有了负载电流,即使电压互感器二次侧断线,AAT 装置也不会启动,解决了第一种方式存在的问题。但是这种方式需要装设电流互感器,限制了它的应用。

5.2.2　备用变压器自动投入装置的接线

1. 接线

图 5-3 所示为发电厂的厂用电备用变压器自动投入装置的原理接线图,它也适用于变电所备用变压器的自动投入。其中 T1 是工作变压器,T0 为备用变压器,它对工作母线起备用作用。实际应用时,备用分支的数目应与工作电源供电的分段母线数相等,这里只画出其中的两段。图中的各元件说明如下:

KV1、KV2——反映Ⅰ段母线电压降低的低电压继电器;

KT——低电压启动 AAT 装置的时间继电器;

KL——控制 AAT 装置发出合闸脉冲时间的闭锁继电器;

KM1——低压启动出口继电器;

KM2——AAT 装置的出口继电器;

KV3——备用电源进行电压监视的过电压继电器;

KM3——监视备用电源电压的中间继电器。

由 KV1、KV2、KT、KM1、KM3 等组成 AAT 装置的低电压启动部分。

由 KL、KM2 等组成 AAT 装置的自动合闸部分。

2. 接线特点

(1)保证 AAT 装置动作的可靠性。AAT 装置自动合闸部分由供电元件受电侧断路器(如QF2)的辅助触点启动,满足了工作电源断开后备用电源才投入的要求。同时,启动合闸部分的回路还经由闭锁继电器的延时断开触点,控制了合闸脉冲长短,可保证 AAT 装置只动作一次。

(2)低电压启动部分的工作十分可靠。在一般情况下,AAT 装置设有独立的低电压启动部分。为了防止电压互感器二次侧任一相熔断器熔断时造成的误启动,将 KV1、KV2 接在不同的相别上,并且将其触点相互串联。此外,在低电压启动回路中还串有一个一次侧隔离开关辅助触点,以防止因检修电压互感器等原因引起失压造成误启动。

(3)监视备用电源电压的继电器 KM3 的触点直接串接在低电压跳闸回路中,这样连接的优点是快速,当工作电源和备用电源分别接在发电机电压的不同母线段时,如果接有工作电源的母线段发生故障,低电压启动回路使时间继电器 KT 立即启动,而不必等到故障切除后才启

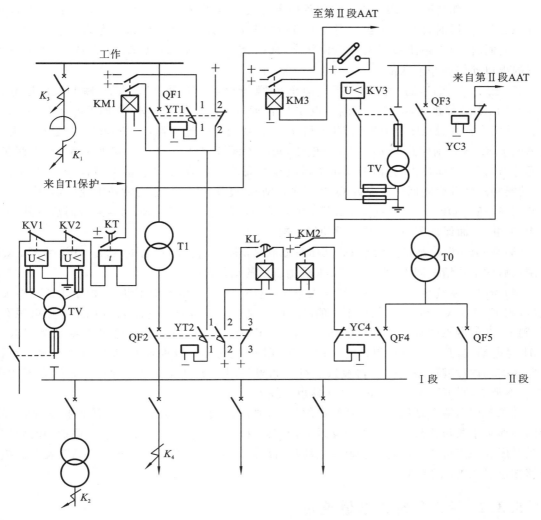

图 5-3 明备用 AAT 装置典型原理接线图

动,可以缩短 AAT 装置的动作时间。

（4）当备用电源无电压时,设有 AAT 回路故障信号（图中未画出）,这时可人为地通过切换开关将 AAT 装置退出运行,避免不必要的动作。

问题与思考

1. 确定 AAT 动作速度时应考虑哪些因素?

2. AAT 装置由哪两部分构成? 各有什么作用?

5.3 备用电源自动投入装置工作原理及参数整定

5.3.1 AAT 装置的工作原理

根据图 5-3 对 AAT 装置的工作原理分析如下。

（1）正常工作情况下，因Ⅰ段母线和备用电源均有电压，故 KV1、KV2 常闭触点打开，KV3 常开触点闭合，同时，因 KV3 触点闭合 KM3 线圈带电，其常开触点闭合，为 AAT 启动做好准备。与此同时，因断路器 QF2 处于合闸状态，其动合触点使 KL 带电，KL 触点闭合，也为 AAT 装置的出口动作做好了准备。

（2）当 T1 的保护动作使 KM1 得电动作，其常开触点闭合使 TY1、YT2 跳闸线圈通电，断路器 QF1、QF2 都跳闸，QF2 的动断触点 3-3 合，通过 KL 触点使 KM2 立即得电动作，KM2 动作后，其两个常开触点闭合分别使 YC3 和 YC4 合闸线圈带电动作，于是 QF3 和 QF4 合闸（一般情况下，QF3 合闸回路中接有防跳继电器，其电流线圈串联在 QF3 的跳闸回路中，当存在故障元件时 QF3 立即跳闸，这时防跳继电器电流线圈带电而动作，动合触点闭合，电压线圈自保持；动断触点断开合闸回路不允许 QF3 再次合闸）。QF3 和 QF4 合闸将备用变压器投入运行，与此同时，通过 QF2 动合触点 2-2 断开使继电器 KL 失电，其延时返回触点经延时后打开，于是 KM2 失电，从而保证了 AAT 装置只动作一次。

（3）当 QF1 误跳闸，QF1 跳闸后其动断触点 2-2 闭合，使 YT2 通电，于是 QF2 跳闸。QF2 跳闸以后的动作情况同上；当然，QF2 误跳闸以后的动作情况一样。

（4）当电力系统事故使Ⅰ段母线失去电压，这时 T1 的继电保护不动作，由于Ⅰ段母线失去电压，则 KV1、KV2 动作，它们相串联的触点闭合又启动了时间继电器 KT（如果备用电源有电压，则 KV3 的触点闭合使 KM3 处于动作状态，KM3 触点闭合），其动合触点将延时闭合，使 KM1 得电动作，其动合触点闭合使 YT1，YT2 跳闸线圈通电，断路器 QF1 和 QF2 跳闸，然后就是前述的动作过程使备用变压器投入运行。如果备用电源也没有电压，则 KV3 触点不闭合，KM3 不带电，则 KT 不启动，备用变压器也不投入运行。

如果备用电源自动投于永久性短路故障上，则应由设置在 QF4 上的过流保护加速将 QF4 跳闸。如果永久短路故障发生在分支线上，而其保护又发生拒动，则 QF4 过流保护的时间继电器延时闭合触点可作为后备，使 QF4 经延时后跳闸。综上所述，图 5-3 所示 AAT 装置的接线能够满足对 AAT 的基本要求。

5.3.2　AAT 装置参数整定

1. 低电压继电器 KV1、KV2 的动作电压整定

低电压继电器 KV1、KV2 的动作电压整定要从以下两方面考虑。

首先，接在工作变压器高、低母线上的出线电抗器之后，或者变压器之后发生短路故障时（如图 5-3 中的 K_1、K_2 点），工作母线上残余电压相当高，不需要断开工作电源，即低电压继电器不应动作。

其次，当在母线的引出线上发生短路故障时（如图 5-3 中 K_3 或 K_4 点），工作母线上的残余电压接近于零，低电压继电器 KV1、KV2 必然动作。当故障由出线断路器切除后，在电动机自启动过程中，母线电压不能立即恢复，而是维持在电动机自启动的最低电压，此时，低电压继电器应可靠返回，装置不应动作。

一般选择 KV1、KV2 的动作电压等于额定工作电压的 25%，就可满足上述两个条件的要求。

2. 时间继电器 KT 动作时限值应保证 AAT 的选择性

当电网内发生使低电压继电器动作的短路故障时，应由电网保护切除故障而不应使 AAT

装置动作,为此 KT 的动作时间应满足

$$t_{KT} = t_{op.max} + \Delta t \tag{5-1}$$

式中:$t_{op.max}$——当电网内发生使低电压继电器动作的短路故障时切除该短路故障的电网保护最大动作时限;

Δt——时间级差,取 $0.5 \sim 0.7$ s。

3. 闭合继电器 KL 触点延时返回时间值的确定

既要保证断路器可靠合闸,又要保证 AAT 动作一次。由图 5-3 可见,为了保证 QF3、QF4 可靠合闸,KL 延时返回时间 t_{KL} 应大于 QF3 或 QF4 的合闸时间 t_{YC}(包括传动装置的动作时间)又能保证 AAT 只动作一次,t_{KL} 应小于 QF3 或 QF4 的两倍合闸时间。

$$t_{YC} \leqslant t_{KL} \leqslant 2t_{YC}$$
$$t_{KL} = t_{YC} + \Delta t$$

式中:Δt——时间级差,取 $0.2 \sim 0.3$ s。

4. 过电压继电器 KV3 的动作电压值

KV3 的动作电压值在整定时应考虑按备用电源母线最低运行电压和保证电动机自启动两个条件整定。当备用母线出现最低运行电压 $U_{B.min}$,这时 KV3 继电器仍应保持动作状态,使 AAT 装置低电压启动部分仍能启动。故 KV3 继电器的动作电压 U_{act} 为

$$U_{act} = \frac{U_{B.min}}{n_{TV} K_{rel} K_{re}}$$

式中:n_{TV}——电压互感器的变比;

K_{rel}——可靠系数,取 $1.1 \sim 1.2$;

K_{re}——返回系数,一般为 $0.85 \sim 0.9$。

一般 KV3 的动作值 U_{act} 不应低于额定工作电压的 70%。

问题与思考

1. 分析 AAT 装置的工作原理。

2. AAT 装置的各个参数整定时应考虑哪些问题?

5.4　微机型备用电源自动投入装置

5.4.1　微机型 AAT 装置的工作原理

微机型备用电源自动投入装置的硬件组成部分:模拟量输入和开关量输入、模数(A/D)转换、CPU 模块、开关量输入和装置输出部分采用光电隔离技术,以免外部干扰引起装置异常工作。装置采用工作电源投入,若工作母线无进线电流且备用电源有电压时启动,当满足启动条件时,经延时,先断开工作电源,后投入备用电源。

微机型备用电源自动投入装置运行方式灵活,可直接与微机监控或保护管理机联网通信,同时在电压互感器二次侧断线或装置自身故障时,可自动报警,在现场中已得到广泛应用。下面介绍一种既可用于备用线路自动投入,又可用于母线分段断路器自动投入的微机型 AAT 装置,该装置可用于图 5-4 所示系统主接线中。装置有四种运行方式:方式 1、2 作为备用线路自

动投入,分别选择 QF2,QF1 作为自动投入开关;方式 3、4 选择 QF3 为自动投入开关,方式 3 为跳 QF1 合 QF3,方式 4 为跳 QF2 合 QF3。为便于理解其工作原理,利用逻辑框图分析方式 1 和方式 3 的原理。

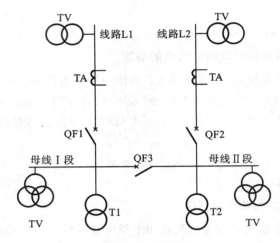

图 5-4　系统主接线

1. 备用线路自动投入(方式 1)

原理框图如图 5-5 所示,按正逻辑,各输入信号为"1"时的意义如下:

方式 1(2、3、4)投/退——选择运行方式 1(2、3、4),置"1";

QF1(QF2、QF3)-KCT——QF1(QF2、QF3)的跳闸位置继电器,QF 跳闸时,对应的 KCT 为"1";

$U_I>$、$U_{II}>$——母线 I 段、母线 II 段有电压标志;

U_{L2}(U_{L1})——线路 L2(L1)有电压标志;

$U_I<$、$U_{II}<$——母线 I 段、母线 II 段无电压标志;

$I_{L1}<$($I_{L2}<$)——线路 L1(L2)无电流标志;

L2(L1)电压投/退——线路 L2(L1)的电压互感器投入或退出;

ST1(ST2、ST3)——QF1(QF2、QF3)手动跳闸标志;

BS1(BS2、BS3、BS4)——闭锁方式 1(2、3、4),即方式 1(2、3、4)不能运行;

YT1(YT2、YT3)——QF1(QF2、QF3)的跳闸线圈;

KMC2(KMC1、KMC3)——QF2(QF1、QF3)的合闸接触器。

(1)系统正常运行时,线路 L1 运行,L2 备用,断路器 QF1、QF3 处合闸位置,QF2 处跳闸位置,母线 I 段、母线 II 段有电压,线路 L2 电压互感器投入且有电压,"与"门 1、2 输出为"1","与"门 3 输出为"1",装置开始充电,经 15 s 充电完毕,置充满电标志"1"到"与"门 6,装置处准备动作状态。

(2)母线 I 段、母线 II 段无电压和电流,线路 L2 有电压,"与"门 4、6 输出为"1",经 t_1 延时跳开 QF1,确认 QF1 跳开后,经"与"门 7 合上 QF2,投入线路 L2,恢复母线 I、II 段供电。

(3)手动跳开断路器 QF1、QF3(或 QF2 已合闸或闭锁方式 1 或线路 L2 无电压)时,"或"门 5 输出为"1",使装置放电,且放电是瞬间完成的,装置不会动作。

2. 母线分段断路器的自动投入

原理框图如图 5-6 所示,各输入信号说明同图 5-5 的各输入信号说明。

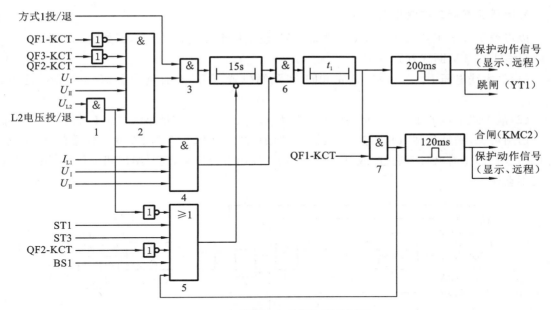

图 5-5　备用线路自动投入原理框图

(1)正常运行时,母线Ⅰ段、母线Ⅱ段均有电压,QF1、QF2 均处合闸位置,QF3 断开,"与"门 1 输出为"1",装置开始充电,经 15 s 充满电,置标志"1",开放"与"门 8、9。装置处准备运行状态。

(2)方式 3 投入,母线Ⅰ段无电压、无电流,母线Ⅱ段有电压,"与"门 2、3 输出为"1","与"门 8 随之输出为"1",经 t_3 延时后,跳开 QF1,待 QF1 跳开后,经"与"门 10,"或"门 12 合上 QF3,恢复母线Ⅰ段供电。

(3)手动跳开 QF1、QF2(或 QF3 已投入或闭锁方式 3 或母线Ⅰ段、母线Ⅱ段同时无电压),"或"门 7 输出为"1",装置瞬时放电,不会动作。

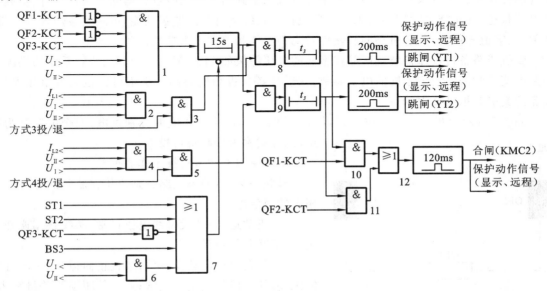

图 5-6　母线分段断路器自动投入原理框图

3. 电压互感器二次侧熔断器断线

以母线Ⅰ段电压互感器二次侧断线来说明,设工作于方式3,原理框图如图5-7所示。

母线Ⅰ段 TV 断线判别依据:

(1)最大线电压 $U_{p\text{-pmax}}<30$ V 或 QF1 在跳闸位置、QF3 在合闸位置、$I_2>0.2$A,且 $I_1>0.2$A。

(2)最大线电压大于 30 V,但最大线电压 $U_{p\text{-pmax}}$ 大于 1.25 倍最小线电压 $U_{p\text{-pmin}}$。

由图可见,满足条件(1),"与"门3给出"1",通过"或"门5、"与"门6发出告警信号;满足条件(2),"与"门4给出"1",通过"或"门5、"与"门6发出告警信号,同时给出闭锁信号,保证 AAT 装置不动作。

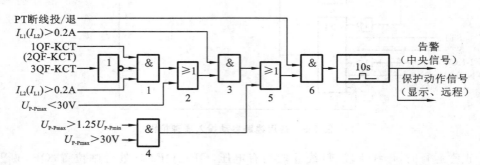

图 5-7 TV 断线原理框图

5.4.2 微机型 AAT 装置的应用及特点

微机线路备自投保护装置(以下简称备自投)核心部分采用高性能单片机,包括 CPU 模块、继电器模块、交流电源模块、人机对话模块等构成,具有抗干扰性强、稳定可靠、使用方便等优点。其液晶数显屏和备自投面板上所带的按键使得操作简单方便,也可通过 RS485 通信接口实现远程控制。装置采用交流不间断采样方式采集到信号后实时进行傅立叶法计算,能精确判断电源状态,并实施延时切换电源。备自投具有在线运行状态监视功能,可观察各输入电气量、开关量、定值等信息,其有可靠的软硬件看门狗功能和事件记录功能。

微机线路备自投保护装置产品在不同的电压等级如 110 kV、10 kV、0.4 kV 系统的供配电回路中使用时需要设定不同的电气参数,在选择备自投功能时则一定不可以投入低电压保护,以免冲突引起拒动或误动。

如图 5-8 所示母联分段供电方式,母联开关断开,两个工作电源分别供电,两个电源互为备用,此方式称为母联备自投方式。

下面说明母联备自投工作原理。

母联备自投:两条线路分别连接在断开的母联开关相连的两条母线上。

(1)正常运行:两段母线电压正常,两线路相连开关闭合,母联开关断开。

(2)备自投正向动作条件:装置正向运行,一段母线失压,另外一段母线电压正常;无外部闭锁开关量输入。当满足条件后,先跳开失压线路开关,经延时后合上分

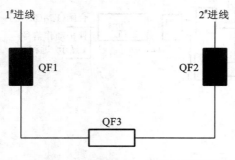

图 5-8 母联备自投一次接线示意图

段开关。

（3）如果 PT 装在线路侧而非母线侧，可以逆向动作，恢复到原有运行方式。逆向动作需要满足的准备条件：一段进线电压正常，分段开关合闸，一条线路开关断开，另一条闭合。满足准备条件后若干秒装置切换到逆向运行方式。逆向动作条件：装置逆向运行，失电进线电压回复正常，无外部闭锁开关量输入。满足逆向条件后，经延时跳开分段开关，确认后合上原失电开关。这种方式对无人值守变电站有意义。

备自投保护的调试方法一般如下。

（1）母联自投保护。

查看母联自投保护的逻辑图，核对母联自投保护所需满足条件、闭锁条件及其逻辑关系，根据图纸，将继电保护测试仪引出三相交流电压至备自投保护屏的高压侧二次电压回路，合入 I 段进线、II 段进线，将母联开关置于断开位置，检查母联自投保护装置是否正常，母联自投功能投退压板是否投入，检查其闭锁条件是否退出，当检查全部条件满足时，利用继电保护测试仪同时输入三相交流电压至两段 PT 电压二次回路，备自投装置将进行充电，充电完成后停下其中 1 路电压，此时应实现备自投装置经延时（5～9 s）后，失电侧进线跳开，再经延时（0.5 s）后合入母联开关，母联自投动作完成。若需考虑电流条件，应在备自投保护屏二次电流回路加入三相电流，以满足其动作条件。

母联自投充电条件一般如下：

①母联自投压板投入；

②母联闭锁信号断开；

③1$^\sharp$进线有压；

④2$^\sharp$进线有压；

⑤1$^\sharp$进线开关合位；

⑥2$^\sharp$进线开关合位；

⑦母联开关分位。

母联自投保护动作所需判别条件为：

①1$^\sharp$进线无压；

②1$^\sharp$进线无流；

③2$^\sharp$进线有压；

④母联自投充电完成。

母联自投保护动作闭锁所需条件为：

①复合电压（低电压和负序电压）过流保护动作闭锁；

②过负荷保护动作闭锁；

③PT 断线闭锁；

④手动及遥控分闸闭锁；

⑤延时时间内来电闭锁。

其逻辑关系一般如图 5-9 所示。

（2）线路互投保护。

查看线路互投保护的逻辑图，核对线路互投保护所需满足条件、闭锁条件及其逻辑关系，根据图纸，将继电保护测试仪引出三相交流电压至备自投保护屏的高压侧二次电压回路，合入 I（或 II）段进线、母联开关，将 II（或 I）段进线开关置于断开位置，检查备自投保护装置是否正

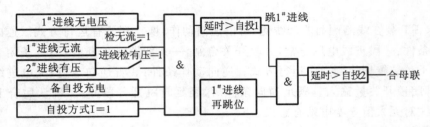

图 5-9   母联自投保护的逻辑图

常,进线互投保护功能投退压板是否投入,检查其闭锁条件是否退出,当检查全部条件满足时,利用继电保护测试仪同时输入三相交流电压至两段 PT 电压二次回路,备自投装置将进行充电,充电完成后停下其中 1 路电压,此时应实现备自投装置经延时(5～9 s)后,失电侧进线跳开,再经延时(0.5 s)后合入带电侧进线,线路互投动作完成。若需考虑电流条件,应在备自投保护屏二次电流回路加入三相电流,以满足其动作条件。

线路互投保护充电所需判别条件为:

①备自投压板投入;

②备自投闭锁信号断开;

③1# 进线有压;

④2# 进线有压;

⑤1# 进线开关合位;

⑥2# 进线开关分位;

⑦母联开关合位。

线路互投保护动作所需判别条件为:

①1# 进线无压;

②1# 进线无流;

③2# 进线有压;

④备自投充电完成。

线路互投保护动作闭锁所需条件为:

①复合电压(低电压和负序电压)过流保护动作闭锁;

②过负荷保护动作闭锁;

③PT 断线闭锁;

④手动及遥控分闸闭锁;

⑤延时时间内 1# 进线来电闭锁。

其逻辑关系一般如图 5-10 所示。

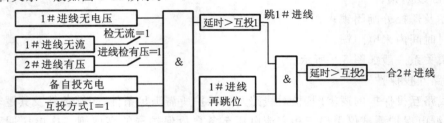

图 5-10   线路互投保护的逻辑图

上述调试方法、逻辑关系及闭锁条件为基本情况,具体调试方法及条件应根据变电站具体情况进行调试,充电和闭锁条件有所不同,其他方法大致相同,应核对备自投原理图后再行确定。

与常规的备用电源自动投入装置相比,微机型备用电源自动投入装置具有以下特点:

(1)综合功能比较齐全,适用面广;

(2)具有串行通信功能,可适用于无人值班变电所;

(3)体积小,性价比高;

(4)故障自诊断能力强,可靠性高。

问题与思考

1.说明微机型 AAT 装置有何特点。

2.分析微机型 AAT 装置的工作原理。

技能训练 5 　微机分段备用电源自动投入实验

一、实验目的

(1)掌握 WBT-821 保护装置备自投的几种方式。

(2)理解 WBT-821 保护装置备自投的逻辑组合方式。

二、实验原理及试验内容

(1)WBT-821 保护装置运行方式接线图如图 5-11 所示。

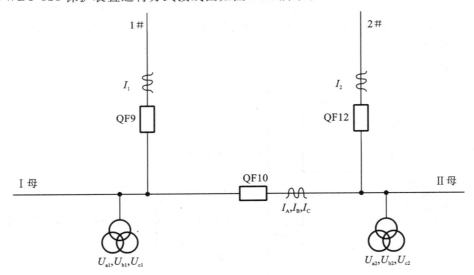

图 5-11　接线图

(2)四种备投方式,六种组合选择。

可用方式:方式一、方式二、方式三、方式四、方式一与二组合、方式三与四组合。

充电条件如下:

①Ⅰ母、Ⅱ母均三相有压;

②QF9、QF12 在合位，QF10 在分位；

③分段自投软压板投入；

以上条件均满足，经 15 s 后充电完成。

放电条件（任一条件满足立即放电）如下：

①QF10 在合位；

②Ⅰ、Ⅱ母均无压时间大于"无压放电延时"；

③有外部闭锁信号；

④QF9、QF12、QF10 的位置异常；

⑤控制回路异常，弹簧未储能，压力异常或 TV 断线；

⑥备自投方式错或备投失败。

（3）自投方式。

自投方式 1：当充电完成后，Ⅰ母无压、进线一无流，Ⅱ母有压则经延时 Tb1 后跳开 QF9，确认 QF9 跳开后经整定延时 Thq 合上 QF10。

自投方式 2：当充电完成后，Ⅱ母无压、进线二无流，Ⅰ母有压则经延时 Tb2 后跳开 QF12，确认 QF12 跳开后经整定延时 Thq 合上 QF10。

自投方式 3：当充电完成后，QF9 跳开，进线一无流且 QF12 在合位，经延时 Tb1 后再追跳 QF9，确认 QF9 跳开后，经整定延时 Thq 合 QF10。

自投方式 4：当充电完成后，QF12 跳开，进线二无流且 QF9 在合位，经延时 Tb2 后再追跳 QF12，确认 QF12 跳开后，经整定延时 Thq 合 QF10。

加速动作：当有加速动作开入且"加速备投投运"控制字整定为投入时，如果有相对应的进线开关跳位开入，则不再判别进线电流和母线电压等条件，直接进行跟跳进线开关和经延时合分段。

如果跳 QF9 后 3 s QF9 仍没有跳位，跳 QF12 后 3 s QF12 仍没有跳位，或者合 QF10 后持续 3 s 分段无流，在满足以上任一条件后装置报"备自投失败"；如果合 QF10 后分段有流，则装置报"备自投成功"。

逻辑图如图 5-12、图 5-13 所示。

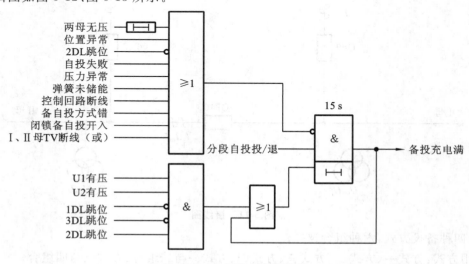

图 5-12 备自投充电逻辑图

注：1DL、2DL、3DL 分别指面板上的 QF9、QF12、QF10；U1、U2 分别指Ⅰ母和Ⅱ母。

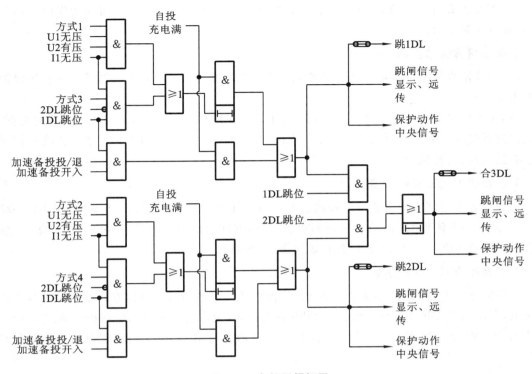

图 5-13 备投逻辑框图

注:1DL、2DL、3DL 分别指面板上的 QF9、QF12、QF10;U1、U2 分别指 Ⅰ 母和 Ⅱ 母。

三、实验步骤(不接负载箱)

1. 备自投方式一实验步骤

(1)首先用导线将面板上保护装置下面的所有"合闸回路"、"跳闸回路"短接,再合上"控制开关"和"电源开关",保护装置上电,按下启动按钮,旋转"网压切换",检查系统电压是否正常。

(2)把转换开关打到"就地"的位置(打到就地位置,进行实验装置的实验;打到远方位置,进行远方操作即在后台上实现远程操控)。

(3)进入 WBT-821 保护装置菜单"定值"中,根据实验前的预测和计算对分段自投的保护定值进行修改整定。

(4)进入 WBT-821 保护装置菜单"压板"中投入分段自投保护软压板,把备投方式一控制字改成"1",其他所有保护的硬压板和软压板均退出。

(5)按下启动按钮后整个实验台处于正常运行状态,各个断路器处于跳位,跳位指示灯全位绿色。

(6)按下面板上除 QF10 外的所有"手合"按钮,此时面板上的两组黄、绿、红灯泡模拟负载亮。Ⅰ母、Ⅱ母带电,1#进线、2#进线有压有流,满足备投保护装置充电条件,经 15 s 面板主菜单显示充电成功标志"●C1"。

(7)人为满足Ⅰ母故障条件,手动跳开 QF9(面板上的两组黄、绿、红灯泡中的上面的一组灯泡灭),Ⅰ母无压无流Ⅱ母有压。满足自投方式 1 的逻辑后,经设定的延时时间后合桥开关 QF10(上面的一组灯泡重新点亮),在 QF10 合上后,同时保护装置报"分段自投成功"。

(8)当备投成功后在 WBT-821 保护装置报告中可查看保护的动作时间和动作值等相关信息,再进行实验分析。

2. 备自投方式二实验步骤

(1)在分段自投定值中把方式二的控制字改为"1",其他方式整定为"0",满足备自投保护装置充电条件。

(2)人为满足Ⅱ母故障条件,手动跳开 QF12,进线二无压无流。满足自投方式 2 的逻辑后,经设定的延时时间后合桥开关 QF10,在 QF10 合上后(下面的一组灯泡同样重新点亮),同时保护装置报"分段自投成功"。

3. 备自投方式三实验步骤

在分段自投定值中把方式三的控制字改为"1",其他方式整定为"0",当备投充满电,手动跳开 QF9 进线一无流且 QF12 在合位,经设定的延时时间后保护装置追跳 QF9,确认 QF12 跳开后合 QF10,在 QF10 合上后,此时保护装置报"分段自投成功"。

4. 备自投方式四实验步骤

步骤同方式三,在分段自投定值中把方式四的控制字改为"1",其他方式整定为"0",当备投充满电,手动跳开 QF12 进线二无流且 QF9 在合位,经设定的延时时间后保护装置追跳 QF12,确认 QF12 跳开后合 QF10,在 QF10 合上后,3 s 内Ⅱ母有流,此时保护装置报"分段自投成功"。

5. 备自投加速动作实验步骤

(1)在分段自投定值中把方式四的控制字改为"1",把其他方式的控制子改成"0",再把面板中的"开关量输入"中的"开入+"和"加速动作开入"短接,投入加速动作硬压板。

(2)当备自投充电满以后,按下Ⅰ母或者Ⅱ母的分位绿灯指示按钮,此时,QF10 经延时直接合闸,在 QF10 合上后,3 s 内增加保护电流的任一相或者几相的电流输入,此时,保护装置报"分段自投成功"。

四、写实验总结的要求

微机备自投保护装置使系统自动装置与继电保护装置相结合,是一种对用户提供不间断供电的经济而又有效的技术措施,它在现代供电系统中得到了广泛的应用。在写实验总结的时候,学生需要根据操作过程反思以下两个问题。

(1)分析充电条件对备自投的影响。

(2)分段自投方式一、二还有没有其他方式可以实现,如果有请做故障报告分析。

模块 5 自 测 题

一、填空题

1.备用电源自动投入装置只允许动作_____。

2.备用电源自动投入接线方式有_____和_____。

3.为防止电压互感器熔断器熔断时 AAT 误动作,低压启动采用_____且触点串联。

4.备用电源自动投入装置为提高 AAT 动作成功率,应保证工作电源_____,备用电源_____。

5.采用 AAT 装置后,可提高可靠性_____,可简化_____和_____。

6.AAT 装置中闭锁继电器 KC 的作用是_____,其接点延时返回的时限按_____确定。

7.AAT 装置中采用过电压继电器的目的是_____。

8.AAT 装置中工作变压器后备保护动作时间为 1 s,则低压启动 AAT 装置的时间继电器动作时间应整定为_____ s。

9.在正常情况下,一路电源工作,另一路电源断开备用,当工作电源因故断开时,备用电源投入工作,这种备用方式称为_____。

10.正常情况下,两个电源同时工作,当任一个电源因故断开时,由另一个电源带全部负荷,这种备用方式称为_____。

11.AAT 装置应由_____和_____组成。

12.AAT 的动作时间应使负荷_____为原则,但故障点应有一定的_____。

二、判断题

1.提高备用电源自动投入装置动作成功率,装置动作时应先切除工作电源,后投入备用电源。( )

2.AAT 装置采用两只低压元件目的是防止电压互感器熔断器熔断时引起装置误动。( )

3.为防止电力系统事故时造成工作母线和备用母线同时失压造成 AAT 动作,AAT 装置采用过压元件。( )

4.采用 AAT 装置,可提高供电可靠性,并简化继电保护。( )

5.要保证工作电源断开后,AAT 装置才动作,备用电源的断路器合闸部分应由供电元件受电侧断路器的常闭触点启动。( )

6.要实现工作母线上的电压不论因任何原因消失时 AAT 装置都应动作,则 AAT 装置可装设独立的低电压启动部分。( )

7.为了使用户的停电时间尽可能短,备用电源自动投入装置可以不带时限。( )

三、选择题

1.备用电源自动投入装置只允许动作( )。

A.1 次　　　　　　　　　　B.2 次　　　　　　　　　　C.多次

2.备用电源自动投入装置为提高 AAT 动作成功率,应保证工作电源( ),备用电源( )。

　　A.先切除,后投入　　　　B.先切除,后投入　　　　C.先后顺序没有要求

3.在正常情况下,一路电源工作,另一路电源断开备用,当工作电源因故断开时,备用电源投入工作,这种备用方式称为( )。

　　A.明备用　　　　　　　　B.暗备用

4.正常情况下,两个电源同时工作,当任一个电源因故断开时,由另一个电源带全部负荷,这种备用方式称为( )。

　　A.明备用　　　　　　　　B.暗备用

5.AAT 装置一般选择 KV1、KV2(低电压继电器)的动作电压等于额定工作电压的

（　　）。

  A. 70％   B. 100％   C. 25％

  6. AAT 装置一般选择 KV3（过电压继电器）的动作电压不应低于额定工作电压的（　　）。

  A. 70％   B. 100％   C. 25％

  7. 当工作母线和备用母线同时失去电压时，AAT 装置（　　）。

  A. 应启动   B. 应退出   C. 闭锁

  8. 当测量工作电源电压的电压互感器二次侧熔断器熔断时，AAT 装置（　　）。

  A. 应动作   B. 不应动作   C. 闭锁

四、问答题

  1. 何谓备用电源自动投入装置？它有何作用？

  2. AAT 装置在什么情况下动作？

  3. 为什么备用电源自动投入装置的启动回路需要串接反映备用电源有电压的电压继电器接点？

  4. 停用接有 AAT 装置低电压启动元件的电压互感器时，应注意什么？

  5. 对备用电源自动投入的基本要求是什么？

  6. AAT 装置中低电压元件动作电压整定应考虑什么因素？

模块 6

按频率自动减负荷装置

◀ 学习导论

现代电力系统已步入高电压、大电网和大机组时代。电力系统的特征是大机组容量、超高压线路、大范围远距离输电的网络互连,供电可靠性和经济性非常显著。但是随着电力系统的日趋庞大和复杂,电力系统的发展面临着机遇和挑战,对大型电力系统的安全稳定运行的要求也越来越高,系统对网络的依赖性也越来越大,电网规模的不断扩大,大区电网的不断互联,使得电网结构的复杂程度不断增加。电力系统分布广泛,运行元件多,使得电网发生故障后波及面大。如果某个区域输电线路解列或机组断开较多时,整个系统的供需出现了不平衡,系统处于不稳定的运行状态中,小则对用电、发电设备产生危害,大则使电网系统逐步崩溃。大容量电力系统相继发生的大面积停电事故已暴露出电力系统安全防御问题的严重隐患,不仅造成巨大的经济损失,同时造成严重的社会混乱。这不仅需要研究保护装置,也需要不断地加强研究低频减载装置。低频减载装置作为最后的补救措施,将有效地阻止系统频率的继续下降,从而避免系统出现"频率崩溃"的现象。

电力系统频率和电压是反映电网有功功率和无功功率是否平衡的重要质量指标。电力系统的频率反映了发电机组所发出的有功功率与负荷所需有功功率之间的平衡情况。正常情况下,对于计划外负荷所引起的频率波动,系统动用发电厂的热备用容量,即系统运行中的发电机容量就足以满足用户要求。当电厂发出的有功功率不满足用户要求而出现差额时,系统频率就会下降;但当电力系统发生较大事故时,系统出现严重的功率缺额,其缺额值超出了正常热备用可以调节的能力,即使系统中所有发电机组都发出其设备可能胜任的最大功率,仍不能满足负荷功率的需要。这时由于功率缺额所引起的系统频率的下降,将远远超过安全运行所允许的范围,在这种情况下从保证系统安全运行的角度出发,切除部分负荷,以使系统频率恢复到可以安全运行的水平以内。

电力系统在出现功率缺额事故时(例如联络线跳开),电网的频率将要下降,如不及时制止这种下降的趋势,并使其逐步回升,那么电网将发生崩溃,大面积停电,为了保证对重要用户的正常供电,不得不采取应急措施。按频率自动减负荷装置就是为了确保电力系统安全、有效防止大面积停电事故的一项安全措施,是防止电力系统发生频率崩溃的系统保护。

电力系统运行规程规定:电力系统的允许频率偏差为 ± 0.2 Hz;系统频率不能长时间运行在 $49.5 \sim 49$ Hz 以下;事故情况下,不能较长时间停留在 47 Hz 以下,系统频率的瞬时值不能低于 45 Hz。当系统发生功率缺额的事故时,必须迅速地断开部分负荷,减少系统的有功缺额,使系统频率维持在正常的水平或允许的范围内。这就是低频减负荷装置的作用,简称低频减载。

本章主要分析负荷和频率的关系,频率变化的动态特性;介绍设置按频率减负荷装置的必要性,按频率自动减负荷装置的定义、原理、整定原则及实现方法。

◀ 学习目标

1.了解低频运行危害、频率特性。

2.了解 AFL 装置误动原因及防止措施。

3.掌握 AFL 的作用及实现基本原则;AFL 装置接线原理、数字式频率继电器工作原理;微机 AFL 装置构成原理。

4.掌握操作电力系统按频率减负荷装置的技能。

6.1 电力系统的频率特性

6.1.1 频率变化对电力系统的影响

电力系统的频率反映了发电机组所发出的有功功率与负荷所需有功功率之间的平衡情况。电力系统低频运行是非常危险的,因为电源与负荷在低频率下重新平衡很不牢固,也就是说稳定性很差,甚至产生频率崩溃,这将严重威胁电网的安全运行,并对发电设备和用户造成严重损坏,主要表现为以下几方面。

(1)引起汽轮机叶片断裂。在运行中,汽轮机叶片由于受不均匀气流冲击而发生振动。在正常频率运行情况下,汽轮机叶片不发生共振。当低频率运行时,末级叶片可能发生共振或接近于共振,从而使叶片振动应力大大增加,如时间过长,叶片可能损伤甚至断裂。当频率低于45 Hz时,叶片共振而断裂。

(2)使发电机出力降低。频率降低,转速下降,发电机两端的风扇鼓进的风量减小,冷却条件变坏,如果仍维持出力不变,则发电机的温度升高,可能超过绝缘材料的温度允许值,为了使温升不超过允许值,势必要降低发电机出力。

(3)使发电机机端电压下降。经验表明,当频率降至45~46 Hz时,系统的电压水平将受到严重影响。因为频率下降时,会引起机内电势下降而导致电压降低,同时,由于频率降低,使发电机转速降低,同轴励磁电流减小,使发电机的机端电压进一步下降,形成恶性循环。严重时将引起系统电压崩溃,导致系统瓦解。因此,即使系统发生事故,也不允许系统长期运行在47 Hz以下,瞬时值绝对不能低于45 Hz。

(4)对厂用电安全运行的影响。当低频运行时,所有厂用交流电动机的转速都相应的下降,因而火电厂的给水泵、风机、磨煤机等辅助设备的出力也将下降,从而影响电厂的出力。其中影响最大的是高压给水泵和磨煤机,由于出力的下降,使电网有功电源更加缺乏,致使频率进一步下降,造成恶性循环,严重时引起系统频率崩溃。

(5)对用户的危害。频率下降,将使用户的电动机转速下降,出力降低,从而影响用户产品的质量和产量。另外,频率下降,将引起电钟不准,电气测量仪器误差增大,安全自动装置使继电保护误动作等。

由于所有电气设备都是按系统的额定频率设计的,当电力系统的频率质量降低时将影响各行各业。频率过低时,甚至会使整个系统瓦解,造成大面积的停电。因此必须采取措施,对频率进行调整和控制,以确保系统频率稳定在规定的范围内。

运行实践证明,电力系统的频率不能长期维持在49.5 Hz以下,事故情况下不能较长时间停留在47 Hz以下,绝对不允许低于45 Hz。因此,当电力系统出现严重的有功功率缺额时,应当迅速切除一些不重要的负荷以制止频率下降,保证系统安全稳定运行和电能质量,防止事故扩大,保证重要负荷的供电。这种当系统发生有功功率缺额引起频率下降时,能根据频率下降的程度自动断开部分不重要负荷的自动装置,称为按频率自动减负荷装置(简称 AFL 装置),或称低频减载装置。可见,AFL 装置是保证系统安全运行和重要负荷连续供电的有力措施。

6.1.2 电力系统负荷的静态频率特性

电力系统中的用电设备从系统中取用的有功功率的多少,与用户的生产状况有关,与接入点的系统电压有关,还与系统的频率有关。假定前两种因素不变,仅考虑有功功率负荷随频率变化的静态关系,称为负荷的频率静态特性。

根据所需的有功功率与频率的关系可将负荷分成以下几类。

(1)与频率变化无关的负荷,如照明、电弧炉、电阻炉和整流负荷等。

(2)与频率的一次方成正比的负荷,如球磨机、切割机床、压缩机、卷扬机、往复式水泵等。

(3)与频率的二次方成正比的负荷,如变压器的涡流损耗。

(4)与频率的三次方成正比的负荷,如通风机、静水头阻力不大的循环水泵等。

(5)与频率的高次方成正比的负荷,如静水头阻力很大的给水泵。

整个系统的负荷功率与频率的关系可以写成:

$$P_{\mathrm{L}} = a_0 P_{\mathrm{LN}} + a_1 P_{\mathrm{LN}}\left(\frac{f}{f_{\mathrm{N}}}\right) + a_2 P_{\mathrm{LN}}\left(\frac{f}{f_{\mathrm{N}}}\right)^2 + \cdots + a_n P_{\mathrm{LN}}\left(\frac{f}{f_{\mathrm{N}}}\right)^n \tag{6-1}$$

式中:P_{L}——频率为 f 时系统的有功功率负荷;

P_{LN}——频率为额定频率 f_{N} 时系统的有功功率负荷。

$a_0, a_1, \cdots, a_n$ 分别为与频率的 $0,1,\cdots,n$ 次方成正比的负荷占系统总负荷 P_{L} 的百分数。以 P_{LN} 为基准除上式两边,则得到标幺值形式

$$P_{\mathrm{L}*} = a_0 + a_1 f_* + a_2 f_*^2 + \cdots + a_n f_*^n \tag{6-2}$$

因为在额定频率下标幺值 $f_* = 1$ 及 $P_{\mathrm{L}*} = 1$,所以 $a_0 + a_1 + a_2 + \cdots + a_n = 1$。

在一般情况下式(6-1)和式(6-2)的右边的多项式只取到频率的三次方项为止,因为与频率的更高次方成正比的负荷所占比重很小,可以忽略。这种关系式称为电力系统有功功率负荷的频率静态特性方程。

在电力系统运行中,频率的容许变化范围很小,因此,系统综合负荷的频率静态特性曲线近似为一条直线。

电力系统的有功负荷频率静态特性曲线如图 6-1 所示,或简称负荷的功频静特性。这是一直线段,其斜率为

$$K_{\mathrm{L}*} = \tan\beta = \frac{\Delta P_{\mathrm{L}}/P_{\mathrm{LN}}}{\Delta f/f_{\mathrm{N}}} = \frac{\Delta P_{\mathrm{L}*}}{\Delta f_*} \tag{6-3}$$

用有名值表示为

$$K_{\mathrm{L}} = \frac{\Delta P_{\mathrm{L}}}{\Delta f}$$

有名值和标幺值的关系为

$$K_{\mathrm{L}*} = K_{\mathrm{L}} \times \frac{f_{\mathrm{N}}}{P_{\mathrm{LN}}} \quad \text{或} \quad K_{\mathrm{L}} = K_{\mathrm{L}*} \times \frac{P_{\mathrm{LN}}}{f_{\mathrm{N}}} \tag{6-4}$$

$K_{\mathrm{L}*}$ 称为负荷频率调节效应系数。所谓负荷的频率调节效应指一定频率下负荷随 f 变化的变化率。当频率下降时,系统有功负荷自动减少;当频率上升时,系统有功负荷自动增加。$K_{\mathrm{L}*}$ 可以通过试验或计算求得,一般取 $1\sim3$,这表明频率变化 1%,有功负荷相应地变化 $1\%\sim3\%$,调度部门常以此数据作为考虑因系统频率降低需减少负荷或低频事故计算切除

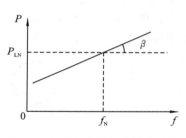

图 6-1 有功负荷的频率静态特性

负荷的依据。

例 6-1　某电力系统中,与频率无关的负荷占 20%,与频率的一次方成正比的负荷占 30%,与频率的二次方成正比的负荷占 30%,与频率的三次方成正比的负荷占 20%,求系统频率由 50 Hz 下降到 48 Hz 时,负荷功率变化的百分数及其相应的频率调节效应系数 K_{L*}。

解　当频率由 50 Hz 下降到 48 Hz 时,$f_* = \dfrac{48}{50} = 0.96$

由式(6-2)可以求出系统的负荷为

$$P_{L*} = a_0 + a_1 f_* + a_2 f_*{}^2 + a_3 f_*{}^3$$
$$= 0.2 + 0.3 \times 0.96 + 0.3 \times 0.96^2 + 0.2 \times 0.96^3$$
$$= 0.941$$

则

$$\Delta P_L\% = (1 - 0.941) \times 100 = 5.9$$

而且

$$\Delta f\% = \frac{50 - 48}{50} \times 100 = 4$$

于是

$$K_{L*} = \frac{\Delta P_L\%}{\Delta f\%} = \frac{5.9}{4} = 1.48$$

例 6-2　某电力系统总有功负荷为 4000 MW(包括电网的有功损耗),系统的频率 50 Hz,若 $K_{L*} = 1.5$,求负荷频率调节效应系数 K_L 的值。

解　$$K_L = K_{L*} \times \frac{P_{LN}}{f_N} = 1.5 \times \frac{4000}{50} = 120 \ (\text{MW/Hz})$$

由于负荷调节效应的存在,当电力系统因有功功率不平衡引起频率变化时,负荷自动改变消耗的有功功率,对系统有一定的补偿作用,使系统可以稳定运行在一个新的频率。但是,负荷的频率调节效应毕竟是有限的,当电力系统出现较大的有功功率缺额时,如果仅仅依靠负荷的频率调节效应来补偿,系统频率将会降低到不允许程度,从而破坏系统的安全稳定运行。在这种情况下,必须借助按频率自动减负荷装置(简称 AFL 装置)来切除一部分不重要的负荷,才能保证系统的安全稳定运行。

6.1.3　电力系统的动态频率特性

电力系统由于有功功率平衡遭到破坏引起系统频率发生变化时,频率从正常的稳态值过渡到另一个稳定值所经历的动态过程,称为电力系统的动态频率特性。下面介绍其有关概念。

电力系统稳态运行时,各节点电压的频率是统一的运行参数 $f = f_{sys} = \omega_{sys}/2\pi$,系统中 i 的节点电压表达式为

$$u_i = U_i \sin(\omega t + \delta_i) \tag{6-5}$$

式中:ω——全系统统一的角频率,$\omega = \omega_{sys}$。

在图 6-2 所示系统中,设系统只受到微小的扰动,频率仍能维持在 f,但是原来线路传输的功率发生了变化,节点 i 的输入功率 P_{Ai} 和输出 P_{Bi} 也发生了变化,于是 δ_i 也将随之变化。这

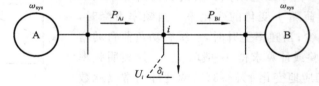

图 6-2　节点 i 的瞬时频率

时,节点 i 的电压的瞬时角频率 ω_i 可表示为

$$\omega_i = \frac{\mathrm{d}}{\mathrm{d}t}(\omega t + \delta_i) = \omega + \frac{\mathrm{d}\delta_i}{\mathrm{d}t} = \omega + \Delta\omega_i \tag{6-6}$$

所以该节点的频率 f_i 为

$$f_i = f + \Delta f_i \tag{6-7}$$

可见,在扰动过程中,系统中各节点电压的相角不可能具有相同的变化率,因此系统中各节点电压的频率就不一致,它与全网统一的频率 f 相差 Δf_i,其值取决于相角 δ_i 的变化情况。因此,电力系统在扰动过程中,设系统频率静态特性为 $f(t)$,其实各节点频率的动态特性严格讲并不相同,需作 $\Delta f_i(t)$ 的修正。当系统出现频率缺额时,系统中旋转机组的动能都为支持电网的能耗做出了贡献,频率随时间变化的过程主要取决于功率缺额的大小及系统中所有转动部分的机械惯性(其中包括汽轮机、同步发电机、同步补偿机、电动机及其拖动的机械设备)。转动机械的惯性通常用惯性时间常数 T_i 来表示。

我们知道,单台机组的运动方程为

$$T_j \frac{\mathrm{d}\omega}{\mathrm{d}t} = P_{Ti} - P_{Li} \tag{6-8}$$

式中:P_{Ti}——发电机 i 的输入机械功率;

P_{Li}——发电机 i 的负荷功率。

系统频率发生变化时,可以先忽略各节点间的 Δf_i 差值,首先分析系统频率 f 的变化过程,这时可以把系统所有机组作为一台等值机组来考虑。尽管系统中负荷电动机的数量很多,但计算经验表明,负荷电动机及其拖动机械的转动惯量要小得多,将系统所有机组作为一台等值机组来计算时,所得结果仍然是准确的。所以,在电力系统频率变化时,系统等值机组的运动方程式为

$$T_j \frac{P_{GN}}{P_{LN}} \times \frac{\mathrm{d}\Delta f_*}{\mathrm{d}t} = P_{T*} - P_{L*} \tag{6-9}$$

式中:P_{T*}、P_{L*}——以系统发电机总额定功率 P_{GN} 为基准的发电机总输入机械功率和总负荷功率的标幺值;

T_j——系统等值机组的惯性时间常数。

如果,注意到 $\Delta\omega_* = (\omega - \omega_N)/\omega_N$ 和 $\Delta f_* = (f - f_N)/f_N$,因此有

$$\frac{\mathrm{d}\omega_*}{\mathrm{d}t} = \frac{\mathrm{d}\Delta\omega_*}{\mathrm{d}t} = \frac{\mathrm{d}\Delta f_*}{\mathrm{d}t} \tag{6-10}$$

以系统在额定频率时的总负荷功率 P_{LN} 作为功率基准值,则式(6-9)可改写为

$$T_i \frac{P_{GN}}{P_{LN}} \times \frac{\mathrm{d}\Delta f_*}{\mathrm{d}t} = P_{T*} - P_{L*} \tag{6-11}$$

在事故情况下,自动按频率减负荷装置动作时,可以认为系统中所有机组的功率已达到最大值,这里的调速器、调频器已不再发挥作用。在这种情况下,对式(6-11)进行讨论,回顾负荷的调节效应,可以表示为

$$P_{L*} = 1 + K_{L*} \Delta f_* \tag{6-12}$$

代入式(6-11)可得

$$T_i \frac{P_{GN}}{P_{LN}} \times \frac{\mathrm{d}\Delta f_*}{\mathrm{d}t} = P_{T*} - 1 - K_{L*} \Delta f_* \tag{6-13}$$

即

$$T_i \frac{P_{GN}}{P_{LN}} \times \frac{d\Delta f_*}{dt} + K_{L*}\Delta f_* = \Delta P_{L*} \quad\quad (6\text{-}14)$$

式中：ΔP_{L*}——系统的功率缺额，$\Delta P_{L*} = P_{T*} - 1$。

式（6-13）所示方程的解为

$$\Delta f_* = \Delta f'_* (1 - e^{\frac{-t}{T_f}}) \quad\quad (6\text{-}15)$$

其中

$$T_f = \frac{P_{GN}}{P_{LN}} \times \frac{T_i}{K_{L*}} \quad\quad (6\text{-}16)$$

式中：T_f——系统频率变化过程的时间常数；

Δf_*——与系统功率缺额成正比的频率变化值，$\Delta f'_* = \frac{\Delta P_{L*}}{K_{L*}}$。

一般地，T_f 值在 4～10 s 之间，系统越大则 T_f 也越大。

由式（6-15）可知，当 $t=0$ 时，$\Delta f_* = 0$（即 $f = f_N$）；当 $t = \infty$ 由式 $\Delta f = \frac{50\Delta P_L}{K_{L*} P_{LN}}$ 可得 $\Delta f_* = \Delta f'_*$（即 $f = f_\infty$，f_∞ 为 f 的稳态值）。对应于功率缺额 ΔP_{L*}，系统频率从额定值 f_N 下降到 f_∞。系统频率的动态特性 $f(t)$ 可以用指数曲线来描述，如图 6-3 所示，如果 ΔP_{L*} 和 T_i 已知，系统频率 f 的动态特性不难求出。

式（6-15）容易改写为

$$f = f_\infty + (f_N - f_\infty)e^{-\frac{t}{T_f}} \quad\quad (6\text{-}17)$$

如果忽略 T_i 值的变化，系统频率 f 的变化可能有以下几种情况。

（1）由于 $\Delta f'_*$ 的值与功率缺额 ΔP_{L*} 成正比，当 ΔP_{L*} 不同时，系统频率动态特性分别如图 6-3 中曲线 a、b 所示。该两曲线表明，在功率缺额发生的初期，频率下降速度与功率缺额 ΔP_{L*} 值成正比，频率的稳态值分别为 f_2 和 f_3。

（2）设某功率缺额下，系统频率动态特性为图 6-3 中的曲线 a，则系统频率从 f_N 下降到 f_1 时所经过的时间 t_1 可由式（6-17）求得

$$t_1 = T_f \ln\left(\frac{f_N - f_3}{f_1 - f_3}\right) \quad\quad (6\text{-}18)$$

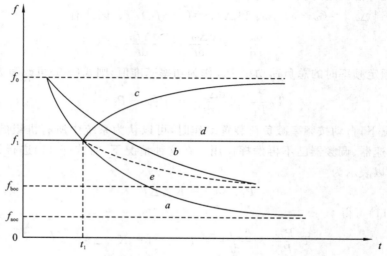

图 6-3　电力系统的动态频率特性

（3）设系统功率缺额为 ΔP_{L}，当频率下降到 f_1 时 AFL 切除的负荷为 $P_{cut.e}$，如果 $P_{cut.e}$ 等于 ΔP_{L}，则发电机组发出的功率刚好与切除部分负荷后系统的负荷功率平衡。这时，系统频率将按指数曲线恢复到额定频率 f_{N}，如图 6-3 中的曲线 c 所示。

（4）上述情况下，如果在 f_1 时切除的负荷功率小于功率缺额 ΔP_{L}，则系统的稳态频率将低于额定值。设切除负荷 $P_{cut.d}$ 后，正好使系统频率维持在 f_1 运行，那么它的频率特性如图 6-3 中的曲线 d 所示。

（5）设频率下降至 f_1 时切除的负荷功率 $P_{cut.e}$ 小于 $P_{cut.d}$，系统频率 f 将继续下降，如果这时系统功率缺额所对应的稳态频率 f_2，于是系统频率的变化过程如图 6-3 中的曲线 e 所示。

由此可见，AFL 装置切除部分负荷后，稳定频率比仅靠负荷调节效应的稳定频率高。

问题与思考

1. 低频运行的危害有哪些？
2. 什么是负荷的功频静态特性？
3. 什么是电力系统的动态频率特性？

6.2　按频率自动减负荷装置的基本要求

6.2.1　对 ATL 装置的基本要求

（1）能在各种运行方式且出现较大功率缺额的情况下，有计划地切除负荷，有效地防止系统频率下降至危险点以下。

（2）切除的负荷应尽可能少。

（3）变电所的馈电线路使故障变压器跳闸造成失压时，AFL 装置应可靠动作。

（4）电力系统发生低频振荡时，AFL 装置不应误动。

（5）电力系统受谐波干扰时，AFL 装置不应误动。

实际上，单靠负荷的调节效应来补偿缺额是不够的，当系统中出现严重的功率缺额时，将会出现系统的稳定频率过低，根本不能保证系统的安全运行。为此，必须使用 AFL 装置断开相应数量的用户，以阻止频率的严重下降。

实现按频率自动减负荷装置的基本原则如下所述。

6.2.2　按频率自动减负荷装置的频率变化

正常运行的电力系统，频率为额定频率 f_{N}，总负荷为 P_{LN}，当出现有功功率缺额 ΔP_{L} 时，将引起系统频率下降。负荷调节效应系数的标幺值 K_{L*} 由 $\Delta f=\dfrac{50\Delta P_{L}}{K_{L*}P_{LN}}$ 可得

$$\frac{\Delta P_{L}}{P_{LN}}=K_{L*}\frac{f_{\infty}-f_{N}}{f_{N}}$$

若仅靠负荷调节效应来调节，则系统频率稳定在低频 f_{∞}：

$$f_{\infty}=f_{N}(1-\frac{1}{K_{L*}}\times\frac{\Delta P_{L}}{P_{LN}}) \tag{6-19}$$

此时频率没有恢复到系统正常运行的范围，需要通过 AFL 装置切除一部分负荷 P_{cut} 后，系

统稳定频率为

$$f_\infty = f_N(1 - \frac{1}{K_{L*}} \times \frac{\Delta P_L - P_{cut}}{P_{LN} - P_{cut}}) \qquad (6\text{-}20)$$

式中：$\Delta P_L - P_{cut}$——有功缺额；

$P_{LN} - P_{cut}$——系统中剩余的负荷功率；

f_∞——稳定频率。

6.2.3 最大功率缺额 $\Delta P_{L.max}$ 的确定

AFL 装置是当电力系统发生严重有功功率缺额时的一种反事故措施。因此,即使在系统发生最严重的事故情况下,即出现最大可能的功率缺额时,接至 AFL 装置的用户功率数量也能使系统频率恢复在可运行的水平,以避免系统事故的扩大。可见,确定系统在事故情况下的最大可能发生的功率缺额,以及接入 AFL 装置的相应用户功率值,是保证系统安全运行的重要环节。系统可能出现的最大功率缺额要从系统总装机容量的情况、机组的性能、重要输电线路的容量、网络的结构、故障的几率等因素具体分析,如断开一台或几台大机组或大电厂、断开重要送电线路来分析。确定系统事故情况下的最大可能功率缺额 $\Delta P_{L.max}$ 后,只要系统恢复频率 f_r 确定,就可求得接到 AFL 装置的功率总数 $P_{cut.max}$。 接到 AFL 装置最大可能的断开功率 $P_{cut.max}$ 可以小于最大功率缺额 $\Delta P_{L.max}$。

$$P_{cut.max} = \frac{\Delta P_{Lmax} - P_{LN}K_{L*} \cdot \Delta F_*}{1 - K_{L*} \cdot \Delta f_*} \qquad (6\text{-}21)$$

例 6-3 某系统的负荷总功率为 $P_{LN} = 5000$ MW,设想系统最大的功率缺额 $\Delta P_{L.max}$ 为 1200 MW,设负荷调节效应系数为 $K_{L*} = 2$,AFL 装置动作后,希望系统恢复频率为 $f_r = 48$ Hz,求接入 AFL 装置的功率总数 $P_{cut.max}$。

解 希望恢复频率偏差的标幺值为

$$\Delta f_* = \frac{50 - 48}{50} = 0.04$$

由上述公式得

$$P_{cut.max} = \frac{1200 - 5000 \times 2 \times 0.04}{1 - 2 \times 0.04} = 870 (\text{MW})$$

接入 AFL 装置的功率总数为 870 MW,这样,即使发生如设想那样的严重事故,仍然能使系统频率恢复值不低于 48 Hz。

6.2.4 AFL 装置的动作顺序

在电力系统发生事故的情况下,被迫采取断开部分负荷的办法以确保系统的安全运行,这对于被切除的用户来说,无疑会造成不少困难,因此,应力求尽可能少地断开负荷。如上所述,接于 AFL 装置的总功率是按系统最严重事故的情况来考虑的。然而,系统的运行方式很多,而且事故的严重程度也有很大差别,对于各种可能发生的事故,都要求 AFL 装置能做出恰当的反应,切除相应数量的负荷功率,既不过多又不能不足,只有分批断开负荷功率采用逐步修正的办法,才能取得较为满意的结果。

AFL 装置是在电力系统发生事故时,在系统频率下降过程中,按照频率的不同数值按顺序地切除负荷。也就是将接至 AFL 装置的总功率 $P_{cut.max}$ 按负荷重要程度的不同进行分级,并分别分配在不同启动频率值来分批地切除,以适应不同功率缺额的需要。根据启动频率的不同,按频率自动减负荷可分为若干级,也称为若干轮。

为了确定 AFL 装置的级数,首先应定出装置的动作频率范围,即选定第一级启动频率 f_1 和最末一级启动频率 f_n 的数值。

1. 第一级启动频率 f_1 的选择

由图 6-3 系统频率动态特性曲线的规律可知,在事故初期如能及早切除部分负荷功率,可延缓频率的下降过程。因此,从 AFL 装置的动作效果来看,第一级的启动频率 f_1 宜选择的高些,但是 f_1 整定的过高,暂时频率下降容易引起 AFL 装置误动作,影响用户用电的可靠性,同时也未充分利用系统的旋转备用容量。所以,一般第一级的启动频率整定在 $48.5\sim49$ Hz。在以水电厂为主的电力系统中,由于水轮机调速系统动作较慢,因而第一级启动频率宜取低值。

2. 末级启动频率 f_n 的选择

电力系统允许的最低频率受安全运行的限制,以及可能发生"频率崩溃"或"电压崩溃"的限制。对于高温高压参数的火电厂,在频率低于 46.5 Hz 时,厂用设备已不能正常工作,在频率低于 45 Hz 时,就有"电压崩溃"的危险,因此末级的启动频率 f_n 以不低于 46.5 Hz 为宜。

3. 频率级差 Δf

频率级差即相邻两级动作频率之差。关于频率级差 Δf 的选择问题,当前有两种不同的原则。

1)按 AFL 装置选择性确定级差 Δf

该原则强调各级动作的次序,要在前一级动作以后还不能制止频率下降的情况下,后一级才动作,也就是 AFL 装置动作的选择性。

假设频率测量元件的测量误差为 $\pm\Delta f_s$,最严重的情况是前一级启动频率具有最大负误差,而本级的测量元件却为最大正误差,如图 6-4 所示。

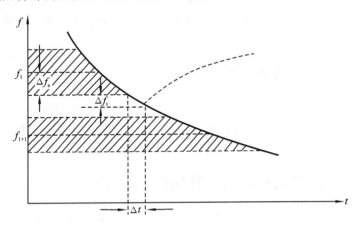

图 6-4 频率选择性级差的确定

设第 i 级在频率为 $(f_i-\Delta f_s)$ 时启动,经过 Δt 时间后断开用户,这时频率已下降到 $(f_i-\Delta f_s-\Delta f_t)$。第 i 级断开负荷之后,如果频率不在下降(如图中虚线),则第 $i+1$ 级就不切负荷,这才算是具有选择性。

Δf 的大小取决于频率继电器的测量误差 Δf_s 及前级 AFL 装置启动到负荷断开这段时间内频率的下降值 Δf_t(一般取 0.15 Hz),因此考虑选择性的最小频率级差为

$$\Delta f = 2\Delta f_s + \Delta f_t + \Delta f_y \tag{6-22}$$

式中：Δf_s——频率测量元件的最大误差频率；

Δf_t——对应于每级切除负荷所需时间 Δt 的频率变化；

Δf_x——频率裕度，一般取 0.05 Hz。

一般而言，采用晶体管型低频继电器时，测量误差比较大，故应取 $\Delta f = 0.5$ Hz；采用数字频率继电器时，测量误差小，故 Δf 可缩至 0.3 Hz 或更小。

2）增加级数 n，而级差不强调选择性

由于电力系统运行方式不固定和负荷水平多变，并针对电力系统发生事故时功率缺额有很大分散性的特点，AFL 装置应遵循逐步试探求解的原则，分多级切除少量负荷，以达到较佳的控制效果。这就要求减小级差 Δf，增加总的频率动作级数 n，同时也相应地减少每级的切除功率，这样即使两轮无选择性启动，切的负荷功率不会过多，系统恢复频率也不会过高。大容量电力系统，一般要求 AFL 装置动作迅速，尽量缩短级差，可能使 AFL 装置不一定严格按选择性动作。

4. AFL 级数的确定

当 f_1 和 f_n 确定以后，就可在该频率范围内按频率级差 Δf 分成 n 级断开负荷，即

$$n = \frac{f_1 - f_n}{\Delta f} + 1 \tag{6-23}$$

级数 n 取整数，越大，每级断开的负荷就越小，这样，装置所切除的负荷量就越有可能接近于实际功率缺额，具有较好的适应性。因此整个 AFL 装置只可分成 $5\sim6$ 级。

6.2.5　每级切除负荷 $P_{cut.i}$ 的限值

为确定各级的最优切除负荷量，按临界情况考虑：第 $(i-1)$ 级动作切除负荷后，系统的稳态频率正好是第 i 级的启动频率；而当第 i 级动作切除负荷功率 $P_{cut.i}$ 后，系统频率稳定在第 $(i+1)$ 级的动作频率；最末一级的启动频率是 f_n，切除负荷功率 $P_{cut.n}$ 后，系统频率稳定在 f_{res}，依次推理计算出 $P_{cut.i}$。

6.2.6　AFL 装置基本级的动作时间

AFL 装置动作时，原则上应尽可能快，这是延缓系统频率下降的最有效措施。但考虑到系统发生事故，系统震荡或系统电压急剧下降，可能会引起频率继电器误动作，所以要求 AFL 装置动作带 $0.3\sim0.5$ s 延时，以躲避暂态过程中可能出现的误动作。

6.2.7　AFL 装置的后备级（附加级、特殊级）

在 AFL 装置的动作过程中，当第 i 级动作切除负荷后，如果系统频率继续下降，则下面各级会相继动作直到频率下降被制止为止。如果出现了这样的情况：第 i 级动作后，系统频率可能稳定在 f_i，它低于恢复频率的极限值 $f_{res.min}$，但又不足以使下一级动作，因此要装设后备级，经延时，再切除部分负荷功率，以便使频率能恢复到允许的限值以上。这样，我们常把前面介绍的自动按频率减负荷装置的各级称为基本级，而后备级又常被称为特殊级或附加级。

后备级的动作频率应不低于基本级第一级的启动频率，它是在系统频率已经比较稳定时动作的，为保证后备级确实是在基本级动作结束后系统频率仍未回升至希望值时才动作，后备级

的动作要带较长的延时,最小动作时间为 10～15 s,最长的动作时间可到 20 s。

后备级可按时间分为若干级,也就是其启动频率相同,但动作时延不一样,各级时间差可不小于 5 s,按时间先后次序分批切除用户负荷,以适应功率缺额大小不等的需要。在分批切除负荷的过程中,一旦系统恢复频率高于后备级的返回频率,AFL 装置就停止切除负荷。

6.2.8 AFL 装置误动作的原因及防误措施

(1)当系统电压突然变化时,低频继电器触点抖动,可能导致 AFL 装置误动作。这种误动作只要 AFL 装置带有 0.1～0.2 s 的延时即可防止。

(2)系统中旋转备用起作用之前,AFL 装置先行误动作。特别是旋转备用大部分在水轮发电机组上的电力系统,系统中的旋转备用容量发挥作用需要一定的时间,尤其在水轮发电机组上,调速机械动作较慢。为了防止这种误动作,措施之一是在 AFL 装置的前几级带一定的延时;也可在频率恢复到额定值时进行重合闸。

(3)负荷反馈引起的误动作。在地区变电所某些操作或在输电线路重合闸期间,负荷与电源会出现短时解列,该地区负荷中的旋转机组,如同步调相机和异步电动机等,动能仍短时反馈输送功率,在母线上产生一个电压,该电压逐渐衰减而频率急剧下降,如果不采取适当的措施,利用母线电压检测频率的 AFL 装置会错误地判断为系统频率降低而误启动,当该地区变电所很快恢复供电时,用户负荷已被错误地断开了。对于这种情况,在 AFL 装置中可采取如下措施。

1)加电流闭锁

闭锁继电器可接于电源主进线上或变压器上,其触点与低频继电器触点串联,这样,在电源中断时电流继电器不动作,将 AFL 装置闭锁,防止了误动作。为了防止正常运行但负荷过小时的误闭锁,闭锁电流取值应小于最小负荷电流。

2)加电压闭锁

闭锁继电器与低频率继电器接于同一节点电压,其触点串联,在电源中断时电压继电器不动作,将 AFL 装置闭锁。闭锁电压值的整定应保证在送电线路恢复供电后,母线运行于最低电压时,AFL 装置不被闭锁,一般取闭锁电压为(0.65～0.7)倍的母线额定电压。

3)加滑差闭锁

滑差闭锁就是利用频率下降至 AFL 装置动作频率的变化速度(df/dt)来区分是系统功率缺额引起的频率下降,还是负荷反馈电压造成的频率下降,从而决定是否进行闭锁。运行实践表明,频率下降速度 $df/dt<3(Hz/s)$ 可认为是系统功率缺额引起的频率下降。而 $df/dt>3(Hz/s)$ 可认为是负荷反馈引起的频率下降。因此,采用 $df/dt>3(Hz/s)$ 作为滑差闭锁的条件。

4)采用按频率自动重合闸来纠正

AFL 装置发生此类误动作后,采用 df/dt 启动的重合闸装置是有效的补救措施。在实际使用 AFL 装置时,针对具体的电力系统,还需要注意一种情况:当系统发生严重的有功功率缺额时,如果 AFL 装置失灵,可能导致系统瓦解。为了防止在这种情况下发电厂停运,在电厂中应考虑装设"低频自动解列"装置。一旦发生上述情况,发电厂中部分机组与系统解列,用来专门给厂用电和部分重要用户供电。

问题与思考

1. 对 AFL 装置有哪些基本要求？
2. 防止 AFL 装置误动作的措施有哪些？
3. AFL 装置的级差如何确定？

6.3　按频率自动减负荷装置

6.3.1　AFL 装置原理接线

电力系统 AFL 装置由 N 级基本段以及若干级后备段所组成，它们分散配置在电力系统的变电所中，其中每一级就是一组 AFL 装置。各级 AFL 装置工作框图如图 6-5 所示，典型的 AFL 装置原理接线图如图 6-6 所示。它由低频率继电器 KF、时间继电器 KT、中间继电器 KCO 构成。

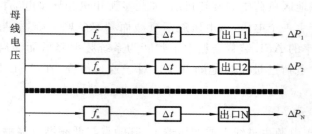

图 6-5　AFL 装置的工作框图

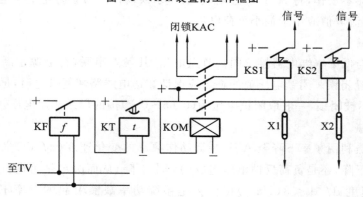

图 6-6　各级 AFL 装置原理接线图

当频率降至低频继电器 KF 的动作频率时，KF 立即启动，其动合触点闭合，启动时间继电器 KT，经整定时限后延时动合触点闭合，启动中间继电器 KCO，KCO 动作，其动合触点闭合，并控制这级用户的断路器跳闸，断开相应负荷。

其中，低频继电器 KF 是 AFL 装置的启动元件，也是主要元件，用来测量频率。我国目前使用的低频继电器类型有感应性、晶体管型和数字型三种。其中数字型低频继电器以其高精度、快速、返回系数接近 1、可靠性高等优点，被广泛使用。时间继电器 KT 的作用是防止 AFL 装置误动作。

6.3.2 数字型低频继电器

SZH-1 型数字型低频继电器原理框图如图 6-7 所示。在图中,输入的交流电压信号经变压器 TVS 降压后,一路供测量频率回路用,一路供稳压电源用。稳压电源向继电器电路提供 6 V、12 V 及 24 V 电源。

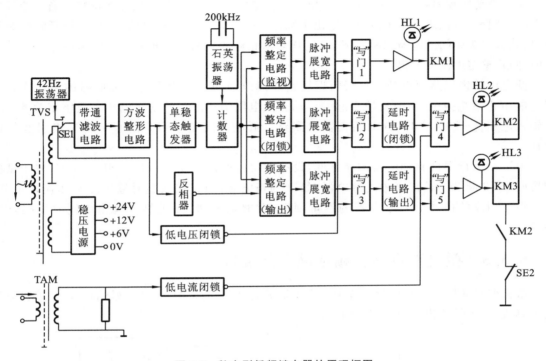

图 6-7 数字型低频继电器的原理框图

频率测量部分由带通滤波器、方波整形器、单稳触发器、计数器、石英振荡器等组成。输入电压信号经带通滤波器滤波后,滤掉其中谐波分量、获得平滑的正弦波电压信号,再经方波整形器整形为上升沿陡峭的方波。单稳触发器将方波的上升沿展成 $4\sim5~\mu s$ 的正脉冲,显然,该脉冲的周期与输入电压信号的周期相同。因此,将这个脉冲信号作为输入电压信号每个周期开始的标志,并用来使计数器清零。这样,计数器的计数值 N 即为被测信号一周期内石英振荡器所发出的时钟脉冲数。设石英振荡器的频率为 200 kHz,那么输入电压信号的频率与计数值 N 的关系为

$$f = \frac{1}{T} = \frac{1}{N} \times 2 \times 10^5 \, (\text{Hz}) \tag{6-24}$$

继电器内设有 3 级动作回路:一级为正常监视回路;二级为闭锁回路,三级为输出回路。每一个回路的动作频率均由频率整定电路进行整定。当计数器测出的频率值小于整定的频率值时,频率整定电路就有正脉冲输出,然后由脉冲展宽电路展宽成连续信号。

正常监视级动作频率整定为 51 Hz。正常运行时,系统频率少于 51 Hz,回路总有正脉冲输出,经展宽后,如果此时系统电压正常,再经"与"门 1 到中间继电器 KM1,使中间继电器始终处于动作状态,并且信号灯 HL1 发光,起监视作用。当继电器内部故障时,如失去电源,振荡器停振、计数器停止计数等,KM1 返回,发出故障报警信号。

闭锁级动作频率整定为 49.5 Hz,当系统频率少于 49.5 Hz 时,该级频率整定电路输出正脉冲,并经展宽后,经"与"门 2 启动延时回路,如果此时电流大于闭锁值,"与"门 4 有输出,使信号灯 HL2 发光,并使中间继电器 KM2 动作,其触点闭合,接通输出级中间继电器 KM3 的正电源,起到闭锁作用。可见,闭锁级防止了输出级回路元器件损坏而引起的继电器误动作,提高了继电器工作的可靠性。

输出级动作频率则由该级频率整定电路进行整定,可用拨盘开关按需要调整。当系统频率小于动作频率时,该级频率整定电路输出正脉冲,如此时系统电压、电流正常,则经延时电路延时,启动输出级中间继电器 KM3,KM3 动作切除相应的负荷。反相器的作用是在输入信号为零时,防止整定电路误输出。

低电压闭锁回路用以防止母线附近短路故障或输入信号为零时该继电器的误动作。一般也能防止系统振荡、负荷反馈引起的误动。低电压闭锁回路的动作电压一般整定为 60 V,当输入电压低于 60 V 时,自动闭锁输出回路。低电流闭锁主要是防止负荷反馈引起的误动作。

为了在运行中试验继电器的完好性,设有 42 Hz 振荡器及试验开关 SE。当 SE 置于试验位置时,SE2 断开了输出级中间继电器 KM3 的正电源,防止在试验时输出级动作误切负荷,SE1 将 42 Hz 的信号引入继电器的测量回路,此时监视级、闭锁级和输出级同时发出灯光信号。

6.3.3 微机型自动按频率减负载装置

微机型自动按频率减负荷装置主要由主机模块、频率的检测、闭锁信号的输入、功能设置和定值修改、开关量输出、串行通信接口等六部分组成,如图 6-8 所示。

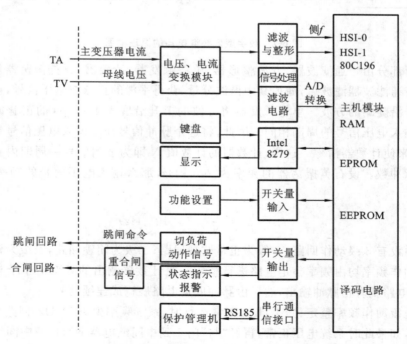

图 6-8 微机型 AFL 装置硬件原理框图

1. 主机模块

MCS-96 系列单片机中的 80C196 是 16 位单片机,片内有可编程的高速输入/输出 HIS/HSO,可相对于内部定时器配合软件编程就能具有优越的定时功能;片内具有 8 通道的 10 位 A/D 转换器,为实现 AFL 的闭锁功能提供了方便;片内的异步、同步串行口使该微机系统可以与上级计算机通信。

2. 频率的检测

AFL 装置的关键环节是测频电路。为了准确测量电力系统的频率,必须将系统的电压由电压互感器 TV 输入,经过电压变换器变换成与 TV 输入成正比的、幅值在 ±5 V 范围内的同频率的电压信号,再经低通滤波和整形,转换为与输入信号同频率的矩形波,将此矩形波连接至 80C196 单片机的高速输入口 HIS-0 作为测频的启动信号。可以利用矩形波的上升沿启动单片机对内部时钟脉冲开始计数,而利用矩形波的下降沿,结束计数。根据半周波内单片机计数的值,便可推算出系统的频率。由于 80C196 单片机有多个高速入口,因此可以将整形后的信号通过两个高速输入口(HIS-0 和 HIS-1)进行检测,将两个输入口检测结果进行比较,以提高测频的准确性,这种测频方法既简单又能保证测量精度。

3. 闭锁信号的输入

为了保证 AFL 装置的可靠性,在外界干扰下不误动,以及当变电所进、出线发生故障,母线电压急剧下降导致测频错误时,装置不致误发控制命令,除了采用 df/dt 闭锁外,还设置了低电压及低电流等闭锁措施。为此必须输入母线电压和主变压器电流。这些模拟信号分别由电压互感器 TV 和电流互感器 TA 输入,经电压电流变换模块转换成幅值较低的电压信号。再经信号处理和滤波电路进行滤波,转换电平,使其转换成满足 80C196 片内 10 位 A/D 转换器要求的单极性电压信号,并送给单片机进行 A/D 转换。

4. 功能设置和定值修改

AFL 装置在不同变电所应用时,由于各变电所在电力系统中的地位不同,负荷情况不同,因此装置必须提供功能设置和定值修改的功能,以便用户根据需要设置。对各级次的动作频率的定值和动作时限,以及各种闭锁功能的闭锁定值,都可以在装置面板上设置或修改。

5. 开关量的输出

在 AFL 装置中,全部开关量输出经光电隔离可输出如下三种控制信号:

(1)跳闸命令:用于按级次切除该切除的负荷;

(2)报警信号:指示动作级次、测频故障报警等;

(3)重合闸动作信号:对于设置重合闸功能的情况,则能够发出重合闸动作信号。

6. 串行通信接口

提供 RS485 和 RS232 的通信接口,可以与保护管理机等通信。

问题与思考

1. AFL 装置的组成有哪几部分?起到什么作用?

2. 微机型自动按频率减负载装置由哪几部分构成?

3. 数字型低频继电器是如何工作的?

技能训练6 输电线路低频减载保护实验

一、实验目的

(1)了解线路低频减载保护的原理；

(2)熟悉线路低频减载保护的逻辑组态方法。

二、实验原理及逻辑框图

WXH-825(WXH-821)微机线路保护实验装置设有低频减载保护，在断路器处于合位时或任一相有流($I>0.04I_n$)时投入低频减载保护。低频减载设有电压闭锁、滑差闭锁、低电流闭锁。当系统发生故障，频率下降过快超过滑差闭锁定值时瞬时闭锁低频减载保护。低频减载保护动作同时闭锁线路重合闸。保护设有硬压板控制投退功能。母线 TV 断线时闭锁低频减载保护。WXH-825(WXH-821)微机线路保护实验装置低频减载保护原理框图一样如图 6-9 所示。

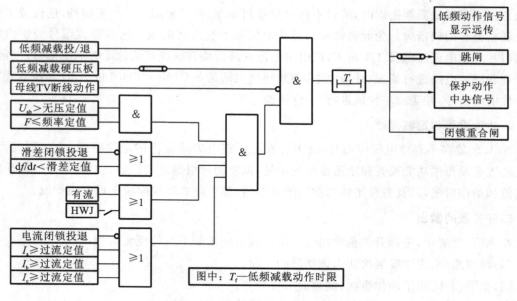

图中：T_f—低频减载动作时限

图 6-9 低频减载保护原理框图

三、实验内容

本实验以 WXH-825 微机线路保护实验装置为例。

(1)首先接好控制回路，用导线将端子"合闸回路"两个接线孔短接，将端子"跳闸回路"两个接线孔短接。合上"控制开关"、"Ⅳ母电源"和"Ⅰ母电源"，使实验装置上电，保护装置得电启动同时实验装置停止按钮亮。

（2）按下启动按钮，旋转"Ⅳ母电压"和"Ⅰ母电压"转换开关检查系统进线电压是否正常，根据实验需要合断路器连接线路，此时线路实验装置为双端供电，两侧的线路保护装置都已启动，可选择其中一个进行实验，左边的保护装置跳左边的断路器 QF9，右边的保护装置跳右侧的断路器 QF5。

（3）通过实验装置面板上的"故障点选择"旋转开关，可选择距离Ⅰ段或者距离Ⅱ段保护实验。并把两侧转换开关都打到就地位置。

（4）修改保护定值：进入装置菜单"定值"→"定值"，输入密码后，进入→"低频减载"→按"确认"按钮，进入定值修改界面，如

动作频率	f	45.00 Hz
动作时限	Tf	0.50 s
电压闭锁定值	Ubf	90.00 V
电流闭锁定值	Ibf	2.00 A
电流闭锁	DI	0
滑差定值	Df/t	1.00 Hz/s
滑差闭锁	DF	0

（5）投入保护压板。将低频减载保护的硬压板投入（用导线将端子"开入＋"接到端子"低频减载压板"）和软压板投入（"定值"→"压板"，输入密码后，进入→"低频减载保护"，将其保护软压板投入后→按"确认"后显示压板固化成功），其他所有保护的硬压板和软压板均退出。

（6）进行单机对无穷大的并网实验，在并列完成后，将发电机组与系统电断开，即断开线路实验装置的"Ⅳ母电源"。

（7）在发电机实验装置或者线路实验装置投入负载以满足回路中有电流（如果投入电流闭锁），通过调节发电机端转速，使发电机组输出电压的频率降低，达到低频减载保护整定值边界时，低频减载保护动作，此时装置面板跳闸灯亮，保护动作与跳开相应断路器，同时保护装置弹出"低频减载保护动作"报告。（做实验时，建议先将各种闭锁限制退出，试验成功后，然后再慢慢增加闭锁条件进行有电压电流闭锁限制情况下的实验）。

（8）实验完成后，在 WXH-825 微机线路保护测控装置的"报告"中记下低频减载保护动作时的保护动作信息，并制作相应的表格。

（9）记录保护动作信息后，可改变实验定值进行多次实验，完成表 6-1。

表 6-1　低频减载保护实验数据表

低频减保护整定值	低频减载保护动作信息

注：以上短路故障的时间不宜太长，如果保护不动可以仔细检查其他有没有遗漏的条件，故障时间以 2～3 s 为宜，否则会引起元器件的损伤。以上实验都是按照比较基本简单的操作流程，由于有的保护的限制条件比较多，这里不再赘述，限制条件比较多的实验可以再参考装置说明书，投入限制后进行试验的研究。

四、写实验总结要求

低频减载是一种防止电力系统出现频率崩溃的安全控制措施,即当电力系统因发电和用电负荷的需求之间出现缺额而引起频率下降时,按照事先制定的动作频率值,依次将系统中预先安排好的一部分次要负荷切除,从而使系统有功功率重新趋于平衡,频率得到回升。迄今为止,这是防止电力系统因频率下降导致频率崩溃事故的最主要的一种安全措施。低频减载装置是实现这一措施的自动装置,它由频率测量和减载两个环节组成。在写实验总结的时候,学生需要初步理解微机低频减载装置的作用和低频减载保护的动作条件。

模块 6　自　测　题

一、填空题

1. AFL 装置由_____、_____、_____三部分组成。

2. 微机型 AFL 装置的关键环节是_____。

3. 我国目前使用的低频继电器类型有_____、_____型和_____型三种。其中_____低频继电器以其高精度、快速、返回系数接近 1、可靠性高等优点,被广泛使用。

4. 频率级差即_____,一般按照 AFL 装置动作的_____要求来确定。

5. 电力系统的允许频率偏差为_____。

二、选择题

1. 自动低频减负荷装置的作用是保证电力系统安全稳定运行和(　　　)。

A. 保证所有负荷用电　　　　　　　　　　B. 保证城市负荷用电

C. 保证工业负荷用电　　　　　　　　　　D. 保证重要负荷用电

2. 电力系统发生有功功率缺额时,必然造成系统频率(　　　)额定频率值。

A. 高于　　　　　　　　B. 等于　　　　　　　　C. 低于

3. 当电力系统出现大量功率缺额时,(　　　)能够有效阻止系统频率异常下降。

A. 自动低频减负荷装置的动作　　　　　B. 负荷调节效应

C. 大量投入负荷　　　　　　　　　　　　D. 大量切除发电机

4. 当电力系统出现较少功率缺额时,负荷调节效应(　　　)。

A. 可以使系统频率恢复到额定值　　　　B. 可以使系统频率稳定到高于额定值

C. 可以使系统频率稳定到低于额定值　　D. 不起作用

5. 当电力系统出现功率缺额时,如果只靠负荷调节效应进行补偿,系统的稳定频率为 47 Hz,此时若通过减负荷装置动作切除一部分负荷,系统的稳定频率(　　　)。

A. 保持 47 Hz 不变　　　　　　　　　　B. 低于 47 Hz

C. 高于 47 Hz　　　　　　　　　　　　　D. 可能高于 47 Hz 也可能低于 47 Hz

6. 自动低频减负荷装置应分级动作,确定被切除负荷时,应(　　　)。

A. 首先切除居民负荷,必要时切除工业负荷

B. 首先切除工业负荷,必要时切除居民负荷

C. 首先切除重要负荷,必要时切除次要负荷

D. 首先切除次要负荷,必要时切除重要负荷

7. 自动按频率减负荷装置的动作级数越多,每级断开的负荷就(   )。

A. 越大　　　　　　　　B. 越小　　　　　　　　C. 不确定

8. 级差强调选择性强调各级动作的次序,在前一级动作后,(   )。

A. 后一级或两级必须动作

B. 后一级或两级不能动作

C. 后一级或两级无选择性动作

D. 若不能阻止频率的继续下降,后一级应该动作

9. 级差不强调选择性,要求减少级差,在前一级动作后,(   )。

A. 后一级或两级必须动作

B. 允许后一级或两级无选择性动作

C. 不允许后一级或两级无选择性动作

D. 若不能阻止频率的继续下降,允许后一级或两级动作

10. 自动按频率减负荷装置的后备级是在(   )。

A. 基本级动作后,后备级接着动作

B. 基本级动作后,后备级延动作

C. 基本级动作后,系统频率没有回升时后备级才动作

D. 基本级动作后,系统频率回升后后备级才动作

11. 自动按频率减负荷装置后备级的动作频率可设一个或几个,它应(   )。

A. 不低于基本级第一级的启动频率　　　　　　B. 低于基本级第一级的启动频率

C. 不低于基本级末级的启动频率　　　　　　　D. 低于基本级末级的启动频率

12. 一般自动低频减负荷装置的基本级动作带有 0.2～0.5 s 的延时,目的是(   )。

A. 防止减负荷装置的基本级误动作　　　　　　B. 防止减负荷装置的附加级误动作

C. 防止减负荷装置的拒动　　　　　　　　　　D. 提高减负荷装置的选择性

三、问答题

1. 电力系统正常运行时允许的频率偏差值是多少? 在事故情况下要求频率不低于多少?

2. 什么叫按频率自动减负荷 AFL 装置? 其作用是什么?

3. 某系统的负荷总功率为 $P_{LN}=6400$ MW,若系统发生功率缺额 ΔP_L 为 1100 MW,设负荷调节效应系数为 $K_{L*}=1.5$,AFL 装置动作后,希望系统恢复频率为 $f_r=48.5$ Hz,求 AFL 装置应切除多少负荷功率?

模块 7

灵活交流输电系统装置

学习导论

灵活交流输电系统装置是属于自动调节系统,它可以对电力系统的电压、相角、潮流等进行控制与调节。柔性交流输电技术,由美国电力专家 N. G. Hingorani 于 1986 年提出,并定义为"除了直流输电之外所有将电力电子技术用于输电的实际应用技术"。柔性交流输电系统的提出与发展,一方面与电力电子技术的飞跃发展有关,另一方面,也与当时美国的国情有关。在美国,由于电网转售电力的日益增加,使得输电系统中潮流分布十分不合理,加重了输变电设备与线路的负担,使输电容量的储备日益减少。另外,由于环境保护等因素,建设新的高压输电线路的造价大大提高,并且十分困难。这样,就向电力工作者们提出了一个挑战性的课题:如何更有效地利用现有输电网络、在不降低电力系统运行可靠性的前提下,大大提高线路的输送能力。柔性交流输电系统也就应运而生了。产生和应用柔性交流输电技术的背景主要有以下几点:电力负荷的不断增长使现有的输电系统在现有的运行控制技术下已不能满足长距离大容量输送电能的需要。由于环境保护的需要,架设新的输电线路受到线路走廊的制约,因此,挖掘已有输电网络的潜力,提高其输送能力成为解决输电问题的一条重要途径。大功率电力电子元器件的制造技术日益发展,价格日趋低廉,使得用柔性输电技术来改造已有电力系统在经济上成为可能。计算技术和控制技术方面的快速发展和计算机的广泛应用,为柔性输电技术发挥其对电力系统快速、灵活的调整、控制作用提供了有力的支持。另外,电力系统运营机制的市场化使得电力系统的运行方式更加复杂多变,为尽可能地满足市场参与者各方面的技术经济要求,电力系统必须具有更强的自身调控能力。

目前,柔性交流输电技术是美国电力科学研究院所倡导的研究方向。世界上许多国家的电力公司和电力设备制造厂家也不甘落后,正在投入巨资研究和开发柔性交流输电及其相应设备。其主要内容是在输电系统的主要部位,采用具有单独或综合功能的电力电子装置,对输电系统的主要参数(如电压、相位差、电抗等)进行灵活快速的适时控制,以期实现输送功率合理分配,降低功率损耗和发电成本,大幅度提高系统稳定和可靠性。其主要功能可归纳为:①较大范围地控制潮流;②保证输电线输电容量接近热稳定极限;③在控制区域内可以传输更多的功率,减少发电机的热备用;④依靠限制短路和设备故障的影响防止线路串级跳闸;⑤阻尼电力系统振荡。柔性输电技术是利用大功率电力电子元器件构成的装置来控制或调节交流电力系统的运行参数或网络参数从而优化电力系统的运行状态,提高电力系统的输电能力的技术。

柔性交流输电技术能有效提高交流系统的安全稳定性。可以满足电力系统长距离、大功率、安全稳定输送电力的要求,柔性交流输电技术从根本上改变了交流电网过去基本上只依靠缓慢、间断以及不精确设备进行机械控制的局面,为交流输电网提供了控制快速、连续和精确的控制手段以及输送优化潮流功率的能力,保证了系统稳定性,有助于在事故发生时防止连续反应造成的大面积停电。

柔性交流输电技术的经济性很好。首先,它完全能与原输电方式协调,无机械磨损,控制信号功率小、控制灵活性高,能快速、平滑调节,可灵活、方便、迅速地改变系统潮流分布,提高系统的稳定性。其次,采用柔性交流输电技术的线路,输送能力可增大到接近导线的热极限,提高了送电线路的利用率。再次,柔性交流输电技术能够提高联络线的输电能力,减少发电机备用容量。最后,采用柔性交流输电技术,电网和设备故障的影响可以得到有效的控制,防止事故扩大,减轻系统事故的影响。

柔性交流输电系统的设备可分为串联补偿装置、并联补偿装置和综合控制装置。串联补偿装置,如晶闸管控制串联电容器(TCSC)、晶闸管控制串联电抗器(TCSR),静止同步串联补偿器(SSSC)等,主要用于改变系统的有功潮流分布,提高系统的输送容量和暂态稳定性等;并联补偿装置,如静止无功补偿器(SVC),晶闸管控制制动电阻器(TCBR)、静止同步补偿器(STATCOM)等,主要用于改善系统的无功分布,进行电压调整和提高系统电压稳定性等。

综合控制装置,如统一潮流控制器(UPFC)等,综合了串、并联补偿的功能和特点,是实现电力网络控制潮流,阻尼振荡,提高系统稳定性等多种功能的得力措施。目前已成功应用或正在开发研究的 FACTS 装置有十几种,如静止无功补偿器、静止调相器、超导蓄能器、固态断路器、可控串联电容补偿等。国内自主成套设计和制造的静止无功补偿器、静止调相器和可控串联电容补偿已在电网中挂网运行。

工程应用方面,2004 年,我国首套国产化可控串补工程、世界第一个固定及可控混合型串补工程——甘肃碧成 220 千伏可控串补装置顺利投运,我国成为世界上第 4 个掌握此项技术的国家。3 年后,被中国电机工程学会称为当时"世界上可控串补度最高、串补容量最大、额定提升系数最大、阀额定电压最高、运行环境最复杂、设计难度最大"的国产化超高压可控串补工程——伊(敏电厂)冯(屯)500 千伏可控串补装置成功投运。这两项工程在建设之初,就为国家节省基建投资约 4 亿元,减少输电走廊面积约 2100 公顷,后者少砍伐大兴安岭原始森林约 750 公顷,有效保护了宝贵的生态资源,其环保效益难以估量。

▶ 学习目标

1. 了解交流灵活输电系统装置分类与作用。
2. 掌握典型的灵活交流输电系统装置如何调节电力系统运行状态。
3. 熟悉交流灵活输电系统装置的工程应用情况。

7.1 灵活交流输电系统装置概述

7.1.1 现代电力系统面临的挑战

现代电力系统是迄今为止最大和最复杂的人造系统之一,它由发电厂、变电站、输电系统、配电系统和各种用电负荷等组成。现代电力系统的主要特点是:超大容量机组、超高压甚至特高压输电电压等级、远距离输电、大规模交直流互联电网、极高的自动化运行水平、市场化运营机制等。在全球范围内,能源和经济发展的不平衡以及电力市场的发展,促进了大区电网的互联,电网通过互联形成了越来越大的现代电力系统。经济上,电力系统互联可以实现最大地理范围内电力资源的优化配置,发挥大电网互联的错峰调峰、水火互济、跨流域补偿调节、互为备用和调用余缺等联网效益,实现网间功率交换,在更大范围内优化能源配置方式。同时,大型互联电网还能提高供电可靠性。

随着电力系统规模的不断增大、输电电压等级的提高、非线性负荷和对电能质量敏感负荷的增长,电力系统面临新的挑战,表现在以下几个方面。

(1)由于城市化建设速度加快,用电需求增加而输电线路走廊受限;公众和社会对环境问题日益关注,获得新建线路走廊更加困难。现有输电线路输送能力不足和新建线路走廊困难的矛盾日益突出。

(2)已有输电线路的输送能力主要受系统暂态稳定或动态稳定极限的限制;因此,研究如何提高系统的暂态稳定极限、抑制系统振荡的技术措施具有迫切的现实意义。

(3)交、直流混合输电方式的采用,输电电压等级的提高,使现代电力系统的结构越来越复杂。在电网建设的一定阶段采用在发电机侧进行无功和电压控制的方式,已经不能满足现代电力系统发展的需求,特别是在输配电环节快速、灵活和可持续调节手段普遍不足。功率分布中的自由潮流和负荷变化很大,大电网运行中的这一类问题长期困扰着运行调度人员,并且在电网中造成大量电能损耗或被迫降低输送能力。在电力系统中,往往会发生这样的情况,在相同一个方向输送功率的线路中,有些线路输送功率比较小,而另一些线路输送功率却很大,甚至已过负荷。人们曾设想过不少办法企图在电网中解决这些问题,如采用纵向、横向或混合型的调压变压器以进行潮流控制。但由于这些手段依赖于机械式机构,在调整速度和调整额度上受到限制,且设备的维护工作量也比较大。尤其当系统发生故障时,要求对电力系统各部分进行快速调节时,更缺少有效的控制手段。

(4)在电力市场机制下,不同发电公司,包括独立电能生产者,在发电侧实行竞争,输电系统与发电分离,独立经营管理,为发电公司和用户提供输送电能服务,用户侧也可以作为独立实体参加价格控制。这样一个开放和鼓励竞争的运行环境,使电力系统运行复杂化,并要求运行方式灵活多变,需要更为有效的控制和调节手段。

(5)现代电力系统中负荷结构发生了重大变化。一方面,诸如超高功率变流设备、钢铁企业的电弧炉、电气化铁路和变频调速装置等负荷的迅速发展,由于其非线性、冲击性以及不平衡等用电特性,使电网的电压波形发生畸变,或引起电压波动和闪变及三相不平衡,甚至引起系统频率波动等,对供电电能质量造成严重的"污染"或干扰;另一方面,近代的科技进步又促进生产过程的自动化和智能化,对供电质量提出更高更严格的要求。属于保证主电网可靠性和电能质量的技术措施必然要在主网的设计和运行中解决。当然,对配电网中发生的异常或因主网受干扰而影响配电网向用户供电中产生的异常,则应在配电网或用户侧采用新技术措施加以解决。

(6)随着电力系统快速发展,特高压技术应运而生。交流特高压存在充电功率有效灵活控制、有功功率长距离输送以及潜供电电流限制措施等诸多技术问题需要解决。

我国的一次能源分布不平衡,水利资源主要集中在长江、黄河上游及西南;煤炭资源主要集中在内蒙古、山西、陕西,而主要的负荷集中在华北京冀地区、华东以上海为龙头的长江三角洲及华南珠江三角洲一带。在这种情况下,国家做出了"西电东送"的战略决策。至 2020 年我国西电东送的总容量将超过 1.2 亿千瓦,主要体现在远距离(1500~2000 km)交直流混合输电上。目前已经形成华北、华中和华东三个特大型的同步电网。电力系统是一个国家的关键基础设施,是最重要的能源供应系统。国家对电力系统建设的投入巨大,而输配电网的投资占电力投资的一半。如何在保证电网安全稳定运行的同时,大幅度提高电网资源的利用效率,克服输电瓶颈,实现电力系统资源的优化配置,将成为亟待解决的战略性关键技术问题。

总结一下,我国电网目前面临的挑战性的问题是:西电东送由于距离遥远和线路走廊的限制,要实现大规模的输电面临诸多技术困难;大区电网强互联的格局尚未形成,因而全局的电力资源优化配置、优化调度还难以实施,南北互供的电量还很少;电网建设滞后,电网中输电瓶颈增多,电能质量问题不容乐观,威胁电网安全;土地已成为稀缺资源,取得线路走廊和变电站站址日益困难。我国电网面临的主要技术问题如表 7-1 所示。这些问题依靠传统电力技术是无法有效解决的,超高压大功率灵活交流输电技术的快速发展为解决这些战略性问题创造了有利条件。

表 7-1　我国电网面临的主要技术问题

电力系统现状	研究领域
大容量、远距离输电: Ⅰ 提高线路输电能力 Ⅱ 保证电网安全稳定	电网安全 供需平衡 大容量输电
满足用户对电能质量的要求: Ⅰ 供电可靠性 Ⅱ 电能质量	电能质量
节能降耗的要求: Ⅰ 降低网损 Ⅱ 提高电力驱动设备效率	节能降耗

7.1.2　电力电子器件

1. 电力电子器件发展

灵活交流输电技术(FACTS)这一概念是 20 世纪 80 年代由美国电力科学研究院(EPRI)的 Narain G. Hingorani 博士提出,并于 1988 年和 1994 年的 CIGRE 会议上对 FACTS 概念及其包含的 FACTS 装置概念进行重新定义。1997 年,IEEE PES 学会正式公布的 FACTS 定义是:装有电力电子型和其他静止型控制装置以加强可控性和增大电力传输能力的交流输电系统。FACTS 装置的目的是通过利用大功率电子电子器件的快速响应能力,实现对电压、有功潮流等的平滑控制,从而在不影响系统稳定性的前提下,提高系统传输功率能力,改善电压质量,达到最大可用性、最小损耗、最小环境压力、最小投资和最短的建设周期的目标。

电力电子技术及元器件是在半导体问世后才发展起来的,它沿着两个方向发展:一个是集成电路,发展成为电子技术,以信息处理为主要对象。另一个是大功率器件,发展成电力电子技术,以能量处理为主要对象。20 世纪 70 年代以后,这两种技术又逐渐互相结合,形成新型全控型电力电子器件。20 世纪 80 年代出现智能化功率集成电路,使功率和信息的处理合二为一,从而促进了"第二次电子革命",在科技发展中产生了巨大的技术作用和经济效益。性能不断改进的电力电子元器件的快速发展为在电力系统中应用创造了可依靠的支持条件。反过来,FACTS 技术又对电力电子器件提出了更高的要求,成为推动电力电子器件不断创新的动力之一。

2. 电力电子器件

与电路中处理信息的电子器件相比,电力电子器件最大的特点就是功率大,它工作时的处理对象是电能,工作环境是高电压、大电流。电力电子器件一般只工作在开关状态,它要求导通时近似于短路,管压降接近于零;阻断时近似于开路,电流几乎为零。器件两端电压由外电路决定,就像普通晶体管的饱和与截止状态一样。

经过几十年的发展,电力电子器件已经形成几大门类,各门类下的器件经过几代产品交替更新后,产品的耐压越来越高,通流能力越来越强,开关速度也越来越快。根据可控程度可以把电力电子器件分成如下两类。

1)半控型器件

20 世纪 50 年代后,美国通用电气公司发明的硅基晶闸管的问世,标志着电力电子技术的开端。此后,晶闸管的派生器件越来越多,到了 70 年代,已经派生了快速晶闸管、逆导晶闸管、双向晶闸管、不对称晶闸管等半控型器件,功率越来越大,性能日益完善。但是由于晶闸管本身工作频率低(一般低于 400 Hz),大大限制了它的应用。此外,关断这些器件需要强迫换相电路,使电力电子装置的整体重量和体积增大,效率和可靠性降低。

2)全控型器件

随着关键技术的突破以及需求的发展,早期的小功率、低频、半控型器件发展到现在的超大功率、高频、全控型器件。由于全控型器件可以控制开通和关断,大大提高了开关控制的灵活性。自 20 世纪 70 年代后期以来,可关断晶闸管(GTO)、电力晶体管(GTR)及其模块相继实用化。后来,各种高频全控型器件不断问世,并得到迅速发展。这些器件主要有电力场效应晶体管(MOSFET)、绝缘栅双极晶体管(IGBT)、MOS 控制的晶体管、集成门极换流晶体管(IGCT)、注入增强栅晶体管(IEGT)等。

下面简要介绍在灵活交流输电技术领域应用或研究较多的几种大功率电力电子器件,然后对功率集成电路和基于新材料的电力电子器件进行简要介绍。

(1)晶闸管。

晶闸管管芯是个 PNPN 四层半导体,形成了 3 个 PN 结 J1、J2、J3,外部有阳极 A、阴极 K 和门极 G 三个接线端子,如图 7-1 所示。

当晶闸管的阳极与阴极之间加上正向电压时,若在其门极和阴极之间施加电触发脉冲产生一定的门极电流时,即可开通晶闸管;晶闸管刚从断态转入通态并移除触发信号后,只要流过的电流达到擎住电流值,仍能自动维持导通(即所谓的擎住效应);如果晶闸管导通电流下降到维持电流以下,将自行关断,通常擎住电流比维持电流大 2～3 倍,此类晶闸管为电触发晶闸管(ETT)。

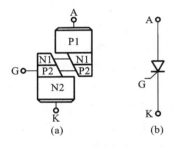

图 7-1 晶闸管结构及其符号
(a)结构;(b)符号

如果驱动晶闸管的门极信号采用光脉冲则称为光触发晶闸管(LTT),光触发晶闸管使器件具备较好的动态性能,并集成了击穿二极管(BOD)保护器件,可以有效简化晶闸管驱动电路,提高系统可靠性。

晶闸管的主要特点是开通可控、耐高电压、导通电流大、通态压降低、过负荷能力强等。自问世以来,晶闸管的容量提高了近 3000 倍,现在许多国家已能稳定生产 8kV/4kA 的晶闸管,并在高压直流输电(HVDC)、SVC、TCSC、大功率直流电源及超大功率高压变频调速应用方面占有十分重要地位。预计在今后若干年内,晶闸管仍将在高电压、大电流应用场合得到继续发展。国内制造企业已完全具备生产基于 5 英寸的 ETT 和 LTT 的能力,当前正在瞄准特高压直流输电工程应用,研发基于 6 英寸的 ETT 元件。

(2)门级可关断晶闸管。

门级可关断晶闸管(GTO)是晶闸管的一种派生器件,但可以通过在门级施加负的脉冲电流使其关断,因而属于全控型器件。GTO 的电压、电流容量大,与普通晶闸管接近,因而在兆瓦级以上的大功率场合有较多的应用,并直接促使了 FACTS 概念的诞生和发展。

　　GTO 与普通晶闸管一样,是 PNPN 四层半导体结构,外部引出阳极、阴极和门极。但和普通晶闸管不同的是,GTO 是一种多元的功率集成器件,内部包含着十个甚至数百个共阳极的小 GTO 元,这些 GTO 元的阴极和门极则在器件内部并联在一起。这种特殊结构是为了便于实现门极控制关断而设计的,它的结构、等效电路和符号如图 7-2 所示。

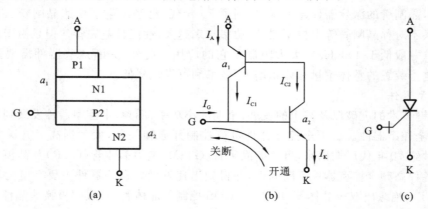

图 7-2　GTO 的结构、等效电路和符号

(a)结构；(b)等效电路；(c)符号

　　GTO 的工作原理与普通晶闸管相似,其结构也可以等效看成是由 PNP 与 NPN 两个晶体管组成的反馈电路,如图 7-2(b)所示。两个等效晶体管的电流放大倍数分别是 a_1 和 a_2。GTO 触发导通的条件是:当它的阳极与阴极之间承受正向电压,门极加正脉冲信号(门极为正,阴极为负)时,可使 $a_1+a_2>1$,从而在其内部形成电流正反馈,使两个等效晶体管接近临界饱和导通状态。GTO 与晶闸管的最大区别是导通后回路增益 a_1+a_2 数值不同,晶闸管的回路增益 a_1+a_2 常在 1.15 左右,而 GTO 的非常接近 1。因而 GTO 处于临界饱和状态,这为门极负脉冲关断阳极电流提供有利条件。

　　由于饱和程度不深,GTO 导通后的管压降比较大,一般为 2～3 V。当 GTO 的门极加负脉冲信号时,门极出现反向电流,此反向电流将 GTO 的门极电流抽出,使其电流减少,a_1 和 a_2 也同时下降使 $a_1+a_2<1$,以致无法维持正反馈,从而使 GTO 关断。由于普通晶闸管导通时处于深度饱和状态,用门极抽出电流无法使其关断,而 GTO 处于临界饱和状态,因此可用门极负脉冲信号破坏临界状态使其关断。

　　GTO 关断时,可在阳极电流下降的同时再施加逐步上升的电压,不像普通晶闸管关断时在阳极电流等于零后才能施加电压的,因此 GTO 关断期间功耗较大。另外,因为导通压降比较大,门极触发电流较大,所以 GTO 的导通功耗与门极功耗较普通晶闸管大。但是,高的导通电流密度、高的阻断状态下较高的 $\dfrac{\mathrm{d}u}{\mathrm{d}t}$ 耐受能力和有可能在内部集成一个反并联二极管,这些突出的优点仍使 GTO 被关注。

　　目前,GTO 的最大容量为 9 kV/10 kA。为了满足 FACTS 对 1 GVA 以上的电压源变流器的需要,近期很有可能开发出 10 kA/12 kV 的 GTO,并有可能解决 30 多个 GTO 串联的技术,可望使电力电子技术在 FACTS 领域中的应用再上一个台阶。

　　(3)绝缘栅双极晶体管。

　　绝缘栅双极晶体管(IGBT)是新型电力电子器件的主流器件之一,国外 IGBT 已发展到第三代。IGBT 的结构是在电力 MOSFET 结构的基础上做了相应的改善,相当于一个由电力

MOSFET 驱动的厚基区 GTR,在高电压、大电流的晶闸管制造技术基础上采用了集成电路微细加工技术,在性能上兼有 GTR 通态压降小、载流能力大和电力 MOSFET 驱动功率小、开关速度快的双重优点,具有良好的特性。IGBT 自诞生以来的 20 余年获得了迅速发展,它不仅在工业应用中取代了 MOSFET、GTR,甚至已经扩展到 GTO 占优势的大容量应用领域。

IGBT 有 3 个电极,分别是集电极 C、发射极 E 和栅极 G。图 7-3 所示为 N 沟道垂直导电双扩散(VDMOSFET)与 GTR 结合构成的 N 沟道 IGBT 的结构、简化等效电路和电气图形符号。IGBT 比 VDMOSFET 多一层 P^+ 注入区,形成了一个大面积的 P^+N 结 J1,使 IGBT 导通时由 P^+ 注入区向 N 基区发射空穴(少数载流子),从而对漂流移区电导率进行调制,使得 IGBT 具有很强的通流能力。简化等效电路表面,IGBT 是 GTR 与电力 MOSFET 组成的达林顿结构,R_N 为晶体管基区内的调制电阻。

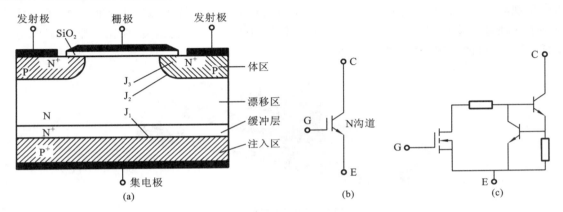

图 7-3　IGBT 的结构、电气图形符号、简化等效电路
(a)IGBT 的断面示意图;(b)电气图形符号;(c)简化等效电路

在应用电路中,IGBT 的 C 接电源正极,E 接电源负极,它的导通和关断由栅极电压来控制。在栅极施以正电压时,电力 MOSFET 内形成沟道,为 PNP 型的晶体管提供基极电流,从而使 IGBT 导通。此时,从 P 区注入 N 区的少子对 N 区进行电导调制,减少 N 区的电阻,使耐高压的 IGBT 也具有低的通态压降。在栅极上施以负电压时,电力 MOSFET 内的沟道消失,PNP 晶体管的基极电流被切断,IGBT 关断。由此可知,IGBT 的导通原理与电力 MOSFET 相同。栅射极间施加反压或不加信号时,电力 MOSFET 内的沟道消失,晶体管的基极电流被切断,IGBT 关断。

高功率沟槽栅结构 IGBT 是高电压、大电流 IGBT 器件通常采用的结构,它避免了模块内部大量的电极引线,减少了引线电感,提高了可靠性,其缺点是芯片面积利用率下降。这种平板压降结构的 IGBT 模块可望成为大容量变流器的优选器件。

IGBT 的主要特性和参数特点如下。

①开关速度快,在电压 1000 V 以上时开关损耗只有 GTR 的 1/10,与电力 MOSFET 相当。

②相同电压和电流定额时,安全工作区比 GTR 大,且具有耐脉冲电流冲击能力。

③通态压降时比电力 MOSFET 低,特别是在电流较大的区域。

④输入阻抗高,输入特性与电力 MOSFET 类似。

⑤与电力 MOSFET 和 GTR 相比,耐压和通流能力还可以进一步提高,同时保持开关频率高的特点。

多 IGBT 并联封装技术的发展,推动了 IGBT 向高电压、大电流方向突破,普通 IGBT 已有 1.2 kV/1 kA 的商用产品。通过改进器件结构和制造工艺,已经研制处 3.3 kV/1.2 kA、4.5 kV/900 A 6.5 kW、2.5 μs 的商用 IGBT。更大容量的商用 IGBT 尚未出现,电力电子特别是 FACTS 技术发展,需要更大容量的 IGBT,在高电压大容量应用场合需采用 IGBT 串联等技术。

(4)集成门极换流晶闸管。

集中门极换流晶闸管(IGCT)是 1996 年问世的新型电力电子器件,它使变流器在功率、可靠性、开关速度、效率、成本、重量和体积等方面都取得了巨大进展,给电力电子器件带来了新的飞跃。IGBT 是将 GTO 芯片与反并联二极管和门极驱动电路集成在一起,再与其门极驱动器在外围以低电感方式连接,结合了晶体管的稳定关断能力和晶体管低通态损耗的性能,在关断阶段呈现晶体管的特性。与 GTO 相比,IGBT 具有许多优良的特性,如:开通能力强、不用缓冲电路能实现可靠关断、电流大、电压高、开关频率高、可靠性高、结构紧凑、损耗低等,而且制造成本低,具有良好的应用前景,如图 7-4 所示。

图 7-4 IGCT 实物图片

在上述这些特性中,优良的开通和关断能力是特别重要的方面,因为在实际应用中,GTO 的应用条件主要是受到这些开关特性的限制。GTO 的关断能力与其门极驱动电路的性能关系极大,当门极关断电流的上升率较高时,GTO 则具有较高的关断能力。一个 4.5 kV/4 kA 的 IGCT 与一个 4.5 kV/4 kA 的 GTO 的硅片尺寸类似,可是它能在高于 6 kA 的情况下不用缓冲电路加以关断,它的 di/dt 高达 6 kA/μs。从理论上讲,IGCT 的关断是一种极为可靠的关断。对于开通特性,门极开通电流上升率 di/dt 也非常重要,IGCT 可以借助于较低的门极驱动电路电路电感比较容易满足,其开通机理与 GTO 完全一致。

IGCT 的另一个特点是有一个极低的引线电感与管饼集成在一起的门极驱动器。IGCT 用多层薄板状的衬板与主门极驱动电路相接,门极驱动电路则由衬板及许多并联的功率 MOS 管和放电电容器组成,包括 IGCT 及其门极驱动电路在内的总引线电感量可以减少到 GTO 的 1/100。

有效硅面积小、低损耗、快速开关这些优点保证了 IGCT 能可靠、高效率地用于 300 kVA~ 10 MkVA 变流器,而不需要串联或并联。在串联时,逆变器功率可扩展到 100 MVA。虽然高功率的 IGBT 模块具有一些优良的特性,如能实现 di/dt 和 du/dt 的有源控制、有源钳位、易于实现短路电流保护和有源保护等。但因存在着导通高损耗、硅有效面积利用率低、损坏后造成开路以及无长期可靠运行数据等缺点,限制了高功率 IGBT 模块在高功率低频变流器中的实际应用,IGCT 可望成为高功率高电压低频变流器的优选功率器件之一。

目前在国外,瑞士 ABB 公司已经推出比较成熟的高压大容量 IGCT 产品,制造出的 IGCT 产品的最高性能参数为 4.5 kV/4 kA,最高研制出水平为 6 kV/4 kA。在国内,由于价格等因素,目前只有少数科研机构或企业在自己开发的电力电子器件中应用了 IGCT 器件。

(5)功率集成电路。

功率集成电路 PIC 是电力电子器件与微电子技术相结合的产物。将功率器件及其驱动电路、保护电路、检测电路、接口电路等外围电路集成在一个整体器件上,就构成了 PIC。这样做的目的是缩小装置体积、降低成本、提高可靠性。更重要的是,对工作频率较高的电路还可以缩小线路电感,从而简化对保护和缓冲电路的要求。功率集成电路还可以分为高压功率集成电路 HVIC、智能功率集成电路 SPIC 和智能功率模块 IPM。

HVIC 是多个高压功率器件与低压模拟器件或逻辑电路在单片机上的集成。由于它的功率器件是横向的,电流容量较小,而控制电路的电流密度较大,故常用于小型电机驱动、平板显示驱动及长途电话通信电路等高电压、小电流场合。

SPIC 是由一个或几个纵向结构的功率器件与控制和保护电路集成,其特点是电流容量大而耐压能力差,适合作为电机驱动、汽车功率开关及调压器等。

IPM 除了集成功率器件和驱动电路以外,还集成了过压、过流、过热等故障检测电路,并可将检测信号传送至 CPU,以保证 IPM 自身在任何情况下不受损坏。当前,IPM 中的功率器件由 IGBT 及其保护与驱动电路封装集成,也称智能 IGBT。

在 PIC 中,高、低压电路(主回路与控制电路)之间的绝缘或隔离问题,以及开关器件模块的温升、散热问题一度是其发展的技术难点。因此,以前 PIC 的开发和研究主要是在中小功率器件,如家用电器、办公设备电源、汽车电器等。IPM 则在一定程度上回避了这两个难点,只将保护和驱动电路与 IGBT 器件封装在一起,因而最近几年获得了迅速发展。目前 IPM 已经用于高速子弹头列车牵引这样的大功率场合。

(6)基于新材料的电力电子器件。

至今,硅材料功率器件已发展得相当成熟。为了进一步实现人们对理想功率器件特性的追求,越来越多的功率器件研究工作转向了新型半导体材料。研究表明,砷化镓材料制成的场效应管和肖特基二极管可以获得十分优越的技术性能。Collinsetal 公司用 GaAs FETs 制成了 10MHz PWM 变流器,其功率器件密度高达 500 W/in^3。高压 600 V GaAs 高频整流二极管近年来也有所突破,同时碳化硅材料和功率器件的研究工作也十分活跃。

①GaAs 高频整流二极管。

随着变流器开关频率的不断提高,对快恢复二极管的要求也随之提高。众所周知,GaAs 二极管具有比硅二极管优越的高频开关特性,但是由于工艺技术等方面的原因,GaAs 二极管的耐压较低,实际应用受到限制。为适应高压、高速、高效率和低电磁干扰应用需要,高压、GaAs 高频整流二极管已在 Motorola 公司研制成功。与硅快恢复二极管相比,这种新型二极管的显著特点是:反向漏电流随温度变化小、开关损耗低、反向恢复特性好。

②SiC 功率器件。

在用新型半导体材料制成的功率器件中,最有希望的是 SiC 功率器件。它的性能指标比 GaAs 器件还要高一个数量级,SiC 与其他半导体材料相比,具有下列优异的物理特点:高的禁带宽度,高的饱和电子漂流速度,高的击穿强度,低的介电常数和高的热导率。上述这些优异的物理特性,决定了 SiC 在高温、高频率、高功率的应用场合是极为理想的半导体材料。在同样的耐压和电流条件下,SiC 器件的漂流区电阻要比硅低 200 倍,即使耐高压的 SiC 场效应管的导通压降也比单极型、双极型硅器件的低得多。而且,SiC 器件的开关时间可达 10ns 量级,并具有十分优越的安全工作区。

SiC 材料在很多种类的电力电子器件中都有应用,按器件种类可分为以下三类。

(a)SiC 肖特基二极管。SiC 肖特基二极管关断时几乎没有反向恢复电流,小面积器件的阻断电压超过 4000 V,大面积器件的阻断电压已达 1000 V,是目前技术比较成熟的 SiC 器件。

(b)SiC MOSFET。SiC MOSFET 在结构上和传统 MOSFET 区别不大,但其 SiC 半导体的临界击穿场强更高,其阻断电压可高达 7000 V,通态电阻比硅低 250 倍。

(c)SiC 双极型功率器件,如高压二极管和晶闸管等。目前 SiC 双极功率器件的研发主要向 GTO 集中,据报道其阻断电压已达 3100 V 以上。

高的击穿场强可以使 SiC 器件的掺杂区更薄,掺杂浓度更大,降低了通态电阻。这样就可以极大地减少通态和开关损耗,同时可以提高器件的工作频率。良好的导热性可以使 SiC 器件在固定的结温下得到较高的开关容量。由于 SiC 器件在击穿电压、通态电阻、开关频率和器件容量等多方面均优于目前传统的硅器件,在制造技术进一步完善和成本进一步降低的基础上,SiC 器件完全可以取代目前大部分的硅器件,并且希望在 FACTS 装置中发挥重要的作用。但是,SiC 器件和功率器件的机理、理论、制造工艺均有大量问题需要解决,它们要真正给电力电子领域带来又一次革命,估计至少还得需要几十年的时间。

7.1.3　FACTS 装置中的电力电子器件

FACTS 装置主要应用于超高压输电系统中,容量大多为百兆伏安级,因此其主电路设计对电力电子器件选项具有以下特点。

(1)容量大。容量水平是 FACTS 装置选用电力电子器件的最重要参数之一。目前应用的 FACTS 装置,其主导开关器件(晶闸管、GTO、IGCT 等)的单管耐压在数千伏、载流能力在数百安以上,往往还需要采用器件串并联、变压器多重化、多电平等技术手段达到足够的电压等级和容量。

(2)开关频率较低。开关频率高,可望采用先进的 PWM 技术,从而获得更好的输出波形,同时加快装置的响应速度。但另一方面,高的开关频率意味着较高的开关损耗和复杂的控制系统。对于 FACTS 装置而言,需要综合考虑容量、损耗和可靠性等多种因素来选择开关频率。目前的电力电子器件在开关频率和容量之间往往不能兼顾,大容量器件(GTO、IGCT)的开关频率普遍不高,而高速器件(电力 MOSFET、IGBT)的容量却较小。在容量约束下,目前 FACTS 装置的开关频率普遍不高,多采用几百赫兹的简单 PWM 技术,并通过多重化和多电平技术来改善输出波形。

(3)损耗较低。器件损耗占 FACTS 装置损耗的很大部分,不仅影响装置总体效率,而且对散热成本有很大影响。器件损耗中比重较大的是通态损耗、开关损耗和附加电路损耗。在同等容量水平下,通态损耗由通态压降来决定,因此应选用通态压降较低的器件。开关损耗受门极驱动效率、开关过渡过程等因素的影响,因此应尽量选用门极增益高、开关时间短的器件。附加电路结构越简单、功率越小,越有利于降低附加损耗。

(4)可方便的串并联使用。由于单管容量不能满足 FACTS 装置容量的需要,往往需要采用器件串并联技术。器件间的自动均压、均流特性越好,越有利于其串并联使用和提高装置容量。

以上是在设计 FACTS 装置主电路时选择器件的一般性考虑,不同的 FACTS 装置或主电路结构对器件还有不同的要求。

基于晶闸管的 FACTS 装置(SVC、TCSC 等)开关频率为工频,器件选型相对较容易。晶闸管是目前容量最高的电力电子器件,损耗小,串并联方便,工作十分可靠。

基于变流器的 FACTS 装置(STATCOM、SSSC、UPFC、CSC 等)一般采用全控型器件,目前主要是在 GTO、IGCT 和 IGBT 等器件中进行选择,一般而言 IGCT 性能更好。IGCT 将 GTO 与 IGBT 的优点集于一身,使其在 0.5~100MVA 的大容量应用领域尚无真正的对手。表 7-2 是 IGBT、GTO 和 IGCT 三种电力器件的性能比较。

表 7-2　IGBT、GTO 和 IGCT 三种电力器件的性能比较

特性	IGBT	GTO	IGCT
器件通态损耗/(%)	100	70	50
器件开态损耗/(%)	100	100	100
器件开通损耗/(%)	100	80	5
门极驱动功率/(%)	1	100	50
短路电流	自身限制	外部限制(电抗器)	外部限制(电抗器)
du/dt 吸收电路	无	有	无
di/dt 吸收电路	无	有	有
承受高开关频率能力	有	无	有
开关芯片	分立	单片	单片
二极管芯片	分立	单片	单片
芯片封装	焊接	压接	压接
破坏后特性	开路	短路	短路

7.1.4　灵活交流输电技术家族

灵活交流输电技术是一种利用大功率半导体开关器件完成能量变换、传输和控制的技术,它是随着高压、大电流电子开关器件的研制成功和现代控制技术的进步而迅速发展起来的高技术领域。面向电力系统,将大功率电力电子开关器件的制造技术、现代控制技术和传统电网技术实现了有机的融合,已经成为灵活交流输电技术的核心。可以预计,这项技术的进一步发展将会导致电力系统发生革命性的变化,大幅度提高输电线路的输送能力和电力系统的安全稳定水平,大大提高系统的可靠性、运行灵活型,甚至可以用大功率的电子开关取代传统的机械断路器,使传统的电力系统变得像电子线路一样便于控制。灵活交流输电技术家族按照结构形式可分为并联型、串联型和串并联混合型,主要类型如下。

(1)并联型 FACTS:静止无功补偿器(SVC)、静止同步补偿器(STATCOM)、磁控式并联电抗器(MCSR)、分级式可控并联电抗器(SCSR)、晶闸管控制电抗器(TCR)、晶闸管投切电容器(TSC)、晶闸管投切电抗器(TSR)等。

(2)串联型 FACTS:晶闸管控制串联电容器(TCSC)、晶闸管投切串联电容器(TSSC)、静止同步串联补偿器(SSSC)、故障电流限制器(FCL)、晶闸管控制调相器(TCPAR)等。

(3)串并联混合型 FACTS:统一潮流控制器(UPFC)、可转换静止补偿器(CSC)等。FACTS 家族中典型应用如图 7-5 所示。

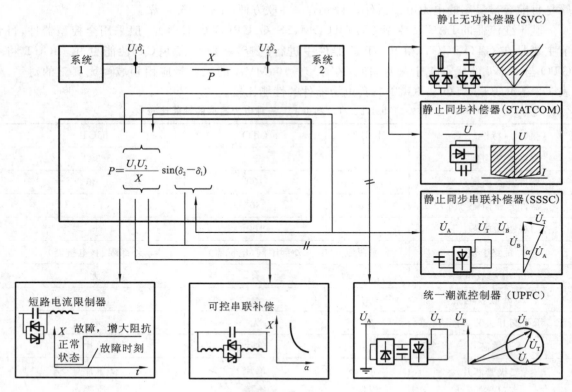

图 7-5　应用于电力系统的 FACTS 技术

7.1.5　灵活交流输电技术的优势

灵活交流输电系统的控制技术以其响应速度快、无机械运动部件以及可以综合系统广泛的信息等优点,而明显优于传统的电力系统潮流和稳定工作措施。它可以充分利用现有电网资源和实现电能的高效利用,实现对电力系统电压、线路阻抗、相位角、功率潮流的连续调节控制,从而大幅度提高输电线路输送能力和提高电力系统稳定水平,降低输电成本。其对电力系统的作用具体表现在以下几方面。

1. 提高输电线路的输送容量

采用 FACTS 技术可使输电线路克服系统稳定性的限制要求,将线路的输送功率极限大幅度提高接近导线的热极限,这样可减缓新建输电线路的需要和提高已有输电线路的利用率,不仅节约输电成本和占地,而且有利于环境保护。

2. 优化输电网络的运行条件

FACTS 装置有助于减少和消除环流或振荡等大电网痼疾,有助于解决输电网中瓶颈问题;有助于在电网中建立输送通道,为电力市场创造电力定向输送的条件;有助于提高现有输电网的稳定性、可靠性和供电质量;可以保证更合理的最小网损并可以减少系统热备用容量;还有助于防止连锁性事故的扩大,减少事故恢复时间及停电损失。

通过对 FACTS 装置的快速、平滑的调整,可以方便、迅速地改变系统潮流分布。这对于正常运行条件下控制功率走向以充分挖掘现有网络的传输能力以及在事故情况下防止因某些线路过负荷而引起的连锁跳闸是十分有利的。

3. 扩展了电网的运行控制技术

FACTS 装置一方面可对已有常规稳定或反事故措施(如调速器附加控制、气门快速控制、自动重合闸等)的功能起到补充、扩大和改进的作用。另一方面,电网的能量管理系统(EMS)必然要将 FACTS 装置的作用综合进去,使得 EMS 中的自动发电控制、经济调度控制和最优电力潮流等功能的效益得到提高。有助于建设全网统一的实时控制中心,从而使系统的安全性和经济性有一个大的提高。

4. 改变了交流输电中的传统应用范围

由于高压直流输电的控制手段快速灵活,当输送容量与稳定的矛盾难以调和时,有时可能通过建设直流线路来解决,但是换流站的一次投资很高,而应用 FACTS 装置的方案比新建一条线路或换流站方案的投资要少。整套应用并协调控制的 FACTS 装置将使常规交流输电灵活化,改变交流输电的功能范围,使其在更多方面发挥作用,甚至扩大到原属于 HVDC 专有的应用范围,如定向传输电力、功率调制、延长水下或地下交流输电距离等。

5. 现代大电网的互联

现代电网的发展方向是全国联结成一个大电网,甚至跨国互联。互联最主要的目的就是将低成本的电力输送到各级用户,FACTS 技术带来的灵活控制潮流和提高稳定性的能力为大型互联网的运行提高了技术保障,从而实现能源的优化配置,降低了整个电力系统的热备用容量,提高了电力设备的使用效率,降低了发电成本,可以解决的主要技术问题就是解决互联大电网的稳定问题、解决西电东送瓶颈问题和解决负荷中心动态无功支撑问题,各种 FACTS 装置相对于传统办法可以解决系统发生具体问题的对应关系如表 7-3 所示。

表 7-3   FACTS 技术可以解决的系统问题

应用		系统中的问题	解决原理	传统解决方法	采用 FACTS 技术的解决方法
系统稳态应用	电压控制	负荷变化时电压波动	无功功率调节	投切并联电容器、电抗器;投退串联电容器、电抗器	SSSC、SVC、TCSC、STATCOM、UPFC、CSR
		故障后产生低电压	提供无功功率;防止过负荷	投切并联电容器、电抗器	SSSC、SVC、STATCOM、TCPAR、CSR
	潮流分布控制	线路或变压器过负荷	降低过负荷	增加线路或变换器、串联电抗器	SSSC、TCSC、TCPAR、UPFC
		潮流调整	调整串联电抗;调整相角	串联电容器、电抗器	SSSC、UPFC、TCSC、TCPAR
		故障后负荷分配	网络重构;使用发热限制	串联电容器、电抗器	TCPAR、UPFC、SSSC、TCSC、STATCOM、CSC
	短路水平	故障电流越限	限制短路电流	串联电抗器;更换开关、断路器	FCL、UPFC、SSSC、TCSC
	次同步谐振	汽轮机或发电机轴损坏	阻尼振荡	投退串联电容器	SSSC、TCSC

续表

应用		系统中的问题	解决原理	传统解决方法	采用 FACTS 技术的解决方法
系统动态应用	暂态稳定性	松散网状网络	增加同步扭矩;吸收能量;动态潮流控制	快速响应励磁、串联电容器、制动电阻、快速气门	SSSC、TCSC、UPFC、TCPAR、HVDC
	阻尼振荡	远方发电机、放射状线路	动态电压控制;动态潮流控制;减少故障冲击	并联线路	SSSC、SVC、STATCOM、UPFC
	事故后电压控制	松散网状网络	动态电压支持;动态潮流控制;减少故障冲击	并联线路	SSSC、SVC、STATCOM、UPFC
	电压稳定	区域互联;紧密网状网络;松散网状网络	无功支持;网络控制;发电机控制;负荷控制	并联电容器、电抗器、重合闸、快速响应励磁、低电压甩负荷、需求侧管理	SVC、STATCOM、UPFC、TCPAR、CSR

问题与思考

1. 现代电力系统面临的挑战主要是什么?

2. FACTS 装置中的电力电子器件有什么特点?

3. 灵活交流输电技术家族具体包括哪些类型的电力电子装置?

4. 灵活交流输电技术的优势是什么?

7.2 典型的灵活交流输电系统装置

7.2.1 静止无功补偿器(SVC)

静止无功补偿器(SVC)是一种静止的并联无功发生或者吸收装置,其静止是相对于发电机、调相机等旋转设备而言的。SVC 是在机械投切式电容器和电抗器的基础上,采用大容量晶闸管代替机械开关而发展起来的,它可以快速地改变其发出的无功功率,具有较强的无功调节能力,可为电力系统提供动态无功电源,将系统电压补偿到一个合理水平。SVC 通过动态调节无功功率,抑制冲击负荷运行时引起的母线电压波动,有利于暂态电压恢复,提高系统电压稳定水平。使用晶闸管的 SVC 包括以下结构:晶闸管控制电抗器(TCR)、晶闸管控制的高阻抗变压器(TCT)、晶闸管投切电容器(TSC)、TCR+TSC 混合装置、TCR+固定电容器(FC)混合装置。TCT 是 TCR 的一种特殊形式,在国外(如日本、德国)主要用在小容量(20 Mvar 以下)装置上;国内只有少量引进,也曾试制过,由于高阻变压器技术上的问题(如漏磁、损耗等)未能推广应用。

1. 晶闸管控制电抗器(TCR)

SVC 对无功的连续调节能力是通过 TCR 支路来完成的。TCR 的原理接线如图 7-6 所示。它由线性的空心电抗器与反并联晶闸管阀(VT1、VT2)串联组成。TCR 正常工作时,VT1、VT2 分别在其承受正向电压期间从电压峰值到过零点的时间间隔内触发导通。一般使用触发

角 α 来表示晶闸管的触发瞬间,它是晶闸管承受正向电压期间从电压零点到触发点的电角度,决定了电抗器中流过电流有效值的大小。

在交流电力系统中,通常将 3 个单相 TCR 按照三角形方式连接起来,构成 6 脉动的三相 TCR,如图 7-7 所示。每一相中的电抗器按拆分分成两半,分别放置在反并联晶闸管对的两侧,以防止当电抗器两端发生短路时,整个交流电压加到晶闸管阀上而导致其损坏。

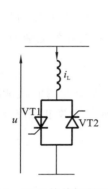

图 7-6　TCR 的单相原理接线

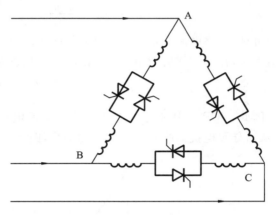

图 7-7　6 脉动三相 TCR 电路

现在以单相 TCR 为例,分析其工作原理。图 7-8 为单相 TCR 的电流波形。当 $\alpha=90°$ 时,电抗器吸收的感性无功功率最大;当 $\alpha=180°$ 时,电抗器吸收的感性无功功率为 0,电抗器不投入运行;如果 α 介于 $0°\sim90°$ 之间,将会产生含直流分量的不对称电流,所以一般在 $90°\sim180°$ 范围调节。晶闸管一旦导通,电流的关断将发生在其自然过零点,这一过程称为电网换相。

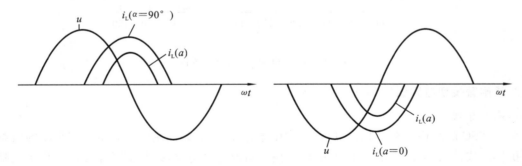

图 7-8　TCR 的电流波形

设接入点母线电压为标准的正弦波,即

$$u(t) = U_m \sin\omega t \tag{7-1}$$

将晶闸管视为理想开关。在正半波,当 $\omega t=\alpha$ 时,VT1 导通,电抗器支路上的电流为

$$i(t) = \frac{1}{L}\int_\alpha^{\omega t} u(t)\mathrm{d}t = \frac{U_m}{X_L}(\cos\alpha - \cos\omega t)\,(\alpha \leqslant \omega t \leqslant 2\pi - \alpha) \tag{7-2}$$

式中:X_L——电感的基波电抗;

L——电抗值。

当 $\omega t=2\pi-\alpha$ 时,由于支路电感电流下降为 0,VT1 将自动关断。在负半波,当 $\omega t=\pi+\alpha$ 时,VT2 导通,类似可得到支路上的电流为

$$i(t) = -\frac{U_m}{X_L}(\cos\alpha + \cos\omega t)(\pi + \alpha \leqslant \omega t \leqslant 3\pi - \alpha) \tag{7-3}$$

当 $\omega t = 3\pi - \alpha$ 时,由于支路电感电流下降到 0,VT2 将自动关断。当 $\omega t = 2\pi + \alpha$ 时,VT1 再次触发导通,循环往复。

对支路电流进行傅立叶分解,可以得到基波电流分量的幅值为

$$I_{1m} = U_m\frac{\sin2(\pi-\alpha) - 2(\pi-\alpha)}{\pi X_L}(\frac{\pi}{2} \leqslant \alpha \leqslant \pi) \tag{7-4}$$

可见,支路电流的基波分量是 α 的函数。通过控制 α 可以连续调节流过电抗器的基波电流幅值大小,在 $\alpha = 90°$ 时取最大值,在 $\alpha = 180°$ 时取最小值。TCR 的基波等效电纳为

$$B_1 = \frac{\sin2(\pi-\alpha) - 2(\pi-\alpha)}{\pi X_L}(\frac{\pi}{2} \leqslant \alpha \leqslant \pi) \tag{7-5}$$

因此,TCR 的基波电纳连续可控。交流电压幅值是恒定的,改变电纳值就能改变基波电流,从而导致电抗器吸收无功功率的变化,图 7-9 所示为 TCR 的基波等效电纳控制特性。

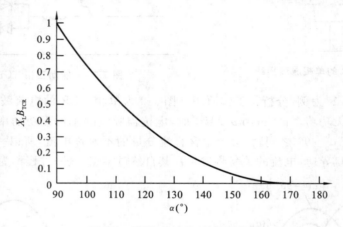

图 7-9　TCR 电纳 B_1 的控制特性

2. 晶闸管投切电容器(TSC)

1)基本原理

单相 TSC 的结构如图 7-10(a)所示。它由电容器、反并联晶闸管阀和阻抗值很小的限制电流电抗器组成。三相 TSC 由 3 个单相 TSC 按三角形连接构成,通常由同样接成三角形的降压器二次绕组供电。

限流电抗器的主要作用如下。

(1)限制晶闸管阀触发瞬间的涌流,包括阀的正常触发。

(2)与电容器谐振于某一频率,滤除特定次数的谐波。

(3)与电容器通过参数搭配可以避免与交流系统电抗在某些特定频率下发生谐振。

(4)限制电容器短路故障下的短路电流水平,降低晶闸管阀短路故障下发生谐振。

TSC 有两个工作状态,即投入和断开状态,投入状态下,反并联晶闸管导通,电容器起作用,TSC 发出容性无功功率;断开状态下,反并联晶闸管阻断,TSC 不输出无功功率。

假设母线电压是标准的正弦波,即

$$u = U_m\sin(\omega t + \varphi) \tag{7-6}$$

忽略晶闸管导通压降。当 TSC 支路投入并达到稳态时,TSC 支路电流为

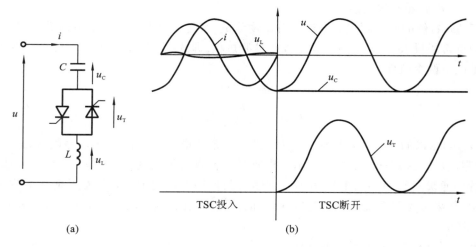

图 7-10 单相 TSC 的结构及工作波形

(a)TSC 单相结构；(b)TSC 导通后电压、电流波形

$$i(t) = \frac{k^2}{k^2 - 1} \frac{U_m}{X_c} \cos(\omega t + \varphi) \tag{7-7}$$

$$k = \sqrt{X_C / X_L} \tag{7-8}$$

式中：X_C——电容器的基波容抗；

　　　X_L——限流电抗器的基波感抗。

稳态时，电容器上的电压幅值为

$$U_C = \frac{k^2}{k^2 - 1} U_m \tag{7-9}$$

当电容器电流过零时，晶闸管自然关断，TSC 支路被断开，此时电容上的电压达到运行电压的最大值。如果忽略电容器的漏电损耗，其上的电压将维持不变，此时晶闸管两端的电压将在零和交流电压峰值之间变化，如图 7-10(b)所示。实际上，当 TSC 支路被断开后，根据国家标准，电容器应具备在 3 min 内从初始直流电压放电到 75 V 或更低电压的状态。

2）投切策略

TSC 的投入时机是 TSC 控制中最重要的技术之一，目标是使晶闸管导通瞬间不引起过大的冲击电流，并获得良好的过渡过程。

设投入时电容上的残压为 U_{CO}，则用拉氏变换表示的 TSC 支路电压方程为

$$U(s) = \left[Ls + \frac{1}{Cs} \right] I(s) + \frac{U_{CO}}{s} \tag{7-10}$$

式中：$U(s)$ 和 $I(s)$——端电压和支路电流的拉氏变换。

以投入 TSC 的时刻为起点，对应的电压波形中的角度为 φ。经过简单的变换处理及逆变后可以得到支路电流的瞬时值为

$$i(t) = I_{1m} \cos(\omega t + \varphi) - kB_C \left[U_{CO} - \frac{k^2}{k^2 - 1} U_m \sin\varphi \right] \sin\omega_n t - I_{1m} \cos\varphi \cos\omega_n t \tag{7-11}$$

$$\omega_n = 1 / \sqrt{LC} \tag{7-12}$$

$$I_{1m} = U_m B_C \frac{k^2}{k^2 - 1} \tag{7-13}$$

式中：B_C——电容器基波电纳。

式(7-13)右侧的后两项代表电流含有振荡分量，实际上会由于支路电阻的影响而逐渐衰减为零。如果希望投入 TSC 支路时完全没有过渡过程，即式(7-13)后边两项振荡分量为零，必须同时满足以下两个条件：

$$\varphi = \pm 90° \tag{7-14}$$

$$U_{C0} = \frac{k^2}{k^2 - 1} U_m \sin\varphi \tag{7-15}$$

式(7-14)给出的正好为自然换相条件，要求在系统电压的峰值点触发晶闸管；式(7-15)给出的是"零电压"切换条件，要求在晶闸管导通时电容器已预充电到 $\pm U_m k^2/(k^2-1)$，或者认为在晶闸管导通瞬间阀两端的电压为零。上述两条件同时满足时，TSC 投入则立即进入稳态。在实际中，如果考虑到系统自身的电抗，则 k 值是不确定的；其次电容器不可能在每次投入前都进行预充电。

因此，实际应用中常采用以下投切策略。

(1) $|U_{C0}| \leqslant U_m$ 的情况。当需要电容器投入时，若 $|U_{C0}| \leqslant U_m$，则在电容器的残压与母线电压相等时触发，此时振荡分量幅值为

$$I_{\omega_n} = I_{1m} \sqrt{1 - \left(\frac{U_{C0}}{U_m}\right)^2 \left(1 - \frac{1}{k^2}\right)} \tag{7-16}$$

从式(7-16)可以看出，振荡分量的幅值不会超过基波分量的幅值。电容器的残压越大，投入瞬间瞬态电流越小。

(2) $|U_{C0}| > U_m$ 的情况。当需要电容器投入时，若电容器处于过充状态，即 $|U_{C0}| > U_m$，则在母线电压峰值时触发，此时振荡分量幅值为

$$I_{\omega_n} = k I_{1m} \left(\frac{k^2 - 1}{k^2} \frac{U_{C0}}{U_m} - 1\right) \tag{7-17}$$

这种投切策略将晶闸管阀两端电压最小时刻作为投切时机，可以使投入瞬间暂态电流最小化，不需要特别的电容器充电方案并可采用常规的交流电力电容器，该投切策略在输电系统的 TSC 中得到广泛应用。

3) 组合式 SVC

(1) 固定电容器＋晶闸管控制电抗器(FC＋TCR)。

TCR 只能在滞后功率因数的范围内提供连续可控的无功功率。为了将动态范围扩展到超前功率因数区域，可以与 TCR 并联一个固定电容器(FC)，如图 7-11 所示。通常 TCR 容量大于 FC 容量，以保证既能输出容性无功又能输出感性无功。固定电容器通常接成星形，并被分成多组。实际应用中每组电容器常用一个滤波网络(LC 或 LCR)来取代单纯的电容支路。滤波网络在工频下等效为容抗，而在特定频段内表现为低阻抗，从而能对 TCR 产生的谐波分量起滤波作用。

FC＋TCR 型 SVC 的典型运行特性如图 7-12 所示。固定电容器将 SVC 的可控范围扩展到超前功率因数区。由于引入了电压控制，FC＋TCR 的运行范围被压缩到一条特性曲线上，这种特性曲线体现了 SVC 的硬电压控制特性，它将系统电压精确地稳定在电压设定值 U_{ref} 上。根据系统要求，可分别确定 FC 和 TCR 的额定容量，就能确定发出和吸收无功功率的范围。

SVC 的电流 I_{svc} 可以表示成系统电压 U 和补偿器电纳的函数

$$\dot{I}_{svc} = \dot{U}_j B_{svc} \tag{7-18}$$

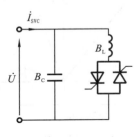

图 7-11 FC＋TCR 型 SVC

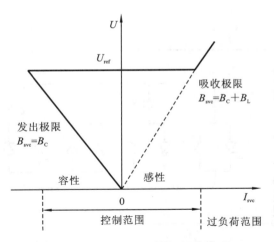

图 7-12 FC＋TCR 型 SVC 运行特性

式中

$$B_{SVC} = B_C + B_{TCR} \tag{7-19}$$

从外特性来看,FC＋TCR 型 SVC 可以视作可控电纳,在一定的范围内能以一定的响应速度跟踪输入的电纳参考值,使 SVC 发出或吸收无功功率。由于采用触发角延时控制,实际输出无功功率将滞后于参考输入,近似地将 FC＋TCR 型 SVC 的动态响应用下述传递函数形式表示:

$$G(s) = \frac{1}{1 + \tau_d s} \tag{7-20}$$

对于单相 TCR,传输延时 τ_d 最大为半个周波,即 $\tau_d = T/2$(公式中 T 指工频周期);对于三相三角形连接的 TCR,最大传输延时的平均值在增加感性无功电流的条件下为 $T/6$,在减小感性无功电流的情况下为 $T/3$。在进行电力系统研究时,为简便起见,FC＋TCR 型 SVC 的传输延时通常采用 $T/6$,对于系统规划和一般性的性能评估已经足够。

(2)晶闸管投切电容器＋晶闸管控制电抗器(TSC＋TCR)。

TSC＋TCR 型 SVC 的单相结构如图 7-13 所示,根据装置容量、谐波影响、晶闸管阀参数、成本等因素确定由 n 条 TSC 支路和 m 条 TCR 支路构成。图 7-13 中 $n＝3,m＝1$,各 TSC、TCR 参数一致,通常 TCR 支路容量稍大于 TSC 支路容量。由于 TCR 的容量较小,因此产生的谐波也大大减小。实际应用中,TSC 支路通过串联电抗器被谐振在不同的谐波频率上。为了避免所有的 TSC 同时被切除的情况,需要添加一个不可切的电容滤波支路。在运行电压点附近协调 TCR 与 TSC 的运行状态,抑制临界点可能出现的投切和调节振荡是该条件下需要特别注意的问题。

与 FC＋TCR 型 SVC 外特性类似,TSC＋TCR 型 SVC 的外特性也可表示为可控电纳,在一定的范围内能以一定的响应速度跟踪输入的电纳参考值。图 7-14 所示为其运行特性,总的运行范围由 4 个区间组成,包括 3 个 TSC 全部投入时的运行区间,以及 2 个、1 个或者没有 TSC 投入时的运行区间。相邻的区间时相互重叠的,这对于连续、稳定控制非常必要。稳态条件下,TSC＋TCR 型 SVC 与 FC＋TCR 型 SVC 的运行特性相同。

TSC 装置不产生谐波,但只能以阶梯方式满足系统对无功的需求;FC＋TCR 型 SVC 响应速度快且具有平衡负荷的能力,但由于 FC 工作中产生的容性无功需要 TCR 的感性无功来平

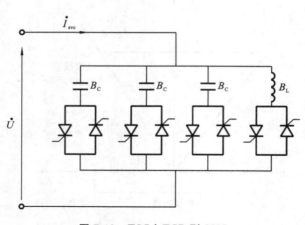

图 7-13　TSC＋TCR 型 SVC

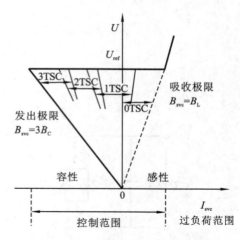

图 7-14　TSC＋TCR 型运行特性

衡,因此在需要实现输出从额定容性无功到额定感性无功调节时,TCR 容量是额定容量的 2 倍,从而导致器件和容量上的浪费。TSC＋TCR 型 SVC 则可以克服上述特点,具有更好的灵活性,并且有利于减少损耗。

TSC＋TCR 型 SVC 的动态响应可采用式(7-20)来描述,但由于 TSC 支路的最大传输延时为 1 个周波,因此当需要增加无功输出时,理论上最大传输延时将达到 T(单相)或 $T/3$(三相)。

7.2.2　晶闸管控制串联电容器(TCSC)

晶闸管控制串联电容器,它是 20 世纪 70 年代提出来的第一代 FACTS 装置,第一代 FACTS 装置的典型特征是:它们是由半控型器件即传统晶闸管组成的调节装置。晶闸管控制型的 FACTS 装置是利用了传统的并联或串联电路排列中的具有快速固态开关的电容器或电抗器阵列。晶闸管开关控制着固定电容器和电抗器阵列的开和关过程,从而实现一个可变的无功阻抗。

输电线路采用串联电容器补偿线路感抗的补偿方式可以缩短线路的线路的等效电气距离,减少功率输送引起的电压降和功角差,从而提高线路输送能力和系统稳定性。常规串联电容器补偿装置的补偿电抗固定,也称为固定串联电容器(FSC)补偿,它不能灵活地调整线路电抗以适应系统运行条件的变化。晶闸管控制串联电容器(TCSC)应用了电力电子技术,利用对晶闸管阀的触发控制,来实现对串联补偿电容器容抗值的平滑调节,使输出线路的阻抗参数成为动态可调,实现了对线路补偿度的灵活调节,使系统的静态、暂态和动态性能得到改善。TCSC 是 FACTS 技术应用的典型装置之一。

1.串联电容器补偿

1)固定串联电容器补偿

交流输电系统的固定串联电容器(FSC)补偿技术是将电力电容器串联接入输电线路中,来补偿输电线路自身的线路电抗,缩短交流输电线路的等效电气距离,从而提高线路输送能力和系统稳定性。

设 Q_{se} 和 Q_{sh} 分别为串联和并联电容器的额定容量,当线路两端的功角差为 δ 时,为了使线路提高相同的输送功率,有

$$\frac{Q_{se}}{Q_{sh}} = \tan^2\left(\frac{\delta}{2}\right) \tag{7-21}$$

一般 δ 在 30°左右，当 $\delta=35$°时，Q_{se} 约为 Q_{sh} 的 1/10。即使串联电容器每千乏的成本由于其较高的运行电压几乎是并联电容器的 2 倍，但串联电容器补偿的总体成本比并联补偿要低。

FSC 的历史可追溯到 1982 年前后，纽约电网 33 kV 系统曾采用串联电容来实现潮流均衡。1950 年，瑞典的一个 220 kV 电网中首次使用串联电容来提高输电系统的传输能力。此后，FSC 成为远距离输电中增大传输容量和提高稳定性的重要手段而得到广泛应用。据不完全统计，目前全世界运行的 FSC 总容量已超过 90000 Mvar，应用覆盖（超）高压输电的各个电压等级，最高电压等级 765 kV。

2）可控串联补偿的必要性

随着 FSC 应用的增加，一些新问题逐渐凸现。当输电线路采用 FSC 时，会引入一个次同步频率的电气谐振，特别是在 FSC 补偿度较高时，电气谐振与机组扭振之间相互作用导致出现电气振荡与机械振荡相互促进增强的现象，即所谓的次同步谐振（SSR）。1970 年和 1971 年，美国 Mohave 电厂先后发生了两次次同步谐振事故，导致汽轮机轴承断裂，引起人们对该问题的重视。研究还表明，随着 FSC 补偿度的提高，即使其他输电线路的损耗有所下降，但由于 FSC 补偿线路的损耗增加，导致了总的系统损耗的剧增。此外，系统中其他线路故障时，FSC 补偿线路对故障响应灵敏度增加，可能使其在已增加的输电能力基础上过负荷。以上问题都可以通过采用 TCSC 来解决。TCSC 具有如下优点：

（1）快速、连续地调节输电线路串联补偿度；

（2）动态控制输电线路潮流，优化电网潮流分布，减少网损；

（3）通过控制线路潮流，阻尼功率振荡；

（4）能提高线路串联补偿度，并抑制 SSR；

（5）提高电力系统的静态和暂态稳定性；

（6）有助于调节母线电压，缓解电压不稳定问题；

（7）可以转入可控感性模式，降低线路短路电流。

2. TCSC 的结构

基本的 TCSC 模块包括电容器、与其并联的晶闸管阀控制的电抗器（即 TCR 支路）及金属氧化物限压器 MOV。实际的 TCSC 装置可采用多组 TCSC 模块串联构成，并常与多组 FSC 结合起来使用。采用 FSC 的目的主要是为了降低整套串补装置成本，而多模块结构可将每个 TCSC 或 FSC 模块的参数设计成不同，以得到较宽的阻抗范围。

由于串联补偿装置是串联补偿在被补偿线路中，因此正常运行时，串补设备具有被补偿线路同样的电压等级。它们分成 A、B、C 三相，每相串补设备被布置在一个或多个与地面绝缘的高压平台上，其单相结构如图 7-15 所示。

3. TCSC 的运行

1）基本原理

TCSC 单相电路如图 7-16 所示。对于 TCSC 而言，其等效串联阻抗是可变的，能够对线路功率进行大范围的连续控制。等效串联阻抗的变化是通过控制 TCR 支路阀的触发角 α 来实现的。由第二节的分析可知，TCR 的基波电抗值是触发角 α 的连续函数，因此 TCSC 的等效基波阻抗由一个不可变的容性电抗和一个可变的感性电抗并联组成。

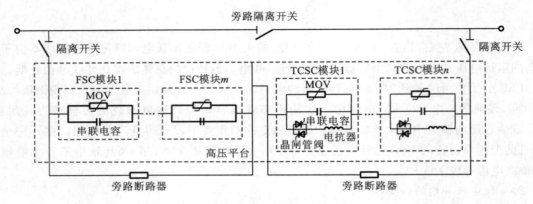

图 7-15　TCSC 单相结构图

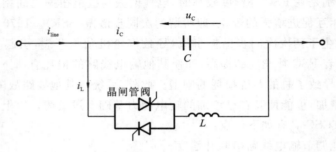

图 7-16　TCSC 单相电路图

TCSC 稳态运行时,其等效基波阻抗 X_{TCSC} 与触发角 α 的关系为

$$X_{\mathrm{TCSC}}(\alpha) = X_{\mathrm{C}} - \frac{X_{\mathrm{C}}^2(2\pi - 2\alpha - \sin 2\alpha)}{\pi(X_{\mathrm{C}} - X_{\mathrm{L}})} + \frac{4X_{\mathrm{C}}^2 \cos^2\alpha(\tan\alpha - k\tan k\alpha)}{\pi(k^2 - 1)(X_{\mathrm{C}} - X_{\mathrm{L}})} \tag{7-22}$$

$$k = \sqrt{\frac{X_{\mathrm{C}}}{X_{\mathrm{L}}}} \tag{7-23}$$

式中:X_{C}——电容器 C 的基波容抗,

X_{L}——$\alpha = 90°$ 时 TCR 的等效基波感抗。

一般 $X_{\mathrm{C}}/X_{\mathrm{L}} = 3.3 \sim 10$,这样当触发角在 $90° \sim 180°$ 之间变化时,只能出现一个谐振点,即保证只出现一个感性区和一个容性区。

图 7-17 给出了 X_{TCSC} 与 α 的关系曲线。可以看出,TCSC 的运行存在并联谐振区,谐振点对应的触发角为 α_{crt}。

当 $90° < \alpha < \alpha_{L\max}$ 时,TCSC 运行在感性区,呈现为可变的感性阻抗,且 $X_{\mathrm{TCSC}} > X_{\mathrm{L}}$。$\alpha$ 从 $90°$ 逐渐增大,在到达并联谐振点之前,TCR 的等效基波电抗逐渐增大,从而使 TCSC 的感性阻抗逐渐增大。

当 $\alpha_{C\min} < \alpha < 180°$ 时,TCSC 运行在容性区,呈现为可变的容性阻抗,且 $X_{\mathrm{TCSC}} > X_{\mathrm{C}}$。$\alpha$ 从 $180°$ 逐渐减少,在达到并联谐振之前,TCR 的等效基波电抗逐渐减少,从而使 TCSC 的容性阻抗逐渐增大。

当 $\alpha = \alpha_{\mathrm{crt}}$ 时,TCSC 处于谐振状态,呈现为无限大的阻抗,这显然是一个不可接受的状态。为防止 TCSC 工作在谐振区,设定了晶闸管阀的最小容性触发角 $\alpha_{C\min}$ 和最大感性触发角 $\alpha_{L\max}$。

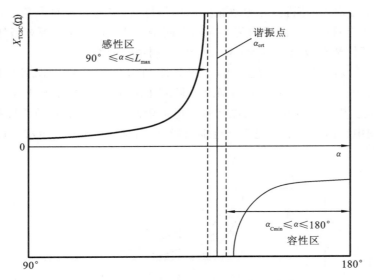

图 7-17 TCSC 等效基波阻抗与触发角的关系

2）运行模式

在实际运行中，可将 TCSC 的运行模式分为四种，即晶闸管旁通模式、晶闸管闭锁模式、容性微调模式和感性微调模式。

（1）晶闸管旁通模式。

在此模式下，晶闸管工作在全导通或触发角 $\alpha = 90°$ 状态，TCR 支路流过连续的正弦电流。此时，TCSC 的行为就像一个电容器与电抗器的并联电路。因为所选择的电抗器感抗 X_L 比电容器容抗 X_C 要小，所以流过电容器与电感器并联电路的净电流是感性的。通常 TCSC 是在短路故障期间运行于该模式，以降低短路电流，减少 MOV 吸收的能量。

（2）晶闸管闭锁模式。

在此模式下，晶闸管阀的触发脉冲被封闭或触发角 $\alpha = 180°$，TCR 支路没有电流流过。如果晶闸管在处于导通状态下下达闭锁命令，则当晶闸管电流过零时就立即关断。这样，TCSC 就退化为固定串联电容器，并且 TCSC 的净电抗是容性的，此状态下的线路补偿度称为基本串补度。在这种模式下，电容器上的直流偏移电压采用直流偏移控制来快速释放，因而不会对输电系统的变压器产生危害。

（3）容性微调模式。

在此模式下，晶闸管阀的触发角 $\alpha_{Cmin} < \alpha < 180°$，TCSC 呈现为容性电抗。TCSC 的容性电抗值在其最小值（电容器容抗）和最大值（通常是电容器容抗的 2.5～3 倍，主要取决于线路电流和 TCSC 的短时过载能力等条件）之间连续可控。TCSC 通常都是运行于该模式，在稳态运行中，可通过调节其容抗使系统潮流分布合理，降低损耗；在暂态过程中，可通过提高其容抗来增大补偿度，改善系统暂态稳定性；在动态过程中，可控制其容抗来阻尼系统振荡。

（4）感性微调模式。

在此模式下，晶闸管阀的触发角 $90° < \alpha < \alpha_{Lmax}$，TCR 支路具有较高的导通程度，TCSC 呈现为感性电抗，并大于电抗器本身的电抗值。当一套 TCSC 由多个模块构成时，感性微调模式与容性微调模式的配合可以使整套 TCSC 获得较大范围的连续可控性。

从容性模式平滑过渡到感性模式是不容许的，因为在两种模式之间存在一个谐振区，此时

TCSC 呈现为一个非常大的阻抗,并导致很大的电压降落,应通过在触发角上设置限制来避开谐振区域。典型的导致谐振的触发角为 145°。在同步和计时电路中需要配备滤波器,以保证交流系统电压中的任何暂态或畸变不会影响 TCSC 控制系统的性能。

TCSC 实际只能运行在一定的范围内,如图 7-18 所示。直线 A、B、D、E 分别表示晶闸管触发角为 α_{Cmin}、$\alpha=180°$、$\alpha=90°$ 和 α_{Lmax} 时所确定的阻抗;曲线 C 为电容器电流/电压的耐受能力限制;曲线 F 为谐波发热限制;曲线 G 为晶闸管阀电流限制。TCSC 运行范围随持续运行时间长短不同而变化,图中给出了 3 个典型运行范围:持续运行区、30 min 过负载区以及 10 s 过负荷区。

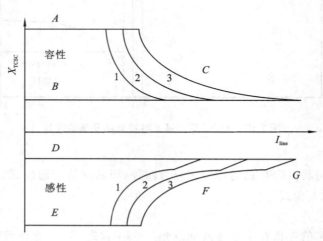

图 7-18　TCSC 阻抗范围曲线
曲线 1—连接运行区;曲线 2—30 min 过负载区;曲线 3—10 s 过负载区

7.2.3　静止同步补偿器(STATCOM)

STATCOM 是一种基于大容量静止变流器的动态无功补偿设备,是第二代 FACTS 装置的典型代表。STATCOM 是以电压源变流器 VSC 为核心,直流侧采用直流电容器为储能元件,依靠 VSC 将直流侧电压转换成交流侧与电网同频率的输出电压,通过一个交接电抗器或耦合变压器并联接入系统。当只考虑基波频率时,STATCOM 可以看成一个与电网同频率的交流电压源通过电抗器联到电网上。STATCOM 的直流侧电容起支撑直流侧电压作用。与 SVC 相比,STATCOM 拥有调节速度更快、调节范围更广、欠压条件下的无功调节能力更强的优点,同时谐波含量和占地面积都大大减少。

1. 基本原理

目前,实用的大容量 STATCOM 装置基本上都采用 VSC,图 7-19(a)所示为一个 STATCOM 主电路的单线图,其中一个 VSC 通过一个耦合变压器(或连接电抗器)与系统母线相连。在图 7-19(b)中,STATCOM 被看作一个电抗后的可调电压源,这意味着无须并联电容器或并联电抗器来产生或吸收无功功率。因此 STATCOM 的设计紧凑、占地小、噪声低、电磁干扰小。

VSC 与交流系统间的无功功率交换可以通过改变变流器三相输出电压的幅值 U_1 来加以控制,如图 7-19 所示 U_1 和 U_s 同相位。如果 VSC 输出电压幅值大于系统电压母线电压幅值

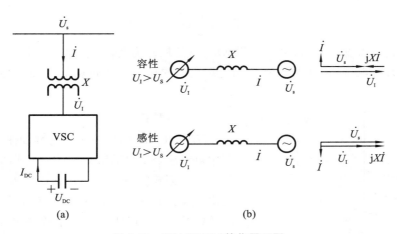

图 7-19　STATCOM 简化原理图
(a)主电路；(b)无功功率交换

U_s，这时 VSC 就向系统发出无功功率；如果 VSC 输出电压幅值小于系统母线电压幅值，这时 VSC 就从系统吸收无功功率；如果 VSC 输出电压与交流系统电压相等，那么无功功率交换为零。VSC 输出电压与系统电压相位相同时，VSC 与系统只交换无功功率，此时，直流电容作为 VSC 的输入提供的有功功率为零。更进一步，由于直流下无功功率被定义为零，因此直流电容作为 VSC 的输入也不提供无功功率。VSC 仅仅将三相输出端连接起来，以使无功电流在它们之间任意流动。在这种情况下，如果考虑到系统的连接端，VSC 就在各相间建立了一种循环的无功功率交换。

虽然无功功率是在 VSC 内部产生的，VSC 的输入端必须连接直流电容器，电容器的主要用途是提供一条电流循环的路径并作为一个电压源。VSC 的输出电压层阶梯状，而交流系统输入的电流是平滑的正弦波，这就造成 VSC 瞬时输出功率的轻微波动，VSC 必须从它的直流电容器中吸取波动的电流。根据所采用的 VSC 结构，可以计算出最小的直流电容值和直流电压来满足系统需求，如直流电压的波纹限值和交流系统所需的额定无功支撑。

实际运行时，应考虑直流电容器、VSC、耦合变压器或连接电抗器的损耗，可以将 STATCOM 等效成内阻为 $R+jX$、内电动势幅值为 U_1 的同步发电机。稳态时，忽略高次谐波的影响，并假设直流电容电压 U_{DC} 恒定，且 $U_1 > U_s$，则 STATCOM 的工作状况可以用图 7-20 所示的相量图来描述。

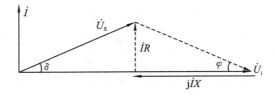

图 7-20　STATCOM 的稳态相量关系

对照图 7-19 与图 7-20 所示，考虑了 STATCOM 的损耗后，其运行特性更理想情况有很大差别。根据稳态相量关系，STACOM 向系统注入的有功功率、无功功率分别为

$$P_S = -\frac{U_S^2}{2R}\sin^2\delta \tag{7-24}$$

$$Q_s = \frac{U_s^2}{2R}\sin2\delta \qquad\qquad (7\text{-}25)$$

由以上公式可以发现,稳态时 STATCOM 总是从系统吸收无功功率,而向系统注入的无功功率仅依赖于系统电压与 STACOM 输出电压之间的夹角 δ,通过调节 δ,可以得到大范围的无功输出响应。

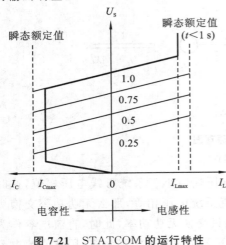

图 7-21 STATCOM 的运行特性

2. 运行特性

STATCOM 的典型运行特性如图 7-21 所示。从图中可看出,STATCOM 可以提供容性或感性补偿,并且可以在额定的最大容性和感性范围内,独立控制其输出电流,而与交流系统电压无关。也就是说,STATCOM 可以在任何电压下提供额定的无功电流。图 7-21 还表明,不管在容性区还是在感性区,STATCOM 都具有扩大的暂态容量。容性区可以达到的暂态过电流由 VSC 中可关断器件的最大电流关断能力来决定的。而在感性区,可关断器件是自然换相的,因此 STATCOM 的暂态过电流受电力电子开关的最大允许结温限制。

3. STATCOM 的应用及发展趋势

早在 1986 年,美国电力科学研究院就研制出了基于 GTO 的 1 Mvar STATCOM 工业样机。1991 年,日本研制出了 ±80Mvar 的 STATCOM 工业装置,并应用于电力系统,一方面是解决系统的无功功率问题,提高系统电压;另一方面是由于日本电力系统 SVC 装置安装较多,再安装 SVC 装置会造成电力系统 LC 谐振,因此采用 STATCOM 装置代替 SVC 装置以避免谐振。1992 年,日本电力系统又安装了 50 MvarSTATCOM 装置。美国的首套 STATCOM 工业装置 1996 年安装于田纳西流域电力局的 Sullivan 变电站。该装置一方面维持系统电压,另一方面提高了向负荷快速增长地区输电的能力。ALSTOM 公司为英国国家电网公司 NGC 研制了世界上首台采用链式结构的移动式 STATCOM 装置,位于白金汉郡东克莱顿变电站,并于 1999 年投运。与其他的 STATCOM 装置相比,该装置有两个特别之处。首先,该装置是由 $\pm$75Mvar 的 STATCOM 与传统的 SVC 共同组成可移动的静止无功补偿系统(SVS),用于提高英国北部往南部的电力输送;其次,该装置首次采用了链式结构,即逆变桥串联的方案。

在国内,自 1986 年起就开始 STATCOM 的研究,华北电力学院研制了我国第一台基于晶闸管强迫换相开关的 10 MvarSTATCOM 实验装置。1995 年 8 月,河南省电力局与清华大学完成了 $\pm$300Mvar 新型静止无功发生器 STATCOM 中间试验机的研制,1999 年 3 月 $\pm$20Mvar STATCOM 工业样机并网运行,部分解决了跨黄河断面的功率输送极限问题。2003 年,清华大学与上海电力公司联合承担了上海电网黄渡分区 $\pm$50Mvar STATCOM 示范工程,2006 年 2 月该装置在上海黄渡分区西郊变电站并网运行,为受端电网提供动态电压支撑。

目前,STATCOM 装置已经在冶金等对电压质量和功率要求高的大型工业企业获得了应用,在电力系统中的应用也日益广泛。在相继研制成功大容量 STATCOM 装置后,STATCOM 技术的发展出现了以下趋势。

(1)STATCOM 不断采用新型器件来进一步提高性能、增强可靠性。

以 STATCOM 原来普遍使用的 GTO 为例,现在至少出现了两种可替代的新器件:IGBT 和 IGCT。这两种新型器件的出现使得性能更好、可靠性更高的新一代容量 STATCOM 研制成为可能。

(2)STATCOM 主电路形式的多样化。

当今国际上研制成功的 STATCOM 工业装置主要分为两种结构,即变压器多重化和多电平结构。采用多重化结构的 STACOM 装置中,变压器成本约占 1/3,损耗约占 50%,占地面积约为 40%。因此,减少变压器是一个经济、高效的方向。美国近年来投运的大容量 STATCOM 主电路均采用三电平三相桥并联结构,省略了多重化变压器。未来还会在三电平基础上进一步发展五电平结构。目前,链式结构受到了广泛关注,它从根本上省去了多重化变压器,便于分相控制和模块化设计,其谐波特性也要优于变压器多重化和多电平结构,是一种适用于大容量 STATCOM 的研制思路。

(3)STATCOM 的方案设计向可移动方向发展。

随着输电系统的发展和发电厂投入与关闭,无功需求和补偿位置将会改变,其他地点对无功补偿的要求可能突然紧急增加,所以有必要建立一种移动式无功补偿系统,可以向系统紧急需要无功的地点快速转移、安装和投入运行。英国国家电网公司(NGC)已计划把全部无功补偿设备实现"可移动化",以使系统保持更高的安全性和更好的灵活性。与同容量的 SVC 相比,STATCOM 装置的占地面积仅为 SVC 装置的 1/3,因此 STATCOM 更适合做成移动式。目前,ALSTOM 公司已开始从事移动式 STATOM 的方案设计,并向 NGC 提供了成套移动式无功补偿系统。

7.2.4 统一潮流控制器(UPFC)

UPFC 是至今为止通用性最好的 FACTS 装置,仅通过控制规律的改变,就能分别或同时实现并联补偿、串联补偿和移相等几种不同的功能。UPFC 装置可以看作是一台 STATCOM 装置与一台 SSSC 装置在直流侧并联构成的,它可以同时并快速地独立控制输电线路中的有功功率和无功功率,从而使得 UPFC 拥有 STATCOM、SSSC 装置都不具备的四象限运行功能。

1.基本原理

UPFC 的结构如图 7-22 所示,包括两个通过公共直流侧相连接的变流器,其中,变流器 1 通过耦合变压器与输电线路并联,变流器 2 通过耦合变压器串联在输电线路中。串联的变流器 2 提供一个与输电线路串联的电压相量,其幅值变化范围为 $0 \sim U_{PQmax}$,相角变化范围为 $0° \sim 360°$,在这一过程中,串联变流器与输电线路既交换有功功率,也交换无功功率。

并联的变流器 1 主要用来向变流器 2 提供有功功率,并维持直流侧电压恒定。这样,UPFC 消耗的有功功率就等于两个变流器及其耦合变压器的损耗。并联的变流器 1 还可与系统交换无功功率,维持系统节点电压恒定。

使用 UPFC 进行潮流控制的原理可以用图 7-23 所示的双机系统来说明。图中只表示出了 UPFC 的串联部分,其补偿电压幅值 U_{pq} 的可控范围为 $0 \leqslant U_{pq} \leqslant U_{pqmax}$,相角 ρ(以送端节点电压为基准)的可控范围为 $0 \leqslant \rho \leqslant 2\pi$。UPFC 借助于可调的幅值 U_{pq} 和可调的相角 ρ 与输电线路产生有功功率和无功功率的交换,通过调整合适的 U_{pq} 和 ρ 就可以达到控制输电线路受端的有功功率和无功功率的目的。特别值得注意的是,UPFC 串联部分与系统交换的有功功率 P_{pq} 必须通过并联部分由输电线路的送端来提供。

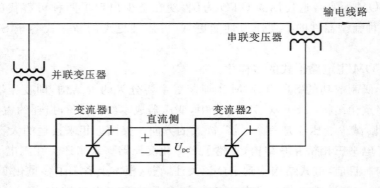

图 7-22 UPFC 结构示意图

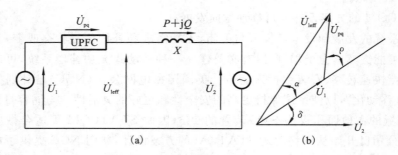

图 7-23 双机系统中的 UPFC

(a)简化电路；(b)相量关系

输电线路受端功率可表示为

$$P - \mathrm{j}Q = \overset{*}{\dot{U}_1}\left(\frac{\dot{U}_1 + \dot{U}_{\mathrm{pq}} - \dot{U}_2}{\mathrm{j}X}\right) \tag{7-26}$$

根据相量关系，得到安装 UPFC 装置的输电线路受端功率为

$$P = \frac{U_1 U_2}{X}\sin\delta + \frac{U_2 U_{\mathrm{pq}}}{X}\sin(\rho + \delta) \tag{7-27}$$

$$Q = \frac{U_1 U_2}{X}(\cos\delta - 1) + \frac{U_2 U_{\mathrm{pq}}}{X}\cos(\rho + \delta) \tag{7-28}$$

将式(7-27)和式(7-28)作适当变换，可得

$$\left(P - \frac{U_1 U_2}{X}\sin\delta\right)^2 + \left[Q - \frac{U_1 U_2}{X}(\cos\delta - 1)\right]^2 = \left(\frac{U_2 U_{\mathrm{pq}}}{X}\right)^2 \tag{7-29}$$

当 $\rho = 90° - \delta$ 时，U_{pq} 对线路潮流的影响最大。图 7-24 给出了不同 U_{pq} 对应的功角特性曲线。功角特性曲线随 UPFC 输出电压 U_{pq} 的幅值的大小而上下移动。

δ 取不同值，受端无功功率与有功功率之间的关系曲线如图 7-25 所示。

可以看出，UPFC 装置大大扩展了输电系统的运行范围。特别是 $\delta = 90°$ 时，如果没有 UPFC 装置的补偿，输电系统已经到达稳态运行的极限点。而加入 UPFC 装置后，系统的运行范围已经大大超出原有范围，而系统仍然能够稳定运行。如果在一个系统中安装适当数量的 UPFC 装置，对于系统的优化运行、提高系统稳定运行极限、增加系统稳定裕度等具有重要意义。

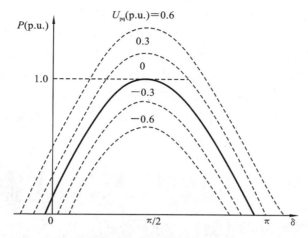

图 7-24　UPFC 的功角特性($\rho=90°-\delta$)

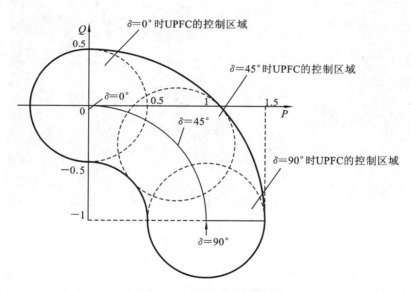

图 7-25　UPFC 的控制范围

2. UPFC 的应用

UPFC 是为了交流输电系统实时控制和动态补充发展起来而来的,它可实时控制输电线路功率传输的 3 个基本参数(电压、阻抗、相位角),并在 3 个参数的任意组合下,优化传输功率及系统网络的潮流分布,实现有功和无功功率的精确调节,最大限度地利用现有线路,同时具备阻尼系统振荡、提高系统稳定性的作用,是迄今为止通用性最好的 FACTS 装置。

世界上第一台大容量工业化 UPFC 是美国电力公司(AEP)、西屋公司与 EPRI 联合研制的,采用基于 GTO 的 VSC。它的并联部分为 160 Mvar 的 STATCOM,于 1997 年完成;串联部分为 160 Mvar 的 SSSC,于 1998 年完成。STATCOM 和 SSSC 可各自独立运行,也可组合成UPFC 运行。该 UPFC 装置装设在肯塔基州东部的 Inez 变电站。

  Inez 变电站位于 AEP 电力系统南部的中部,因为非常需要增加系统的功率传输容量并提高电压支撑,所以被选为 UPFC 的应用点,如图 7-26 所示。Intez 变电站的地区负荷为2000 MW,由几条长距离重负荷的 138 kV 线路供电,其周边地区有发电厂和 138 kV 变电站。系统电压由 20 世纪 80 年代早期安装在 Beaver Creek 的 SVC 及几个 138 kV 和更低电压等级的输变电站的投切并联电容器组支撑。在正常运行时,138kV 输电线路上的潮流已经超过冲击阻抗负荷,电网对紧急事故的稳定裕度很小,一旦发生故障,就可能导致大面积的停电事故。为此,1998 年 6 月建设了一条新的双回 138 kV 线路,同时在线路上安装投运了一套 UPFC 装置,分别独立动态控制电压以及线路的有功和无功潮流,以充分利用新线路的输送容量。

图 7-26 Intez 变电站的 UPFC 主电路外观图

  图 7-27 为 UPFC 装置的结构及其一次接线图,由两个相同的基于 GTO 的变流器组成,每个 VSC 的额定容量为 ±160 Mvar。UPFC 通过 2 台耦合变压器与线路并联,通过 1 台耦合变压器与线路串联,通过控制开关组合,可构成多种工作方式。

Intez 变电站 UPFC 装置的运行方式如下。

  (1)在正常方式下,变流器 1 通过并联变压器接入系统,作为 STATCOM 运行;变流器 2 通过串联变压器接入系统,作为 SSSC 运行。

  (2)变流器 2 也可以通过备用并联变压器接入系统,作为 STATCOM 运行,这时并联无功功率的调节范围可达 ±320 Mvar,可满足地区电压稳定的要求。

  (3)正常情况下,两个变流器的直流侧并联运行,此时从并联端吸收的有功可通过直流侧传输到串联侧,进而控制线路的有功。当其中一个变流器退出运行时,直流断路器分断,另一个变流器独立运行。

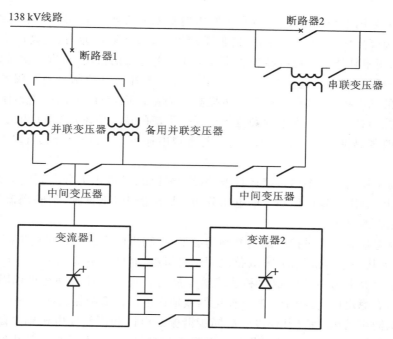

图 7-27 Intez 变电站的 UPFC 的结构及一次接线图

问题与思考

1. 静止无功补偿器包括哪几种结构?

2. 晶闸管控制串联电容器有什么优点?

3. 静止无功补偿器的基本原理是什么?

4. 如何理解统一潮流控制器是通用性最好的 FACTS?

7.3 典型灵活交流输电系统装置的应用举例

7.3.1 TCSC 工程应用实例

随着电力工业的发展,我国电网将成为世界上最庞大、资源优化配置能力最强和技术最先进的电网,其特征是:拥有世界上最大规模的电站—三峡电站;世界上最大的电源基地—西南水电基地;拥有世界上平均海拔最高的 750 kV 电网,以及正在建设的 1000 kV 级交流和 ±800 kV 直流输电工程;拥有当今世界上最高运行电压的交直流电网;将构成以特高压交直流为骨干网架的国家电网,形成世界上最大规模的远距离输电;将形成世界上规模最大的同步电网(华北—华中—华东同步电网);是世界上直流输电规模最大的国家(根据目前的规划,到 2020 年,我国容量在 1GW 以上的直流输电工程有 33 个,容量约 1.5 亿千瓦;其中 ±800 kV 直流输电工程 15 个)。"西电东送、全国联网"是我国电网发展的必然趋势,大规模、远距离输电是我国电网的发展特点。我国电力需求持续、快速增长,土地资源紧张,电网稳定问题突出,电网建设投资巨大,急需有利于环境保护,适合我国大容量、远距离输电特点,经济高效、建设周期短的先进交流输电技术。可控串补技术是解决电网发展上述问题的重要关键技术之一。

　　输电线路中采用串补技术,可以利用串联电容器的容性阻抗补偿部分输电线的感性阻抗,实现优化电网潮流分配、改善无功平衡、降低系统网损、增加输送能力、提高电力系统安全稳定水平的目的;采用串补技术还可以减少线路架设和输电走廊的占用,节省一次投资,提高电网建设经济性,保护环境,有利于电网的可持续发展。可控串补通过控制晶闸管阀的触发角实现对串补等效阻抗的动态控制,从而可以进一步提高电力系统稳定性,抑制电力系统低频振荡和次同步振荡。可控串补的采用,为电网潮流控制提供了新的技术手段,增强了电力系统的可控性,也为电力市场改革提供了一定的技术支持。与常规串补相比,可控串补具有以下优点和系统应用领域。

　　(1)稳态潮流控制。可根据系统运行条件(线路开断、发电出力分布调整等)调整可控串补补偿度,改善潮流分配和输电回路上的电压分布,从而达到降低网损、消除潮流迂回、防止过负荷、提高输送能力的目的。

　　(2)系统稳态控制。通过控制晶闸管阀的触发角,利用电容器的短时过负荷能力,一般可控串补等效阻抗为其基本容抗值的 1～3 倍之间动态调整,时间常数为 30～100 ms。与常规串补相比,可进一步提高电力系统稳定性和系统输电能力。利用可控串补还可以阻尼系统振荡频率,增强系统动态稳定性;常用于抑制互联电网或地区电网的低频振荡(0.2～2.0 Hz)。

　　(3)抑制次同步谐振,提高补偿度。次同步谐振是电网和汽轮发电机轴系之间相互作用产生的一种物理现象,它的发生将严重损坏汽轮发电机的轴系,其主要起因是线路串联电容和电路电感之间的电气振荡之间的电气振荡与轴系机械振荡的相互作用并为开关操作、短路故障等所引起。可控串补可以通过一定的触发控制策略抑制系统中的次同步分量,从而可以在一定程度上提高串补度而无发生 SSR 的风险。

　　(4)在故障期间,通过晶闸管阀旁路可降低通过串补装置的短路电流和过电压保护 MOV 的能量定值。

　　迄今为止,世界上已有多个 TCSC 工程投入运行。1991 年 12 月美国 AEP 的 Kanawha 站的 345kV 线路上第一个晶闸管投切的可控串联补偿投入运行,这标志着 TCSC 技术实用化阶段的开始。具体工程应用情况如下。

1. Kanawha River TCSC

　　1991 年 12 月,在 AEP 电网东南部的 Kanawha River 站一套由 ABB 公司制造的 TCSC 装置投入运行。建设该 TCSC 装置的主要目的是为了消除 AEP 电网 Baker-Broadford 或 Broadford-Jackson 的任意一条 765kV 线路停运时,Kanawha-Funk 345 kV 线路及并联的 138 kV 线路出现的过载现象,并调节网损。如果能安装在固定串补装置,虽能消除上述情况下的过载现象,但既能满足系统运行要求,又能使网损最小。该工程主要设备参数为:系统电压为 345 kV、额定容量 788 Mvar、额定电流 2500 A、额定容抗 42 Ω。每相由两个平台构成,一个是由 10%(7 Ω)和 20%(14 Ω),另一个是一段 30%(21 Ω)。一套光电控制晶闸管安装在 10% 的串补上,晶闸管阀安装在一个独立的支架上,并通过隔离开关与串补相连,使得检查晶闸管阀时不会影响常规串补的运行。晶闸管阀的额定长期运行电压为 17.5 kV,10 min 运行电压为 26.5 kV,能够承受 4 个周波的系统最大故障电流,由线路负荷水平自动控制或由远方调度控制其投切。为减轻 MOV 的负担,要求在系统短路时晶闸管阀导通。研究表明,如果在靠近串补的地方发生故障,通过晶闸管阀的电流最大可达 70 kA。实验室的试验表明,该设备的晶闸管阀能够满足要求。由于只运行于开关模式,其阻尼电感设计得比较小,只是电容的 2%。与常规开关相比,利用晶闸管阀控制串补装置投切,具有响应速度快、短时间可反复操作、防止操作过电压对电容器造成的损坏以及检修方便等特点；因此，不仅能用于潮流分布，还可以阻尼功率振荡。

2. Kayenta ASC

1992 年秋，在美国 WAPA 的 Kayenta 站一套由 Simens 公司制造的 ASC 装置投入运行。Kayenta 站位于 Glen Canyon 至 Shiprock 320 km 230 kV 输电线的中部。这条输电线最初设计能力为 300 MW，但由于与之并联的 345 kV 和 500 kV 线路的建设，该线的输送功率逐渐降低。1997 年，WAPA 在 Glen Canyon 站安装了一个 230 kV 的移相器，使得该线的输送功率重新达到 300 MW。为了满足符合增长的需要以及建设新线路受到限制的矛盾，进一步提高输送能力，决定在该线装设串补度为 70% 的串补。这能使该线功率提高到 100 MW，充分利用了该线的热容量。Kayenta 站由位于 300 km 以外的系统运行中心控制运行。暂态网络分析仪 TNA 试验和数字仿真试验，现场短路试验和 SSR 试验都达到预期效果。现场调试表明 ASC 的控制理论和方法令人满意，在 15 Ω 时注入系统的谐波电流分量不超过 0.5%。

该站是由两个串补单元构成。每个单元额定容量为 165 Mvar，额定电流 1000 A，60 Hz 时每相阻抗为 55 Ω。一个单元为常规串补，另一单元分为两部分：一部分阻抗为 40 Ω，为常规串补；另一部分为 15 Ω，有一个可控电抗器并联支路，称之为 ASC。ASC 的优点是：输电线路补偿度可灵活、连续地控制；能够直接、快速和动态地控制输电网络潮流；能够迅速将容抗变为感抗而使短路电流降低；在次同步频率下呈现出电感-电阻特性，能够调制和阻尼 SSR；ASC 能够在线路故障期间迅速将电容器旁路投入以减轻 MOV 负担，并在事故后很快投入使得系统稳定性得以改善。此外，当常规串补投入运行时，电容器上存在一个衰减缓慢的电压直流分量；而采用 ASC，可以在几个周期内采用主动控制将这一电压直流分量消除。

3. Slatt TCSC

1993 年，在美国 BPA 的 Slatt 站建成了由 GE 公司制造的 TCSC 装置。SLatt 站位于 Oregon 的中北部地区，是一个已有的 500 kV 站。有四个电源点（两个水电、一个煤电和一个核电）通过 500 kV 输电线接入该站。这些电力将送到西部负荷中心和通过三回联络线送到 Galifornia。选择 Slatt 作为 TCSC 的安装点是因为这里适合 TCSC 特性的试验，特别是防止 SSR 和降低网损。

Slatt 的 TCSC 由 6 个模块串联组成。每个模块都由电容器、MOV、电感线圈和双向反变联晶闸管阀组成，可根据系统要求独立运行和控制。每个平台有一个旁路开关，可将 TCSC 从 500 kV 系统隔离出去。每个模块的基本容抗值为 1.33 Ω，连续运行容抗值为 8 Ω（202 Mvar），连续工作额定电流为 2900 A，连续工作额定容抗为 9.2 Ω，30 min 额定工作容抗为 12 Ω，10 s 额定工作容抗为 16 Ω。8 Ω 时的基本串补度为 29%，根据系统控制要求和线路电流，6 个模块的阻抗值可以从 -1.2 Ω 到 24.0 Ω。TCSC 整定的运行范围为 -1.2 至 12.0 Ω，运行在 9.2 Ω 以上取决于线路电流值的大小和运行时间的长短，12.0~24.0 Ω 主要是用于暂态和动态稳定控制。

Slatt 是一个工业性试验研究项目，主要用于考核 TCSC 的运行和动态能力。该项目于 1993 年秋投入运行，考核项目包括：谐波特性、现场短路试验、SSR 阻尼和系统动态阻尼。现场短路试验表明，TCSC 具有限制故障电流的作用。一共做了 10 次单相对地故障。当故障电流超过 2.6 p.u.（10.6 kA）时，TCSC 全导通，将电容器旁路以保护电容器。当故障电流小于此值时，MOV 动作限制电容器上的电压。故障期间利用晶闸管阀的导通可降低 MOV 的能量要求。

100 多个 SSR 试验表明,利用 TCSC 正常的阀控制逻辑可有效地阻尼 SSR 的产生,TCSC 是对 SSR 中性的元件。调节试验显示 TCSC 能够对系统振荡有快速阻尼作用。但由于系统安全的要求使得不能将运行于弱阻尼状态,因此,不能进行这方面的系统试验。由于晶闸管阀触发产生的谐波主要是局限在 TCSC 装置内部,TCSC 注入系统的谐波电流在投入前后没有明显的差别,试验结果令人满意,于 1995 年 1 月投入商业运行。

4. Stode TCSC

Stode 站位于瑞典中部,Stockholm 以北 400 km 和 Forsmark 核电站以北 300 km 处,处于瑞典北部水电向南部负荷中心送电的 400 kV 输电线上,设备由 ABB 公司提供。Stode 常规串补已运行多年,以增加瑞典北部向南部输送的电力。改造工作于 1994 年开始,在已有的串补站上进行(除绝缘平台外,几乎更新了全部设备)。该站于 1997 年秋投入运行。Stode 站是由常规和可控两部分组成,总补偿度 70%,额定电流 1500 A,系统电压 400 kV,系统频率 50 Hz。常规部分的容抗值为 51.1 Ω/相,额定容量为 345 Mvar;可控部分的基本容抗值为 18.25 Ω/相,额定容量为 148 Mvar,额定提升系数为 1.2。

安装该 TCSC 站的目的是为了将 Forsmark 核电站♯3 机 1300 MW 机组发生 SSR 的风险降到最小。此前采用的方法是:在串联电容器上监测低频谐波装置,如果出现低频谐波则将此电容器旁路;后备保护是在机组上安装 SSR 保护。该方法的缺点是故障期间机组保护和电容器旁路的协调。此外,400 kV 网背景低频谐波的增加也使得保护更加复杂。TCSC 的投入消除了各种运行方式下出现次同步振荡的可能性,避免出现电容器不必要的旁路和机组不必要的跳闸,提高了机组利用率,保证了输电通道的高效运行。

5. 巴西南北联络线的 TCSC

巴西电网是由北部/东北部互联系统和南部/东南部/中西部互联系统两部分构成。两互联系统中水电站水力特性存在较大差异。据估算联网工程可以充分利用水电站水力特性的差异,减低电力不足的风险,获得每年 600 MW 的效益。在联网工程论证时,进行了 ±400 kV 双极直流输电和单回交流 500 kV 紧凑型线路两方案的比较。两个方案输电工程起点和终点相同,容量都是 1300 MW,并且要能进行在零潮流及双向最大潮流工况。从纯技术的观点来看,在这样两个大系统之间的长距离、小容量(相对于两个大系统)的联网工程是比较适合于采用直流工程的,特别是巴西南北两电网的运行标准也存在差异。但从战略发展的眼光来看,交流方案更有吸引力,因为交流方案可以在线路中间设立三个中间变电站向有巨大经济发展潜力、发展迅速的广大区域提供廉价的水电,同时,在沿线还有一系列的水电站在未来二十年内投产,需要利用利用联网的 500 kV 线路以及新架一回 500 kV 线路送出。另一方面,交流方案的投资比较节省。交流方案的主要技术问题是联网后,将产生频率为 0.18 Hz 左右的弱阻尼区域间低频振荡。经研究,在联络线两端安装小容量的可控串补可以解决这一问题。因此,最终决定南北联网工程采用交流 500 kV 紧凑型线路,并安装于可控串补。

连接这两互联电网的南北联络线一期工程,于 1997 年 12 月开始施工,1998 年 12 月底完工,1999 年 1 月中旬全线调试完毕并投入运行。巴西南北联网工程从北部的 Inperatriz 变电站到南部的 Serra da Masa 变电站,架设一条交流 500 kV 紧凑型线路,全长 1020 km,中间设有 3 个变电站。全线安装了 100%补偿的高压并联电抗器,并且在 3 个中间变电站安装了 6 组固定串补,总补偿度为 54%。在线路两端各安装了 1 组补偿度为 6%的可控串补,其容抗调节范围为补偿度的 5%～15%。每组可控串补的参数为:基本容抗值为 13.27 Ω;连续运行容抗为

15.92 Ω;额定电流为 1500 A;额定容量为 108 Mvar;避雷器容量为 19 MJ/相;晶闸管电压为 5.15 kV,额定电流为 3550 A,每组串联晶闸管数 23+3。安装串补后,该工程输电容量达到 1300 MW。

6. 中国南方电网天广 TCSC

中国南方电网由广东、广西、云南、贵州和海南五省电网构成,形成以云南、贵州为送端,广东为受端,交直流并联运行的"西电东送"格局。天广 I、II 回交流输电线路是南方电网"西电东送"的主要通道,其主要功能是将位于天生桥地区的天生桥一、二级水电站的电力直接送到广西和广东省电网,并担负着云南和贵州电力送广东的任务。天广 I、II 回输电线路为双回平行线路,共分 4 段,中间有 3 个变电站,全长 940 km。为提高天广 I、II 输电线路的输电能力;解决在某些运行方式下,天广交流通道上可能出现区域之间的低频振荡;经研究分析并考虑推动新技术应用等因素,在天广交流通道天生桥—平果段平果变电站安装 TCSC。

天广 TCSC 工程采用固定串补和可控串补相串联的方式,总串联补偿度为 40%,可控补偿与固定补偿装在同一个平台上,系统电压 500 kV,串补装置额定电流 2000A;固定补偿部分的设计额定功率为 350 Mvar,串补度为 35%,MOV 容量 37MJ/相,保护水平 2.3p.u.;可控补偿部分 55 Mvar,基本串补度为 5%,MOV 容量 6 MJ/相,保护水平 2.4p.u.。2003 年 7 月,天广 TCSC 建成投运。加装串联补偿后,提高输电天广交流通道的能力约 200 MW,对南方电网"西电东送"某些运行发生存在的低频振荡也有抑制作用,在特殊方式下可以防止天生桥至平果双回线 N-1 条件下的过载。天广 TCSC 工程当初曾作为国家电力公司的科技示范工程,其主设备由招标采购国外提供,它是我国第一个 TCSC 工程,这也是亚洲首个 TCSC 工程。

7. 甘肃成碧 TCSC

甘肃陇南地区电网位处甘肃电网末端,水电资源丰富,通过 1 条 140 km220 kV 成碧线经径成县变通过 3 条 110 kV 线路接天水变与甘肃主网相连。因此,成碧线路长期存在输送能力低、电压越限运行、低频振荡和线损高等问题,导致线路的热稳定输送能力没有得到充分利用,碧口水电厂大量的水电无法送出。甘肃碧口电厂 3 台 100 MW 水电机组及附近小水电共有约 400 MW 的电力除供当地少量负荷外,约有 360 MW 富裕电力送甘肃电网。然而,220 kV 碧成线的送电稳定极限只有约 160 MW。2004 年投产 120 km 的成水 330 kV 线路以后,将形成 260 km 220 kV/330 kV 的碧—成—天输电系统,需要向甘肃主网送电 360 MW。由于网架结构薄弱,单回输电系统的稳定水平较低,暂态稳定极限只有 240 MW,且存在弱阻尼低频振荡,不能满足碧口地区最大送电要求。成碧线经过的地区山大沟深,气候多变,又有 20 余公里的无人区,架设第 2 条 220 kV 成碧线路的造价高昂,其费用将达到 1.6 亿元,不仅运行维护十分困难,而且还要大量砍伐森林。采用可控串补可以满足碧口地区水电送出的需要,还可以节省投资、保护环境、提高电网的技术水平,为提高电网输电能力和全国联网做好技术储备。成碧线可控串补工程被列为国家十五重大技术装备"可控串联补偿装置的国产化研制"和国家电网公司重大科研项目"可控串补国产化工程应用"项目。该工程于 2004 年 12 月正式投入运行。

由于碧口地区水电送甘肃只有成碧单回 220 kV 线路,根据业主对可靠性的要求以及考虑到通过一个工程同时实现串补和可控串补的国产化,成碧可控串补采用一次设备混合复用方式的固定和可控混合串补装置。电容器、MOV、间隙和阻尼装置放在一个平台上构成一个固定串补,相控电抗器及晶闸管阀放在另外一个独立的平台上并通过隔离开关和固定串补并联,通过一次电气切换和软件切换实现可控串补和固定串补两种工作模式的转换。成碧可控串补安装于 220 kV 碧口至成县变电所侧,基本补偿度为 50%,基本容抗 21.7 Ω,长期工作容抗 23.9 Ω (1.1 p. u.),最大提升系数为 2.5,阻抗调节范围 21.7~54.2 Ω(容性),额定电流 1100 A,额定容量 86.6 Mvar,MOV 容量为 10 MJ/相。2005 年,甘肃可控串补增加输送电量 1.3 亿千瓦时,由于可控串补创造的效益达 3700 万元。随着陇南地区水电开发,甘肃可控串补工程预期每年产生的经济效益将达 1.4 亿元,节省线路投资 1 亿元,提高输电能力 46%。

8. 伊冯输电系统的可控串补工程

伊敏电厂位于内蒙古东部呼蒙地区。当地有丰富的煤炭资源(总储量为 972 亿吨),其中 98.7% 的预测储量是褐煤,将主要用于发电,该地区将是东北电网的火电基地。伊敏电厂一期装机 2×500 MW,二期工程为 2 台 600 MW 国产机组。伊敏电厂的电力将通过 500 kV 线路送到齐齐哈尔和大庆地区,其中大部分电力将送往大庆及其以南地区,送电距离在 500 km 以上,与负荷中心辽宁的直线距离在 1000 km 以上。伊敏电厂 500 kV 送电线路是由 500 kV 伊冯线和冯大线构成。伊冯线全长约 380 km,为双回 LGJQ-300×4 线路。由于该段线路途经大兴安岭林区,中间有 190 km 采用同杆并架。冯大线也为双回 LGJQ-300×4,全长 106 km。随着伊敏电厂二期的建设,原有两回交流线路的输送能力已不能满足伊敏电厂满发送出的要求。按照我国现行技术规程《电力系统安全稳定导则》的要求,其暂态稳定极限仅为 1600 MW 左右。而在原路径建设新线路需大量砍伐原始森林不可行,且走廊成本也较高。为保证伊敏电厂二期工程电力送出,提高系统的暂态稳定性,抑制次同步谐振,需在伊冯双回线上加装固定串补及可控串联补偿装置。该工程于 2007 年 10 月正式投入运行。

伊冯串补工程是由固定串补及可控串补两部分串联组成。串补装置安装在伊冯双回线冯屯变电站。由于串补容量较大,FSC 和 TCSC 两部分分别安装在两个独立的平台上,以保证一部分检修的情况下另一部分仍可以正常运行。串补额定电流为 2.33 kA。固定部分的补偿度为 30%,串补容抗为 33.4 Ω/相,容量为 544.3 Mvar;可控部分的补偿度为 15%,基本串补容抗为 16.71 Ω/相,长期工作容抗 20.05 Ω,容量为 326.6 Mvar(提升系数 1.2 条件下),期中可控串补连续运行的阻抗提升系数按 1.2 倍考虑,最大提升系数为 3.0 倍,容抗调节范围为 16.71~50.19 Ω/相。对规划水平年(2010 年)的计算分析表明,交流线路"N-1"方式下伊冯单回线最大输送功率为 2210 MW(受线路热容量限制),能够满足伊敏电厂二期工程建成后,伊敏电厂送出的要求,减少送电线路回路数所带来的环境效益和经济效益十分明显。

7.3.2　SVC 工程应用实例

静止无功补偿器在实际工程实践中主要有以下应用。

(1)输电线路:在高压输电系统中静止无功补偿器具有改善电压控制、提高稳定性、增加输电能力、阻尼系统振荡、降低工频过电压等功能。

①电网负荷中心枢纽点电压的稳定性和广大用户的电压质量,采用静止无功补偿器技术能有效解决电压控制问题,早已被国内外大量工程实践所证实,但国产静止无功补偿器(TCR 型)在我国电网中的成功应用仅开始于 2004 年。

②在远距离输电系统的末端和中间站设置静止无功补偿器装置,只要容量和技术性能(即响应速度与灵敏度等)合适,一般可在该处建立电压支撑点。这些电压支撑点可把全线分成若干段,每段各自按照近于 90°的传输功率角输电。加拿大魁北克水电局为将该省拉格兰德河和拉剖第河上的 16000 MW 水电送至负荷中心蒙特利尔,原方案需架设 10 回 735kV 输电线,现

方案只有 6 回 735kV 输电线,另外在 4 个变电站分别安装 8 组 300 Mvar 总计 2400 Mvar 的静止无功补偿器装置,取得了很好的经济效益,而且稳定性也很好。

③电力输送的能力会受系统阻尼不足的限制,改进阻尼的方法可以采取在发电机的励磁系统中装设对阻尼有适当控制的静止无功补偿器。静止无功补偿器可以装设在电力系统的任何地点,这就是说可选择最有利的安装地点,能做到瞬时控制无功功率,控制程度能选择,既能提高暂态稳定性,又能加强阻尼,静止无功补偿器可以同时兼作不同的用途,只要选择不同的优先次序及不同的控制方式即可实现,不论电网经受何种干扰,也不论振荡频率是多少,均可获得对电网的最佳效果。

④高压自流输电是一种与交流输电相辅相成的先进输电方式。自流输电系统有时需要采用静止无功补偿器来解决以下问题:补偿无功。整流站及逆变站各需 40%～60% 的补偿无功,这些无功应通过交流滤波器、并联电容器、并联电抗器、同步补偿机及静止无功补偿器等按具体情况进行配合来满足,吸收谐波,调整电压,抑制过电压,降低绝缘要求。

(2)电弧炉作为非线性及无规律负荷接入电网,将会对电网产生一系列不良影响,其中主要问题是:导致电网三相严重不平衡,产生负序电流,产生高次谐波,其中普遍存在如 2、4 偶次谐波与 3、5、7 次等奇次谐波共存的状况,使电压畸变更为复杂化,存在严重的电压闪变,功率因数低。

静止无功补偿器具有快速的动态响应速度的特点,它可向电弧炉快速提供无功电流并且稳定母线电网电压,最大限度地降低闪变的影响,静止无功补偿器具有的分相补偿功能可以消除电弧炉造成的三相不平衡,滤波装置可以消除有害的高次谐波并通过向系统提供容性无功来提高功率因数。

(3)轧机及其他大型电机对称负载引起电网电压降及电压波动,严重时使电气设备不能正常工作,降低了生产效率,使功率因数降低;负载在传动装置中会产生有害的高次谐波,主要是以 5、7、11、13 次为代表的奇次谐波及旁频,会使电网电压产生严重畸变。安装静止无功补偿器系统可解决上述问题,保持母线电压平稳。

(4)城市二级变电站(66 kV～110 kV):在区域电网中,一般采用分级投切电容器组的方式来补偿系统无功,改善功率因数,这种方式只能向系统提供容性无功,并且不能随负载变化而实现快速精确调节,在保证母线功率因数的同时,容易造成向系统倒送无功,抬高母线电压,危害用电设备及系统稳定性。

TCR 结合固定电容器组 FC 或者 TCR＋TSC 可以快速精确地进行容性及感性无功补偿,稳定母线电压、提高功率因数。并且,在改造旧的补偿系统时,在原有的固定电容器组的基础上,只需增加晶闸管相控电抗器(TCR)部分即可,用最少的投资取得最佳的效果,成为改善区域电网供电质量的最有效方法。

(5)电力机车供电:电力机车运输方式在保护环境的同时也对电网造成了严重的"污染",因电力机车为单相供电,这种单相负荷就造成了供电网的严重三相不平衡及低的功率因数,目前世界各国解决这一问题的唯一途径就是在铁路沿线适当位置安装静止无功补偿器系统,通过静止无功补偿器的分相快速补偿功能来平衡三相电网,并通过滤波装置来提高功率因数。

结合以上功能描述,本节介绍一下 SVC 在电力系统和冶金行业及电气化铁道上的工程应用,应用情况如下。

1. SVC 在电力系统中的应用

鞍山红一变是东北电网的枢纽变电站,主要肩负为鞍山钢铁公司的供电任务,原有四台主变,总容量为 400 MVA,无功补偿采用两台总容量为 90 MVar 的调相机,其中一台已经报废,另一台只能发 20 MVar 的无功,面临报废。鞍山钢铁公司的负荷具有大容量、冲击性的特点,而鞍山地区没有大的电源支撑,鞍山红一变的动态无功补偿措施与其枢纽变电站的重要地位极不相称。鞍山红一变静止无功补偿器国产化示范工程是国家电网公司 2002 年重点科技示范工程,2003 年 11 月开工,2004 年 9 月正式投运,是继国内输电网引进 6 套静止无功补偿器后的第一个国产化静止无功补偿器项目,真正起到了输电网静止无功补偿器国产化的示范作用。

在鞍山红一变 3 号、4 号主变装设静止无功补偿器后,将成为主要调压手段,它的容量选择主要考虑:①在 220 kV 系统电压较低、红一变 3 号、4 号主变所带负荷最重时,可将红一变 66kV 东母线电压补偿到一个合理的水平,即按 66 kV 考虑需要的最大容性无功功率;②在 220 kV 系统电压较高、红一变 3 号、4 号主变所带负荷最轻时,可将红一变 66 kV 东母线电压补偿到一个合理的水平,即按 66 kV 考虑需要的最大感性无功功率;③具备一定动态调节容量,抑制波动冲击负荷运行时引起的母线电压变化。要满足以上要求,经过系统分析计算,需要在红一变加装一套动态无功调节范围不少于 -50 MVar $\sim +80$ MVar 的静止无功补偿器。

为保证静止无功补偿器方案的正确性,在进行了多次谐波测试,根据统计分析结果,66 kV 负荷的谐波电流含量主要为 3、5、7 次,TCR 支路的谐波特性也是如此。为满足静止无功补偿器动态调节范围所需,设置 3、5、7 次单调谐滤波器各 2 个,共 6 个滤波支路,与 TCR 支路一起挂接在 3 号、4 号主变 35kV 侧,相同配置的滤波支路可以互为备用,保证了示范工程的可靠性;选择滤波支路参数时,按相同支路只需投入一个即可保证滤波效果和设备安全设计,增强了运行的灵活性。整个示范工程的系统主接线如图 7-28 所示。

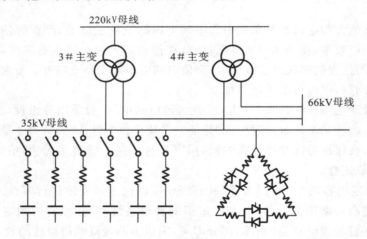

图 7-28 鞍山红一变 SVC 国产化示范工程主接线图

静止无功补偿器代替原有调相机实现对电网的动态无功调节,其经济效益显著,主要表现在:减少了无功功率远距离的输送,降低了网损;与调相机相比,降低了运行维护费用;改善了系统潮流分布;提高了鞍山受电断面的稳定水平;抑制冲击负荷引起的谐波干扰,改善了电能质量。

静止无功补偿器在其他地区的电网当中同样有较为成功的应用,如甘肃电网 330 kV 金昌变电站、瓜州变电站等、江西赣州 220 kV 金堂变电站。静止无功补偿器在降低网损,提高受电断面水平,稳定电压水平,改善电能质量等方面都起到了积极的作用。

2.SVC 在冶金行业及电气化铁道上的应用

随着国民经济的快速发展和现代化技术的进步,电力网负荷急剧增大,特别是大型轧钢机、炼钢电弧炉、电气化铁道等冲击负荷、非线性负荷容量的不断增加,对供电系统的干扰也更加突出,甚至影响到电力系统的正常运行。

轧钢机,电弧炉对供电系统产生的不利影响主要包括有功功率和无功功率冲击性快速变化引起的电压波动和闪变,负荷非线性导致的电力谐波畸变,以及三相负荷不对称带来的供电系统动态不平衡干扰等。

目前,TCR+FC 型静止无功补偿器已在冶金行业得到了广泛的应用,也取得了显著的效果,已经形成了成熟的技术方案。

电气化铁道的快速发展,牵引供电系统的电能质量问题受到了日益广泛的重视。电气化铁道的电力机车牵引负荷,为波动性很大的大功率单相整流负荷,具有不对称、非线性、波动性和功率大的特点,同时也产生大量谐波和基波负序电流。牵引供电网的功率因数一般也较低,且负荷随着列车重量、线路坡道、牵引或制动等不同运行条件剧烈变化,引起电压波动和闪变。

图 7-29 所示为安装在西安铁路分局宝鸡段某牵引变电所的静止无功补偿器。在仅由固定电容器补偿条件下,功率因数为 0.85 左右(考核值为 0.9),每月都要缴纳低功率因数罚款,加装静止无功补偿器系统之后,功率因素提高到 0.95,除得到当地供电部门奖励外,所需费用投资也在一年多时间内收回,经济效益相当显著。安装在各地铁路部门的静止无功补偿器总体补偿效果也令人满意。

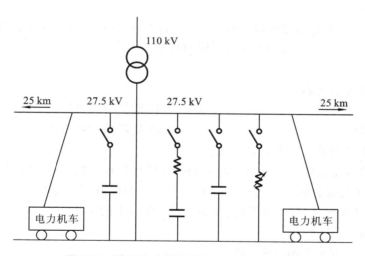

图 7-29 陕西宝鸡某牵引变电所 SVC 接线图

问题与思考

1.目前有哪些晶闸管控制串联电容器的工程投入运行?

2.静止无功补偿器一般应用于哪些行业的工程实践?

模块 7 自 测 题

一、填空题

1. 现代电力系统是迄今为止最大和最复杂的人造系统之一,它由发电厂、变电站、输电系统、_____和各种用电负荷等组成。

2. 我国的一次能源分布不平衡,水利资源主要集中在长江、黄河上游及西南,煤炭资源主要集中在_____。

3. 灵活交流输电技术(FACTS)这一概念是_____由美国电力科学研究院(EPRI)的 Narain G. Hingorani 博士提出。

4. 与电路中处理信息的电子器件相比,电力电子器件最大的特点就是_____,它工作时的处理对象是电能,工作环境是_____。

5. 晶闸管的主要特点是_____。

6. 门级可关断晶闸管(GTO)是晶闸管的一种派生器件,但可以通过在门级施加负的脉冲电流使其关断,因而属于_____器件。

7. 单相 TSC 是由电容器、_____和阻抗值很小的限制电流电抗器组成。

8. 输电线路采用串联电容器补偿线路感抗的补偿方式可以缩短线路的线路的等效电气距离,减少功率输送引起的_____,从而提高线路输送能力和系统稳定性。

9. STATCOM 是一种基于大容量静止变流器的动态无功补偿设备,是_____FACTS 装置的典型代表。

10. UPFC 是至今为止通用性最好的 FACTS 装置,仅通过控制规律的改变,就能分别或同时实现并联补偿、_____和移相等几种不同的功能。

二、选择题

1. ( )属于半控型器件。

A. 晶闸管   B. 可关断晶闸管

C. 电力晶体管   D. 绝缘栅双极晶体管

2. 绝缘栅双极晶体管的主要特性不包括( )。

A. 开关速度快,在电压 1000V 以上时开关损耗只有 GTR 的 1/10,与电力 MOSFET 相当

B. 相同电压和电流定额时,安全工作区比 GTR 大,且具有耐脉冲电流冲击能力

C. 通态压降时比电力 MOSFET 低,特别是在电流较大的区域

D. 输入阻抗低

3. ( )属于串联型 FACTS 器件。

A. 静止无功补偿器   B. 静止同步补偿器

C. 磁控式并联电抗器   D. 晶闸管控制串联电容器

4. 在( )模式下,TCR 支路流过连续的正弦电流。

A. 晶闸管旁通模式   B. 晶闸管闭锁模式   C. 容性微调模式   D. 感性微调模式

5. 电网负荷中心枢纽点电压的稳定性和广大用户的电压质量,采用( )技术能有效解决电压控制问题,早已被国内外大量工程实践所证实。

A. 静止无功补偿器   B. 故障电流限制器

C. 磁控式并联电抗器　　　　　　　　　　D. 晶闸管控制串联电容器

三、问答题

1. 电力电子器件按照可控程度是如何分类的？

2. 灵活交流输电装置应用于电力系统具备哪些优点？

3. 晶闸管控制串联电容器有哪几种运行模式？在短路故障期间，它在哪种模式下运行？

4. 哪种灵活交流输电装置被认为是迄今为止通用性最好的 FACTS 装置？

参考文献 CANKAOWENXIAN

[1] 李火元.电力系统继电保护与自动装置[M].北京:中国电力出版社,2005.

[2] 杨冠城.电力系统自动装置原理[M].北京:中国电力出版社,2012.

[3] 霍慧芝,赵菁.电力系统自动装置[M].重庆:重庆大学出版社,2008.

[4] 唐建辉,黄红荔.电力系统自动装置[M].北京:中国电力出版社,2005.

[5] 丁书文.电力系统自动装置原理[M].北京:中国电力出版社,2007.

[6] 丁官元,夏勇.电力系统自动装置[M].武汉:华中科技大学出版社,2012.

[7] 张瑛,赵芳,李全意.电力系统自动装置[M].北京:中国电力出版社,2006.

[8] 王伟.电力系统自动装置[M].北京:北京大学出版社,2011.

[9] 钱武,李生明.电力系统自动装置[M].北京:中国水利电力出版社,2004.

[10] 李斌,隆贤林.电力系统继电保护及自动装置[M].北京:中国水利电力出版社,2008.

[11] 曾令琴.供配电技术.2版[M].北京:人民邮电出版社,2014.

[12] 周孝信,郭剑波,林集明,等.电力系统可控串联电容补偿[M].北京:科学出版社,2009.

[13] 国家电网公司建设运行部,中国电力科学研究院.灵活交流输电技术在国家骨干电网中的工程应用[M].北京:中国电力出版社,2008.

[14] 韩民晓,尹忠东,徐永海,等.柔性电力技术:电力电子在电力系统中的应用[M].北京:中国水利水电出版社,2007.

[15] 陈建业,蒋晓华,于韵杰,等.电力电子技术在电力系统中的应用[M].北京:机械工业出版社,2007.